国家自然科学基金（61961018）项目资助
江西省杰出青年人才计划项目（20192BCB23013）项目资助
江西省自然基金（20192ACB21003）项目资助

高速铁路车地间多跳协作通信技术

丁青锋　奚韬　高鑫鹏　吴泽祥 ◎ 著

西南交通大学出版社
·成 都·

图书在版编目（C I P）数据

高速铁路车地间多跳协作通信技术 / 丁青锋等著
. 一成都：西南交通大学出版社，2021.10
ISBN 978-7-5643-8322-0

Ⅰ. ①高… Ⅱ. ①丁… Ⅲ. ①高速铁路－铁路通信－通信技术 Ⅳ. ①U238

中国版本图书馆 CIP 数据核字（2021）第 205492 号

Gaosu Tielu Chedijian Duotiao Xiezuo Tongxin Jishu

高速铁路车地间多跳协作通信技术

丁青锋　奚韬　高鑫鹏　吴泽祥　著

责任编辑	穆　丰
封面设计	GT 工作室
出版发行	西南交通大学出版社 （四川省成都市金牛区二环路北一段 111 号 西南交通大学创新大厦 21 楼）
发行部电话	028-87600564　028-87600533
邮政编码	610031
网　址	http://www.xnjdcbs.com
印　刷	成都蜀通印务有限责任公司
成品尺寸	170 mm × 230 mm
印　张	13.75
字　数	215 千
版　次	2021 年 10 月第 1 版
印　次	2021 年 10 月第 1 次
书　号	ISBN 978-7-5643-8322-0
定　价	88.00 元

前　言

本书针对 5G/B5G 应用到我国轨道交通领域中的实际情况，尤其是在高铁运行维护和用户服务等方面存在的问题和挑战，重点从高铁信道的时变、非平稳特性出发，对基站-车载中继-车厢内用户的多跳协作无线传输系统进行整体论述。首先，针对列车高速移动对信号传输带来的影响，在基站端引入空间调制技术，提出一种基于截断速率的天线选择算法优化系统性能并降低收发机的时间复杂度；在此基础上，针对高铁受强空时相关性的影响，设计一种基站-车载中继端的分布式空间调制系统，提出基于安全容量和误码率的联合最优天线选择和功率分配算法，并对高铁场景下性能的均衡进行研究。然后，为了提高车载中继-车厢内用户毫米波信道下的波束成形增益，研究在车载中继接收端与发送端利用不同量化位数移相器时的混合预编码来提升全双工中继系统的性能。进一步考虑存在多用户的场景下，推导具有理想和非理想信道状态信息的频谱效率闭式表达式，并提出一种局部最优功率分配方案以提高活跃用户的信道容量。接着，针对传统中继高成本和高能耗的问题，考虑利用智能反射表面替代，研究其辅助空间调制进行传输，并提出基于深度神经网络的天线选择算法实时地优化补偿多普勒频移带来的损失。最后，考虑存在随机阻塞的情况下，利用智能反射表面重构传输链路保证通信稳定性，并提出一种分布式交替优化方案获取基站主动混合预编码，为系统提供均衡的频谱效率与能量效率。本书适合空间调制、中继和波束赋形相关研究方向并对高铁场景较为感兴趣的读者，并可以为读者提供理论指导和相关技术在高铁场景下应用的思路与结论。

作　者

2021 年 9 月

目　录

第 1 章

绪 论

1.1 研究背景及意义

21 世纪以来，随着信息技术的迅速进步和互联网的快速发展，无论是需求快速增长的移动互联网，还是新兴的车联网和智慧城市，全球各地的人们对无线通信的需求在逐步地增长，而 5 年前的 4G 技术无论在场景、规模还是数据传输速率方面都已然无法满足人们的需求[1]。2020 年以来，5G 的标准化工作基本完成，全球运营商都在积极部署 5G 基站，这也意味着一个具有超低延时、更高传输速率和更大规模连接的网络正逐渐融入人们的生活[2]。同时，国内外诸多团队都开始了关于 B5G/6G 的研究，其中一个关键的内容就是关于如何将现有技术覆盖到更多的场景，例如智能家居、智慧交通等[3]。

如图 1.1 所示，智慧轨道交通是 5G 愿景中的重要组成部分，尤其是在高铁场景中。高速列控系统和车载用户终端在进行无线通信时，不仅需要较高的速率，也对时延和稳定性提出了较高的要求[4]。同时，由于数据业务需求量的剧增，节能减排观念的深入以及对下一代高铁通信系统的传输需求，都迫使研究者们开发更为高效的铁路通信系统。所以，研究如何利用 5G 给高速铁路无线通信系统提供重要的助力是十分迫切的[5]。

1.1.1 高铁无线通信技术的发展

伴随着无线通信技术的飞速发展和迭代，传统的铁路通信业务也正在经历过渡转型，铁路无线通信系统从传统提供普通语音调度的铁路专用无线通信系统（Global System for Mobile Communications-Railway，GSM-R）逐渐转变为集数据、语音和视频图像业务于一体的宽带多媒体系统（Long

Term Evolution-Railway，LTE-R），期望通过高速率、大带宽且具有服务质量保证的专用无线通信系统来提高工作效率、加快铁路信息化建设[6]。

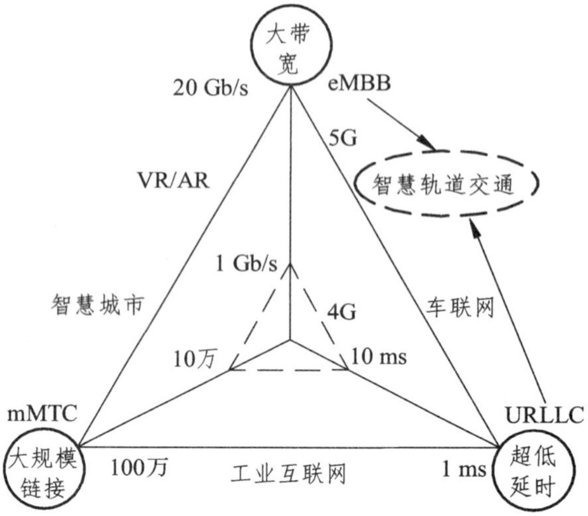

图 1.1　5G 三大典型场景及智慧轨道交通需求

如图 1.2 所示，高铁无线通信由 GSM-R 向下一代宽带移动通信系统 LTE-R 的演进已经被深入研究，而 5G 网络致力于增强的移动宽带通信服务和广域的机器类通信服务，可以预见，未来面向“智慧铁路”的 5G 铁路移动通信系统（5th Generation for Railway，5G-R）将全面提高铁路运输效率和乘客服务质量，进而进一步提升高铁的吸引力和竞争力[7]。在全球无线通信标准化组织 3GPP 第 17 次立项会议上，确定了多输入多输出（Multiple Input Multiple Output，MIMO）增强为新的立项内容，并且将高铁增强作为其中最重要的组成部分，这也意味着，将新型的无线通信技术应用到高铁场景下是十分迫切的需求[8]。作为 5G 的核心关键技术之一，大规模 MIMO 技术能够很好地应付更高的通信要求，但是在高铁场景下，大规模 MIMO 技术存在严重的信道间干扰，面临着需要天线射频链路严格同步和接收端信号检测复杂等几个方面的问题[9]。另外，在高速列车移动过程中进行车地间通信将面临非常严重的多普勒频移和车厢的穿透损耗问题，所以研究如何通过先进的技术来避免或者解决车厢穿透损耗和多普勒频移所带来的影响具有十分重要的意义。

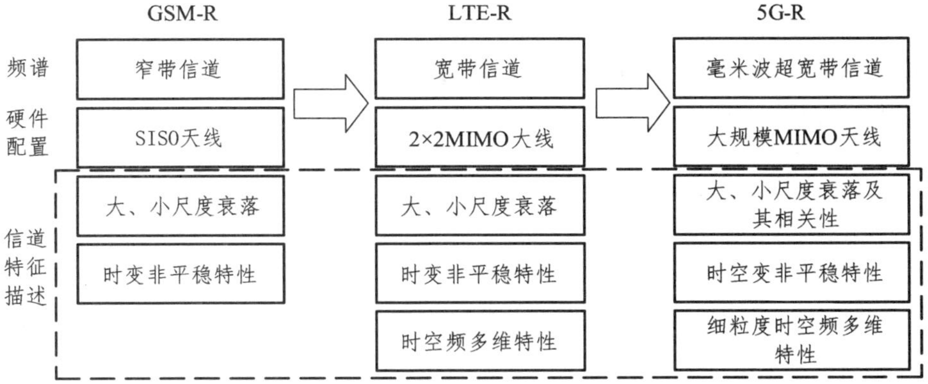

图 1.2 高铁无线通信系统演进图

1.1.2 多跳协作通信技术的发展

列车组在高速移动的过程中进行车地间多用户通信时，具有车体穿透通信、切换频繁、网络线型覆盖、多普勒频移较严重等特点，而对于无线通信系统而言，最大的阻碍就是车体穿透损耗高[10,11]。表 1.1 中列举了几种常见列车静止时车体的穿透损耗对比[12-14]，其中 CRH 列车均为高速列车。由于高速铁路列车相比普通列车速度更快，在运行途中衰减更大，为确保车厢内的正常通信，需根据最高的 24 dB 来计算。因此，车载中继的应用对高铁无线通信信息传输的可靠性起着至关重要的作用。另外，由于铁路线路较长，沿线的轨旁基站较多，在通信过程中，会产生巨大能耗。

在实际的无线通信过程中，往往会受到许多环境因素的干扰，其中多径传播引起的信号衰落会严重影响系统通信性能。无线信号在传播过程中受到障碍物等环境因素的影响，经过折射、反射、直射等多条路径到达接收机的现象称为多径效应，通常可以通过分集传输的方式来解决。MIMO 技术正是通过在发送机和接收机上安装多根天线组成多天线虚拟阵列，从而充分利用空间资源，以获得空间分集增益[15,16]。但由于终端设备体积有限，通常无法部署多根天线，于是 Fitzek 提出一种借助多用户之间进行合作通信的方式，以近似达到 MIMO 的效果[17]。这种技术称之为协作分集技术，这种通信方式称之为协作通信。与传统的单用户空间分集技术不同，协作通信是建立在经典的中继信道模型基础上的，利用多用户间的分布式传输和信息共享来实现虚拟阵列[18,19]。另外，当源节点与目的节点间由于障碍物的影响而无法正常通信时，通过引入协作中继可以消除通信链路的盲点，降低中断概率，提高系统性能并获得更高的增益。

表 1.1 常见列车静止时车体穿透损耗

车型	列车材质	运营速度 /（km/h）	最高速度 /（km/h）	列车长度 /m	平均车体穿透损耗/dB
T 型	铁质	120	140	255	12
K 型	铁质	90	120	255	14
CRH1	不锈钢	200	250	213.5	24
CRH2	中空铝合金	200	250	201.3	10
CRH3	铝合金	300	380	201.3	20
CRH5	中空铝合金	200	250	205.2	24

1971 年，Meulen 首次提出了三节点（即源节点、中继节点和目的节点）通信的概念[20]。随后 Covel 等人对中继信道进行了深入的研究，并给出了系统容量的上下限，奠定了协作通信技术的理论基础[18]。接着 SendonaIRS 等人经过验证，表明协作中继传输可以有效提高系统容量，降低中断概率[21,22]。具体来说，中继技术的主要优势可以体现在以下几个方面[23-25]：

（1）利用分集技术提高空间复用增益，从而提升信道容量，并扩大信号覆盖范围。

（2）改善小区边缘或阴影衰落严重区域的用户通信质量，提升链路可靠性。

（3）中继节点的天线数、发射功率、体积等都远小于基站，利用中继进行信号覆盖可以减少基站的部署量，以降低成本。

（4）可以通过部署移动中继来应对通信设施受损、人员密度高等特殊情况。

另外，由于车体穿透损耗的原因，列车顶部往往需要安装移动中继，构成基站、中继、用户三节点通信，增强信号强度的同时，还能获得额外的分集增益。如图 1.3 所示，车厢内的用户通常无法与基站直接进行高质量通信，而是通过中继接收源节点发送过来的信号，经过放大、解码等操作后，再转发给目的节点。

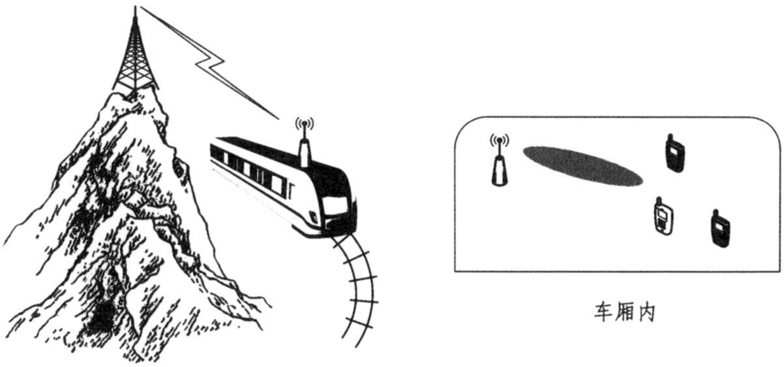

图 1.3　高速铁路场景下的协作通信系统

多中继协作通信还能利用物理层特性提高信息传输的安全性。高速铁路场景中由于承载着列车状态、调度信息，以及大量用户的私密信息，信息安全需求较高[26]。而高铁的高速移动特性，使得传统的密钥加密信息传输实现起来非常困难。现有的物理层安全技术主要是通过 MIMO 和中继技术来实现的[27]。物理层安全技术主要是利用编码、多天线以及中继生成的额外自由度来提高窃听者的信息模糊度，从而防止其进行信息窃听[28]。此外，协作通信技术也可以与其他技术相结合，充分发挥各自的优势，如波束成形、空间调制（Spatial Modulation，SM）等，从而解决强空时相关性和用户间干扰的问题。

1.2　相关技术研究现状

目前，国内外高铁通信的主流技术还是以 GSM-R 技术和 LTE-R 为代表，但随着近几年高铁的迅猛发展，未来铁路通信系统的研究也必然将是学者研究的重要课题。文献[29]总结并概括了 GSM-R 和 LTE-R 高铁通信的技术、性能指标和所面临的挑战问题等，并展望了未来 5G 铁路通信的发展趋势。以北京交通大学艾渤团队为代表的学术研究工作者们提供了对高速移动性无线通信的系统评价，总结了高速移动性无线通信系统中的主要挑战和机遇，然后对可以解决这些挑战的技术和可以进行辅助的独特技术进行了全面的综述[30]。文献[31]的研究内容涵盖了广泛的无线通信系统，包括对高速移动性信道的准确建模，利用其环境特性进行高铁无线收发器结构的设计并且总结了高速移动性通信的未来研究方向。传输速率、安全可靠和非平稳信道环境是高铁无线通信所面临的重要挑战，本节将从毫米波（Millimeter Wave，mmWave）、协作中继和空间调制技术三者的研究现状对应于提高频段、减少中断和提升平稳通信三个角度来进行阐述。

1.2.1 高铁毫米波技术研究现状

随着密集组网与接入用户的爆发增长，传统的低频段通信技术无论是在系统容量还是传输速率方面，都已经无法同时保证接入用户对通信条件的要求。在低时延、大容量、高速率通信需求的驱动下，为了满足无线通信网络中高密集接入用户的通信需求，能够提供较高可靠性的毫米波协作通信技术逐渐进入研究者的视野。

1. 毫米波技术及特点

毫米波传播过程通常同时依赖视距（Line of Sight，LoS）和非视距（Non Line of Sight，NLoS）传输，由于传输过程中所遭受的大尺度路径损耗和衰减，随着传输距离的增加，处在毫米波通信网络边缘的用户将遭受较大的中断风险。由表 1.2 可以观察出，当毫米波网络链路发生阻断时小区边缘速率将急剧降低，这导致了与中断发生距离越远的边缘用户越难以重新建立通信链路[32]。因此，为了提升边缘用户的通信服务质量，可以考虑在信息速率较低的地区结合中继协作技术改善服务信号以保证通信链路的可靠性。

表 1.2 mmWave 与 LTE 小区吞吐量与边缘速率比较

结构	带宽	频率	中断发生距离	单元吞吐量/（b/s）	小区边缘速率（下行）/（Mb/s）	小区边缘速率（上行）/（Mb/s）
mmWave	1 GHz	28 GHz	50 m	1450	17.62	17.49
mmWave	1 GHz	28 GHz	70 m	1289	0.54	0.09
LTE	20+20 MHz	2.5 GHz	—	53.8	1.80	1.94

在能量受限的条件下与提升传输速率的需求下，开发包括毫米波在内的高频段协作通信技术能够突破由硬件条件所带来的性能瓶颈。相较于 6 GHz 及以下低频段，毫米波的频段带宽可以达到其他无线频段带宽总和的数十倍[33]，丰富的可开发带宽资源能够满足多速率、高灵活和巨容量的通信要求。此外，毫米波系统中传输天线的硬件尺寸设计因子更小，这使得能够在传输基站部署例如大规模天线阵列[34]、低功耗智能反射表面（Intelligent Reflecting Surface，IRS）[35]、人工噪声天线[36]等高定向可操控天线阵列。其中，在利用相同传输天线尺寸时，毫米波的波束相比于低频电磁波的波束要窄得多，这导致了毫米波传输过程中容易受到天气、温度、湿度等环境因素的影响导致传输距离较短，但同样有助于在定向传输过程中最大限度地减少通信中的干扰。

在高速移动通信场景下，高频段的毫米波通信技术的应用使得其与常规低频段的通信技术面临着同样的挑战。其中以高速铁路为代表的高速移动场景具有环境多样化、移动速度快和接入用户密集等特点[37, 38]。复杂多样的环境对通信系统的信道有着较大的影响，使得不同频段的通信技术有着较为突出的差异性。为了能更好地将毫米波通信技术应用于高速移动场景下，需要对不同环境下的信道特点进行性能分析并结合其他技术提高高速移动无线通信的性能。

由于毫米波波长较短，大规模或超大规模的天线阵列被允许使用以增加分集增益。同时，当无线系统利用毫米波频段进行通信时，可以通过结合波束成形技术进一步固化随机信道特性，从而提升高速移动场景的通信性能。因此，对于高速移动的通信场景而言，开发毫米波频段通信技术具有较高的研究价值。此外，通过进一步研究扩展高速场景下的毫米波频段通信技术，以毫米波频段为载体结合多种传输技术，并结合高速移动场景时变的特点来支持未来通信系统所面临的大规模接入需求是需要深入研究的问题。

2. 高速移动毫米波技术关键问题及研究现状

与传统经典的静态蜂窝网络传输过程相同，代价高昂的穿透损耗和传播衰减依旧是实现理想的毫米波通信性能的主要障碍。毫米波频段蜂窝网络的发展面临着阴影衰落的影响，从而导致通信链路中断、快速变化的信道条件和间歇性连接[39]。为了弥补因毫米波传播特性所造成的较大路径损耗，通常在毫米波收发机端采用大规模阵列天线扩展空间增益，通过结合波束成形等技术实现更高的传输效率。其中一种有效的方法是利用大规模阵列天线产生具有高强度的定向波束进行传输[40, 41]，通过波束成形所提升的传输增益抵消传输过程中的损耗。另外，为了满足密集型多用户的通信需求，通过依据每个用户的毫米波信道特性进行波束分配同样可以达到良好的性能[42]。

在无线通信系统中，虽然能够在基站端通过扩展天线资源弥补毫米波传输过程中的大尺度损耗，但是高速移动环境仍然为毫米波信道信息的获取带来了较大的不可靠性。因此，为了解决由于高速移动场景下复杂通信环境所导致的低连接可靠性，现有研究进一步分析了毫米波通信的阻塞传输特性，并实现抗阻塞的资源分配与传输方案[43]。其中，文献[44]为了保证毫米波传输条件下回程信息流的稳定，采用用户服务质量感知并结合中继选择的最优通信调度方案，保证在具有随机阻塞情况下的稳定通信吞吐量。针对传输过程中因随机阻塞产生的间歇性连接，文献[45]定义了不同等级的阻塞状态，并针对不同阻塞等级设计了具有鲁棒性的智能波束传输方案。进一步，文献[46]通过扩展时域汤普森采样算法设计了波束切换方案，提高间歇性阻塞的毫米波通信链路可靠性。

为了在高速移动场景下更加深入地利用毫米波技术以实现高速、高效、稳定的通信过程，不仅要在硬件层面上提升传输增益，而且需要针对不同的传输情况研究更加智能的传输方案。因此，联合考虑毫米波传输的信道特性与传输技术将是接下来的研究重点。

1.2.2　高铁多跳协作技术研究现状

高速列车在行进的过程中想要与车厢内的用户进行通信，将会受到车厢穿透损耗的严重影响，从而导致通信中断。要想减少无线通信的中断可能，基于车载中继的多跳传输方案无疑是一种好的选择，可以将其看作全双工双向中继系统。而与传统中继系统不同的是，由基站端到车载中继端需要考虑为高铁信道，而由车载中继端到用户端可以考虑为毫米波信道，并可以由此进行预编码优化。

1. 传统中继技术关键问题及研究现状

传统中继拥有多根天线，具备接收、发射以及处理信号的能力。与基站不同的是，中继处理完信号后，可根据实际需要选择不同的转发机制，以达到辅助通信的结果。如文献[47]中采用了放大转发机制，而文献[48]中则采用了解码转发机制。此外，在多中继协作通信中，通常会选择性能较优的某一个或某一组中继进行信息转发。文献[47]、[48]均提出了一种基于最大化安全容量的最优中继选择方案，研究了存在窃听者的全双工双向协作通信系统的保密性能。文献[49]中证明了最优中继选择方案可以有效增强系统的安全性能，同时进一步分析了窃听者的位置对系统安全性能的影响。而较低复杂度的次优中继选择算法可以获得不错的系统容量增益[50]。文献[51]提出最优、次优联合中继选择方案，并通过未分配的中继向窃听者发送干扰信号，显著提高多跳多用户全双工中继网络的保密性能。

另外，协作中继还能从物理层解决通信过程中的安全问题[52,53]。文献[52]表明中继可以从物理层方面有效地提高大规模 MIMO 系统的安全性能。不同于文献[52]、[53]，在中继工作解码转发协议下，提出了一种优化框架，通过优化每一跳中的源传输功率、中继发射功率以及传输时间，以最大化保密中断容量。在经典的三节点中继网络中，文献[54]提出了一种包含单向、双向半双工，以及单向、双向全双工这四种中继模式的混合中继模型，通过选择中继模式和功率分配算法达到最大化端节点和速率的目的。

在大规模 MIMO 中继通信系统中，为了降低信号处理的复杂度以保证低延迟通信，中继通常会采用放大转发机制。文献[55]中研究了多用户大规模 MIMO 中继系统，在上行链路中考虑了最大比合并、迫零（Zero Forcing，ZF）接收机两种情况，在下行链路中考虑了最大比传输（Maximum Ratio Transmission，MRT）以及 ZF 预编码两种情况，并分别推导了四种传输方式下系统频谱效率（Spectral Efficiency，SE）的下界表达式。文献[56]中作者分析了多天线双向中继网络的中断概率和误码率，并研究了中继位置和功率分配之间的联合优化问题。增大中继的天线数还可以有效减少中继处量化造成的性能损失[57]。

此外，传统中继节点工作模式分为半双工和全双工的工作模式。其中，半双工工作模式下发送和接收功能将在不同时隙完成，以避免因发送残余所导致的回环信号的干扰。但是，这种工作模式的传输效率较低，当需要传输大量信息流时容易因信令风暴导致链路阻塞，因此常常应用于速率要求不高的场景中[58,59]。为了提升半双工中继的传输性能，文献[60]考虑半双工中继系统容量需求，通过选择子中继节点实现高斯传输网络的简化。此外，文献[61]还提出利用多中继编码协作的方式来弥补因半双工约束所导致的复用增益损耗。

为了契合超可靠和低延迟通信的需求，采用全双工中继协助转发已经成为研究的趋势[62,63]。由于全双工工作模式能够同时接收和发送数据流，因此相比半双工具有更高的传输效率。然而，这种全双工工作模式在进行转发时会额外遭受残留回环信号的干扰，导致接收端接收到的信号频谱效率降低。因此，现有的研究通过采用多种方案来减少自干扰，例如功率分配[64,65]，窃听补偿[66,67]和联合抵消器的干扰消除[68]。

为了进一步利用空间分集增益并减少因全向传输导致的回环信号干扰，中继转发节点同样可以部署大规模天线阵列实现接收和发送的波束控制[69]。其中文献[70]指出通过增加发射机尺寸，能够允许利用波束成形技术对全双工自干扰实现部分消除并提升系统总和速率。此外，文献[71]在中继节点处应用基于零空间的波束成形技术，以根据信道对齐和空间投影方法共同缓解信号干扰。针对高速移动毫米波场景，为了更好地结合大规模天线技术以通过聚焦定向波束实现更高效的传输过程，在中继波束的优化设计过程中需要联合考虑节点中发送与接收的影响[72]。然而，受制于难以完整获取高速移动毫米波环境下的接收与发送端信道状态信息（Channel State Information，CSI），并且实际硬件结构往往具有较高的复杂约束，联合波束优化与分配仍然具有一定的难度。

2. 中继预编码技术及其特点

用户聚焦信号簇实现定向传输信号的波束成形技术能够很好地契合高速移动毫米波与中继技术，用来提升通信系统的空间分集与天线增益。波束成形是通过利用大规模天线阵列所产生的阵列增益实现高度定向的波束，其核心是通过预编码技术在传输过程中实现信号束的定向聚焦[73]。通过采用预编码技术对数据流的载波相位进行调控，使得接收端的信号能够相干地结合从而能够提供更高的性能增益。同样，对于高速移动毫米波中继通信系统，可以在各个节点中利用预编码技术补偿毫米波传输损耗，以此来提高复杂环境下的频谱增益。针对高速移动毫米波中继系统，预编码技术不仅能够应用在基站的发送端以增强传输能力，而且能够同时应用于中继节点的接收端与发送端以获得更强的波束增益[74]。

如图 1.4 所示，对于车地通信，基站通过预编码技术将定向波束传输至中继节点。得益于列车运动方向与速度的可预测性，中继节点的发送与接收能够同时应用预编码技术实现对基站波束的接收对准与对列车的发送波束覆盖[76]。对于车内通信，由于车内用户位置基本固定并且通信环境稳定，车载节点同样可以应用预编码技术实现更准确的信息传送。这样多层次地利用预编码技术不仅能够提升传输增益，而且能够减少用户波束间干扰，提升系统频谱效率。

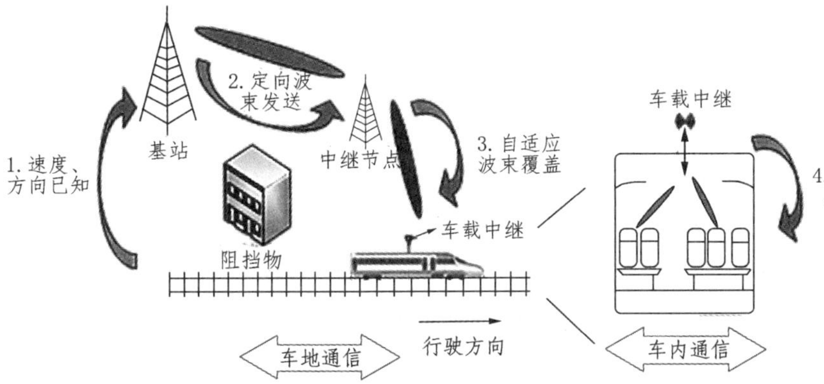

图 1.4　高速移动中继系统网络架构

随着接入用户的增加，发射机需要同时发送多个数据流进行通信。通过利用预编码技术对每个信号波束实现分类聚合，能够大大减少信号间的干扰[77]。随着应用场景和方法的不断深入，预编码技术由简单的单纯模拟和数字预编码逐渐转变为模数混合预编码。早期的模拟预编码技术主要依靠利用低成本移相器实现相位调控，这种结构虽然具有更低的能耗，但由于在移相器的相位分辨率与恒定的幅度调制上具有一定的局限性，单独控制移相器无法实现准确的波束对准，因此无法实现较高的通信性能[78]。

数字预编码技术相比于模拟预编码具有更高的自由度，由于其能够通过对每个天线链路实现独立的控制，因此有着模拟预编码无法达到的自由性[79]。但是，数字预编码需要利用成本和能耗均较高的射频链路来实现，并且其部署具有较高的复杂度，随着天线规模的逐渐增大，利用全数字预编码的结构实现波束成形是不切实际的。为了实现性能增益与系统复杂度的均衡，联合全数字预编码与模拟预编码的混合预编码结构被提出[80]。其通过利用高维的模拟预编码在相位层面进行调控，而利用低维的数字预编码提升其增益。这样的混合结构仅需少量的射频链路进行连接，既能够有效地提升系统性能又能减少能耗。因此，在高频段毫米波通信网络中，混合预编码技术具有广阔的应用前景。

3. 高速移动下中继预编码技术关键问题及研究现状

高速移动场景下通过应用预编码技术能够克服毫米波传输带来的路径损耗，在结合配备大规模天线的中继协作技术提升传输增益后，可以有效提高蜂窝小区范围内的通信链路质量。由于预编码的设计高度依赖信道状态信息的获取，而 sub-6 GHz 以下的信道模型并不适合高速移动场景，因此为了在高速移动毫米波频段下获取更加契合的信道模型，文献[81]提出了基于几何随机的毫米波信道模型，并通过利用光线追踪模拟器测得符合空间一致移动性的精确几何信息。基于上述模型，文献[82]提出了多传输状态下的基于随机阻塞的自适应混合预编码抗阻塞方案，保证了通信链路的稳定连接。另外，文献[83]基于实际测得的原始数据在信号强度、功率延迟曲线、均方根扩展等方面验证信道的非平稳性，并通过推广自由空间路径损耗模型，验证了高速移动环境下固定的预编码方案仍然具有一定的优秀性能。

为了提高车地通信网络的通信传输速率，文献[84]根据列车运行方向与速度的可预测性，设计了一种最佳的非均匀毫米波波束切换方案来确定用于高速铁路网络的预定义波束的边界，以实现通过自适应预编码的波束成形。为了进一步弥补因波束到达角度预测的不确定性所造成的性能损失，文献[85]通过利用基于跟踪的贝叶斯方法实现具有较高可信度的角度预测，并利用混合波束成形提升性能增益。随着高速移动下通信场景复杂度的不断提升，保证通信链路稳定的要求也越来越高[86]。其中，文献[87]通过利用预编码技术实现波束范围内信干噪比（Signal-to-Interference-plus-Noise Ratio，SINR）的平稳接收，以实现位置公平的传输方案。值得注意的是，为了更好地利用波束成形所带来的空间分集增益，需要联合考虑系统的性能[89]。

针对应用于不同场景的混合预编码方法，现有代表性的混合预编码方案如表 1.3 所示。为了适应毫米波频段中大规模天线阵列的利用，混合预编码结构的设计同时需要考虑模拟与数字网络所具有的约束。其中，模拟预编码受最大幅值的限制，并且其可调相位同时受到精度限制。而数字预编码同时受到总发射功率的限制，这种复杂耦合多变量的限制条件表现出强的非凸特性，这为混合预编码的直接优化带来了较大的困难。针对求解最佳混合预编码时遇到的高耦合特点，在点对点通信结构中，利用空间稀疏特性的正交匹配追踪[74]和基于梯度投影的松弛半定规划[75]等方案被提出；同时，针对有传统中继节点参与的多跳通信结构中，利用广义奇异值分解[90]和迭代逐次逼近[91]等方案也被采用；此外，针对联合 IRS 的通信系统中，通过运用例如基于样本平均[92]、机器学习[93]和基于到达角度估计[94]等迭代算法同样实现了主被动的联合预编码设计。

表 1.3　现有代表性的混合预编码方案总结

系统架构	场景	技术方案	信道状态	文献
点对点通信	单用户	正交匹配追踪	完美 CSI	[74]
	单用户	松弛半定规划	完美 CSI	[89]
	单用户	自适应重叠子阵	非完美 CSI	[75]
传统中继	单用户	迭代逐次逼近	完美 CSI	[91]
	单用户	信道本征模补偿	非完美 CSI	[95]
	多用户	加权最小均方误差	完美 CSI	[96]
	多用户	广义奇异值分解	完美 CSI	[90]
智能反射表面	单用户	交替方向乘子法	完美 CSI	[97]
	多用户	到达角度估计	非完美 CSI	[94]
	多用户	机器学习	完美 CSI	[93]
	多用户	随机规划及样本平均	完美 CSI	[92]

在上述关于不同场景下预编码技术方案的文献中，无论是点对点通信结构，还是基于传统或虚中继的转发通信结构，其预编码设计方案往往仅优化片面的性能指标。而针对移动毫米波场景下复杂的信道环境，如何利用预编码技术来解决中继节点的联合优化、系统能量效率（Energy Efficiency，EE）与频谱效率的均衡、高效的波束功率分配等方面问题也是亟待解决的。

1.2.3　高铁空间调制研究现状

在前面小节所述基于车载中继的高铁无线多跳协作技术中，大规模MIMO 技术是作为系统取得空间分集增益的核心技术，但是在高铁移动场景下，大规模 MIMO 技术受多普勒频移和系统复杂度的限制十分严重。当前，基于 4G 的 LTE-R 技术主要以正交频分复用（Orthogonal Frequency Division Multiplexing，OFDM）技术为核心，已应用在部分高铁路段上。OFDM 技术和 MIMO 技术相结合在多普勒补偿和频谱效率方面能够有所提升，但是当频段越高时，其受系统计算复杂度的影响十分严重，所以会有较高的延时并且容易受到信道环境的限制[98]。在同一时间，西南交通大学的研究者们对将空间调制技术和高铁通信场景结合起来也做了一系列深入的研究。理论研究分析表明，将空间调制作为一种多天线候选技术应用到高铁无线通信系统中，不仅是可行的，而且具有较高的频谱效率和良好的鲁棒性等优点。将空间调制（Spatial Modulation，SM）与大规模 MIMO 结合应用到高铁场景中，文献[99]仿真得出了高铁空时相关信道下 SM 系统的性能比传统 MIMO 的性能要更好的结果。同时，其提出更高的移动速度会增强时间相关性的影响，而削弱空间相关性的影响，为后续将空间调制应用到高铁场景中的研究打下了坚实的基础。但是，高铁通信的蜂窝小区局部近似线性分布，和普通蜂窝小区的二维分布有很大区别，采用普通小区的基站放置方式会带来很大的功率损耗。相比于集中式天线系统，基于光载无线通信技术（Radio- over-Fiber，RoF）的分布式天线系统更适用于铁路无线通信场景，尤其是将分布式技术和 SM 技术相结合的时候，更加能够发挥 SM 技术在高铁场景下的传输优势[100]。

1. 空间调制研究现状

经过多年的研究，空间调制目前具有代表性的技术如表 1.4 所示。相比于 MIMO 技术，空间调制被认为是一种具有高频谱效率和高能量效率的并且具有很好前景的数字调制技术，其设计原则也很简单[101]。2006 年，由 Mesleh 等人在文献[102]中定义了 SM 的概念，即信息比特由星座调制符号和隐藏的天线序号同时携带，能够有效增强频谱效率且具有规避载波间干扰（Inter-Carrier Interference，ICI）和不需要发射天线间同步等优势。而单纯利用天线索引这一资源作为信息载体的理念第一次是在文献[103]提出的，作者以两根发射天线为例，输入比特“0”和“1”分别对应激活第一根和第二根发射天线，并将此方案命名为空移键控（Space Shift Keying，SSK），这便是 SM 技术的特殊情形。空间调制技术本质上是一种利用空间域的映射技术，相同的方法可以用在单一维度（诸如频率域、时间域、编码域、角度域）以及多种维度的结合。

表 1.4　空间调制研究现状列表

类型	领域		代表性技术	主要贡献
单维领域	空域	天线	GSM[104]	更好的频谱效率
			QSM[105]	更高的能量效率
			DSM[106]	更低的部署成本
		光通信	OSM[107]	灵活控制照明和通信并存
		预编码	PIM-OFDM[108]	更好的系统性能和低成本
	频域	子载波	OFDM-IM[109]	高铁场景下更高的可靠性
			OFDM-IQ-IM[110]	更高的能量效率
多维领域	空-时		STBC-SM[111]	在分集和复用间取得平衡
	空-频		GSFIM[112]	更好的系统性能
	空-时-频		GSTFIM[113]	更高的频谱效率
			OTFS[114]	解决高铁多普勒频移和时延问题

空间调制技术的融合性很高，几乎能与各个领域的技术进行结合。并且，未来随着通信网络规模的扩大，在实际实现上需要调制尽可能得简单，这也是空间调制技术的优势所在。同时，为了有效地利用多域资源的自由

度，SM 可以考虑结合其他领域的新技术以进一步提升系统性能，比如物理层安全和自适应传输。

2. 空间调制与物理层安全研究现状

高铁移动无线通信系统需要为列控系统提供端到端的数据传输，由于涉及诸多敏感性信息，因此对系统安全性的要求更为苛刻。而基于信息论的物理层安全技术为保证高铁移动无线数据传输的安全性提供了一种新的思路[115]。采用先进的物理层安全技术，根据信道状态信息去调整发射的信号，比如人工噪声（Artificial Noise，AN）技术和预编码技术，可以放大合法信道和窃听信道的区别，这样既不会对合法节点产生影响，又可以干扰到窃听者[116]。同时，使用空间调制技术，在假设窃听信道信息已知的前提下，文献[117]研究了有限字符下 SM 的安全互信息并提出了一种人工噪声方案增强其安全性能，通过优化功率分配的方式使得系统的保密速率最大化。而在非完美信道状态信息的情况下，文献[118]分析了 AN 辅助 SM 系统的系统保密性能，并给出了对应的安全容量（Secrecy Capacity，SC）的闭式表达式。另外，全双工接收机也被引入到安全 SM 系统中，接收机接收保密信息的同时能够释放出干扰信号，将会给窃听机造成时变干扰[119]。在此之外，协作分布式的人工噪声技术也吸引了部分学者的关注。同时安全 SM 系统常常通过其他方式进一步优化，比如通过天线选择算法优化天线选取或者调整传播过程等，将在下文中进行阐述。

3. 自适应空间调制研究现状

由于 SM 的映射索引方式一般为二进制，这就意味着发射天线数只需要为 2 的整数次幂，如果任意配备自由的发射天线个数，将导致大量资源的浪费，所以需要在发射端根据反馈得到的 CSI 自适应地进行天线方案选取。基于最大化最小欧氏距离的算法（Euclidean Distance Antenna Selection，EDAS）虽然可以得到最优误码率（Bit Error Rate，BER），但是该算法需要遍历所有天线序号与调制符号的组合，对于天线数很多、调制阶数很高的 SM 系统，复杂度极高[120]。为了降低天线选择算法的复杂度，基于奇异值分解、基于星座图分解和基于最大化信道容量的容量最优天线选择算法

（Capacity Optimized Antenna Selection，COAS）分别被提出。其中，文献[121]通过只搜索最大的最小平方奇异值来避免全搜索，从而降低基于欧式距离最优算法的复杂性。文献[122]通过对可分解正交振幅调制符号集合的信道进行 QR 分解，可以减少计算汉明距离的次数，从而降低算法的复杂度。而 COAS 算法根据信道容量公式，遍历所有的天线信道组合，性能接近于最优算法，复杂度则有所降低，常被用于得到空间调制系统的最优信道容量。文献[123]将天线选择算法与人工噪声技术结合，以进一步优化系统安全性能，其理论和仿真结果表明，联合天线选择算法和人工噪声技术能够有效地增强 SM 系统的系统安全容量。文献[124]针对有限字符情况下的安全 SM 系统提出了两种新的天线选择方案，分别是基于最大化保密速率（Maximum Secrecy Rate，Max-SR）和基于信漏噪比（Signal-Leakage-to-Noise-Rate，SLNR）的天线选择算法，其中基于 SLNR 的天线选择方案以极低的复杂度实现了出色的保密速率性能。

如图 1.5 所示，以电子科技大学为代表的学者们进一步将天线选择算法归入空间调制自适应链路的研究，并深入了机器学习领域[125]。在机器学习中，可以通过监督学习分类器或神经网络代替复杂的理论分析，利用深度神经网络（Deep Neural Network，DNN）离线数据集实时训练分类器，便可以得到最优解，例如可以应用于求得空间调制的最优天线选取[126]。

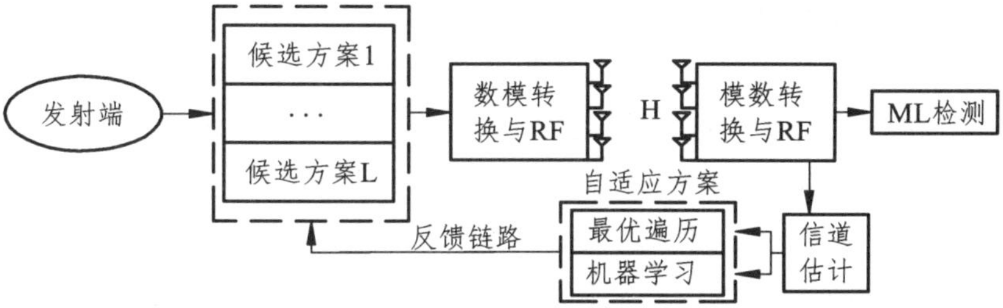

图 1.5　自适应空间调制系统框图

在文献[127]和文献[128]中，提出了基于机器学习的空间复用系统天线选择算法，以信道矩阵元的模量作为特征向量分别构建支持向量机（Support Vector Machine，SVM）、K 近邻（K-Nearest Neighbor，KNN）和朴素贝叶斯辅助分类器。上述机器学习辅助通信系统设计的贡献主要集中在传统 MIMO 系统上，而对于 SM-MIMO 系统，设计自适应链路的时候需要考虑

SM 同一时刻只激活一根天线的特性。于是，文献[129]将 K 均值聚类（K-Means Clustering，KMC）与 SSK 系统相结合，提出了一种不依靠 CSI 的盲检测分类器。为了降低 KMC-SSK 分类器的复杂度，文献[130]中提出了一种改进的 KMC，该分类器基于一种新的规则选择初始中心点。综上所述，这些依靠数据进行驱动的学习方法已经证明能够超越传统的分类器。据目前的研究显示，机器学习技术在 SM-MIMO 系统中，尤其是在天线选择、功率分配和链路自适应方案设计上的潜在好处尚未被研究。同时，如果将这些基于机器学习的方法用在高铁无线通信系统中，可以改进收发机设计和优化安全传输方案，从而构造动态实时安全可靠的高铁无线通信系统。

综上所述，高铁通信场景下基于 SM 技术的学术理论研究工作仍然处于起步阶段，在系统性能的闭式表达分析、多普勒频移问题方面成果不多，尤其是在高铁安全传输领域，无论是抗被动窃听方案还是抗主动干扰方案都少有深入的研究。所以，本书将从解决高铁无线通信受强空时相关性和高系统复杂度影响的角度出发，研究高铁场景下低复杂度的空间调制和分布式空间调制技术的应用。

1.2.4 智能表面技术研究现状

智能反射表面是一个可以在显著降低未来无线网络能耗的同时，实现前所未有的大规模 MIMO 增益的最新硬件技术[131]。IRS 是由大量可重构无源元件组成的平面阵列，其中每个元件都能够独立于入射信号而引起一定的相移，从而共同改变信号的传播环境[132]。实际上，无源反射表面在雷达和卫星通信中有各种应用，但很少在地面无线网络中使用。原因是传统反射表面仅具有固定的移相器，无法适应地面移动通信中随时间变化的环境[133]。电磁超材料技术的发展使得反射表面的可重构性成为可能。电磁超材料的起源可追溯到 20 世纪 60 年代。1965 年，俄罗斯科学家 Veselago 首次提出了一种介电常数和磁导率同时为负的称为左手媒质的特殊材料，该材料可以在理论上产生负折射现象[134]。之后，Pendry 于 1996 年构造出了等效的负介电常数[135]，并于 1999 年设计出了等效的负磁导率[136]，由此奠定了这一项技术的发展基础。利用电磁超材料的特性，IRS 可以实现对移相器的实时控制，从而重新构造反射表面[137,138]。

现阶段对于 IRS 的研究主要集中在发射端波束赋形矩阵和反射相移矩阵的设计上。文献[139]中研究了 IRS 辅助的多用户通信系统中的资源分配问题，提出了对偶波束成形算法对基站发射功率和 IRS 相移矩阵进行联合优化，结果表明该算法在总速率和能量效率上要优于常用的 MRT 和 ZF 传输方案。文献[140]在存在单用户以及单窃听者的场景中，利用交替优化算法和半定松弛算法寻求次优解，提高合法用户的通信速率。不同于文献[140]，[141]中考虑了多用户以及多窃听者的场景，并提出了一种基于交替优化和路径跟踪的算法，通过迭代得到保密速率的局部最优解。此外，在一些特殊场景下，作者还提出了基于 ZF 的启发式次优算法以降低算法复杂度。

另外，IRS 在一些场景中可以起到替代传统中继的作用。文献[142]中通过调整 IRS 相位获得最优接收信噪比（Signal-to-Noise Ratio，SNR），推导出了单输入单输出系统的中断概率、可实现速率、误码率以及分集增益的闭式表达式。与解码转发中继相比，IRS 需要通过部署大量表面元素才能弥补由于只有源节点发射功率而导致的低通道增益[143]。文献[144]中结合了 IRS 和非正交多址技术，相比于传统的空间频分多址技术可以更有效地确保小区边缘用户的通信质量。文献[145]从能量效率的角度出发，提出了梯度下降和分式规划两种算法最大化能量效率，相比于多天线放大转发中继可以提供高达 300%的能量效率。类似于传统中继，多个 IRS 之间协作通信同样受到了研究者的广泛关注。文献[146]中将单 IRS 两跳信道推广到了多 IRS 多跳信道场景中，以抑制阻塞路径的影响，实现覆盖范围更广的通信环境。此外，在多个 IRS 协作通信时，通过选择性能最优的 IRS 实现低复杂度、低成本传输。文献[147]则是提出了一种基于位置信息的多个 IRS 协作辅助通信系统，为了避开复杂度较高的全局优化非凸问题，作者通过在基站和 IRS 处进行局部优化，使得每一个 IRS 都服务于与之相近的单用户。根据这一思想，作者推导出了 IRS 辅助的大规模 MIMO 系统可实现速率的表达式，并分析了用户位置的准确性对可实现速率的影响。

1.3 本书主要内容

本小节主要对本书所研究内容和章节的安排进行了简要阐述。

第 1 章：针对 5G/B5G 在我国高速铁路上的应用，介绍了高铁列控系统无线通信相关技术的发展，包括波束成形技术、车载中继技术、智能表面技术以及作为一种增强型 MIMO 技术的空间调制技术，并阐述了相关研究的背景及意义。同时，分析了高铁场景下传统 MIMO 技术存在的问题，并比较了空间调制技术在高铁场景下的优势以及智能表面技术的研究现状并以此为本书奠定研究基础。

第 2 章：主要对高铁场景下的多跳协作相关技术和空间调制技术的基本原理展开叙述。然后，从传统 MIMO 协作多天线技术出发，详细描述了本书所采用的车载中继技术、预编码技术、空间调制技术和智能表面技术与现存传统技术的优劣势所在。最后，针对高铁无线通信系统的传输性能，给出了系统性能和相关算法的评价指标。

第 3 章：考虑高铁场景下集中式轨旁基站到车载中继的无线通信，为降低轨旁基站发射机的复杂度，提出了一种基于截断速率的空间调制天线选择算法，在建立信道模型的基础上，分析了经过优化算法之后系统的保密速率、误码率以及算法复杂度。

第 4 章：针对高铁场景下车地间无线信道的强空时相关性给集中式基站系统性能带来的损失，提出一种协作分布式空间调制安全传输方案，并分析了该方案对于集中式基站的性能优势。然后提出了一种自适应联合天线选择与功率分配方案优化小区边缘处的保密性能。同时，分析了不同莱斯因子所带来的性能均衡问题。

第 5 章：考虑高速移动接收机获取完美信道状态时，研究基站-车载中继-用户的半双工中继系统。首先建立中继辅助的大规模 MIMO 下行传输系统模型，推导了莱斯衰落信道条件下可实现和速率的闭式表达式，提出了广义功率缩放定律和局部最优功率分配方案，并分析了可实现和速率与能量效率的权衡。然后以最大化频谱效率为目标，利用离散化正交匹配追踪实现量化的混合预编码器，为低精度移相器的使用提供指导。

第 6 章：在第 5 章的基础上，针对非完美高铁毫米波信道下的全双工中继系统，首先提出了一种基于离散移相器的联合中继发送与接收的混合预编码设计方案，利用松弛化的交替方向乘子法实现能效均衡的中继混合预编码设计，并大大减少了优化过程复杂度。然后在解码转发协议和最优中继选择算法下，推导了非理想 CSI 情况下系统保密中断概率的闭式表达式，并分析了中继数目、信道估计误差、剩余自干扰等因素对系统安全性能的影响。

第 7 章：针对高铁双跳车载中继技术受限于中继放大转发所带来的高功耗、高成本和高时延问题，研究基于智能反射表面辅助的自适应空间调制高铁多跳协作传输方案。首先，研究了智能表面静态放置和动态放置两种形式，并由此建立利用车载中继的多跳协作系统和智能表面直达多用户两种场景下的系统模型。然后，通过研究联合优化智能表面相位调整和空间调制天线选择的算法，进一步分析该方案的保密速率和误码率。

第 8 章：为了确保当直视链路产生随机阻塞情况下的用户通信质量，研究了在随机阻塞毫米波信道下多级抗阻塞混合预编码方案，通过采用分布式交替优化方案并结合智能表面实现满足用户质量的多节点最优联合预编码，以获得覆盖范围内平稳的通信。

第2章

高铁多跳协作与空间调制相关技术

伴随着无线通信技术的飞速发展和迭代，传统的铁路通信业务也正在经历过渡转型。本章主要针对高铁场景下相关技术，从传统 MIMO 协作多天线技术出发，包括传统中继技术和毫米波预编码技术等多跳协作相关技术，并详细描述了本书所采用的技术与传统技术的优劣势所在，着重对高铁空间调制技术展开叙述。最后，针对高铁无线通信系统的传输性能，给出了系统性能和相关算法的评价指标。

2.1 高铁传统 MIMO 协作多天线技术

2.1.1 高铁信道模型

通过不同的方法对信道进行建模，可以得到不同的模型。高铁场景下的建模一般分为两种，一种基于数学的统计特性进行建模，另一种基于实际测量中的射线跟踪法进行建模。本书主要基于数学的统计特性，研究高铁信道的分布，可以将高铁信道建模为服从大尺度衰落与小尺度衰落结合的空时相关信道模型[148]。考虑一个轨旁基站端配备有 N_t 根发射天线，在高铁接收器上配备有 N_r 根接收天线的通信系统，根据高铁所在位置 l 的不同，将高铁的信道模型表示为

$$\boldsymbol{G}(l)=\sqrt{\boldsymbol{S}(l)}\boldsymbol{G}_R(l) \tag{2.1}$$

其中，$\mathbf{G}_R(l)\in\mathbb{C}^{N_r\times N_t}$ 是小尺度衰落信道矩阵；$\boldsymbol{S}(l)=\mathrm{diag}\left(S_1(l),\cdots S_N(l)\right)$ 表示大尺度衰落矩阵；N 表示分布式空间调制系统的远程天线单元（Remote

Antenna Unit，RAU）的个数，如果对应于集中式的空间调制系统，$N=1$，并且 $\boldsymbol{S}(l)$ 矩阵中的元素服从对数正态分布。

不同场景的高铁运行信道环境可以简化建模为具备不同莱斯因子的空时相关莱斯衰落[6]。当多径分量较少，视距分量较明显的时候，莱斯因子越大，此时频域上有较大的频移，而多径的频移分布繁杂，很难直接消除，这也是高铁无线通信所受严重影响的原因之一。考虑高铁在某一位置 l 处，其信道受莱斯因子的影响，服从空时相关莱斯小尺度衰落，可以表示为

$$\boldsymbol{G}_R=\sqrt{\frac{K}{1+K}}+\sqrt{\frac{1}{1+K}}\bar{\boldsymbol{G}} \tag{2.2}$$

其中，K 是莱斯因子；$\bar{\boldsymbol{G}}$ 为空间相关信道，可以用克罗内克积模型[149]表示：

$$\bar{\boldsymbol{G}}=\boldsymbol{R}_{N_\mathrm{r}}^{\frac{1}{2}}\breve{\boldsymbol{G}}\boldsymbol{R}_{N_\mathrm{t}}^{\frac{1}{2}} \tag{2.3}$$

其中，$\boldsymbol{R}_{N_\mathrm{r}}^{\frac{1}{2}}$，$\boldsymbol{R}_{N_\mathrm{t}}^{\frac{1}{2}}$ 分别为接收端和发射端的相关矩阵，矩阵各元素由零阶贝塞尔函数 $\left[\boldsymbol{R}_{N_\mathrm{r}}^{\frac{1}{2}}\right]_{r,\hat{r}}=J_0\left(2\pi|r-\hat{r}|\Delta_\mathrm{r}\right)$，$\left[\boldsymbol{R}_{N_\mathrm{t}}^{\frac{1}{2}}\right]_{t,\hat{t}}=J_0\left(2\pi|t-\hat{t}|\Delta_\mathrm{t}\right)$ 给出，$r,\hat{r}\in N_\mathrm{r}$ $t,\hat{t}\in N_\mathrm{t}$，$\Delta_\mathrm{t}$，$\Delta_\mathrm{r}$ 为归一化发射天线间距以及归一化接收天线间距。高铁信道的时间相关性可以用 Jakes 模型[150]由 $\breve{\mathbf{G}}$ 的期望表示：

$$\alpha(\tau)=\mathbb{E}\left[\breve{\boldsymbol{G}}(s)\breve{\boldsymbol{G}}^\mathrm{H}(s+\tau)\right]=J_0\left(2\pi f_d\tau\right) \tag{2.4}$$

其中，τ 是采样时间，$f_d=f_c v/c$ 为最大多普勒频移，为了方便研究，可以将时间忽略，将采样时间 τ 归一化处理。

2.1.2 传统预编码技术

为了在毫米波中继系统中进一步提升系统性能，并且解决高频通信过程中由于复杂易变的无线信道所导致的性能下降，通常在收发端同时部署大规模天线结构并利用预编码技术用于弥补传输损耗和提高系统传输性能，同时降低接收信号处理的复杂度。在传统的预编码设计过程中，常见的预编码方案根据接收端需求与传输信号复杂度可以分为迫零预编码、最大比传输预编码、最小均方误差（Minimum Mean Square Error，MMSE）预编码、块对角（Block Diagonalized，BD）预编码及奇异值分解（Singular

Value Decomposition，SVD）预编码等。本小节将在半双工中继系统中对比上述传统预编码方法，并分析其各自的性能。

1. MRT 预编码

MRT 预编码的主要思想是通过利用中继接收端与发送端的信道环境实现最大化的接收端用户增益，其性能的好坏主要取决于信道状态。考虑如式（2.1）所示信号传输过程，则基于 MRT 的中继预编码矩阵设置为

$$\boldsymbol{G}_{\mathrm{MRT}}=\partial_{\mathrm{MRT}}\boldsymbol{H}_{\mathrm{rd}}\boldsymbol{H}_{\mathrm{sr}}^{\mathrm{H}} \tag{2.5}$$

其中，∂_{MRT} 表示中继节点具有最大传输功率 P_r 时的放大系数，其满足

$$\partial_{\mathrm{MRT}}=\left(\frac{Tr(\boldsymbol{G}_{\mathrm{MRT}}\boldsymbol{H}_{\mathrm{sr}}\boldsymbol{H}_{\mathrm{sr}}^{\mathrm{H}}\boldsymbol{G}_{\mathrm{MRT}}^{\mathrm{H}})}{P_r}+\frac{Tr(\sigma_{\mathrm{sr}}^2\boldsymbol{G}_{\mathrm{MRT}}\boldsymbol{H}_{\mathrm{sr}}\boldsymbol{H}_{\mathrm{sr}}^{\mathrm{H}}\boldsymbol{G}_{\mathrm{MRT}}^{\mathrm{H}})}{P_r}\right)^{-\frac{1}{2}} \tag{2.6}$$

MRT 的主要优点是具有较为简单的计算复杂度，但在多数据流时将高度依赖用户间的信道独立性。因此随着用户及传输天线规模的增大，信道间的正交性逐渐减弱，利用 MRT 预编码方案将导致较高的用户间干扰。

2. ZF 预编码

与 MRT 预编码不同的是，ZF 预编码通过在其他用户信道的正交空间中发送和接收各个用户的期望传输信息，使得用户之间的干扰最小。ZF 中继预编码可以表示为

$$\boldsymbol{G}_{\mathrm{ZF}}=\partial_{\mathrm{ZF}}\boldsymbol{H}_{\mathrm{rd}}(\boldsymbol{H}_{\mathrm{rd}}^{\mathrm{H}}\boldsymbol{H}_{\mathrm{rd}})^{-1}(\boldsymbol{H}_{\mathrm{sr}}^{\mathrm{H}}\boldsymbol{H}_{\mathrm{sr}})^{-1}\boldsymbol{H}_{\mathrm{sr}}^{\mathrm{H}} \tag{2.7}$$

其中，∂_{ZF} 同样表示放大系数。通过观察发现，ZF 预编码在求解过程中通过计算传输信道矩阵的逆构建信号间的正交性，使得该预编码方案能够在一定程度上消除用户间干扰。但当信道信息不能够完美获取时，将进一步放大噪声效应。

3. MMSE 预编码

MMSE 预编码通常应用于接收端以实现基于最小化均方误差原则的信号接收，通过同时考虑接收端的信号与噪声干扰，相比其他传统预编码方法能够实现更高的性能改进。当接收端应用 MMSE 预编码方法进行接收时，

其接受预编码矩阵可以表示为

$$\boldsymbol{W}^{\mathrm{H}}=\partial_{\mathrm{MMSE}}\boldsymbol{H}_{\mathrm{sr}}^{\mathrm{H}}\boldsymbol{G}\boldsymbol{H}_{\mathrm{rd}}^{\mathrm{H}}\left(\boldsymbol{H}_{\mathrm{rd}}\boldsymbol{G}\boldsymbol{H}_{\mathrm{sr}}\boldsymbol{H}_{\mathrm{sr}}^{\mathrm{H}}\boldsymbol{G}\boldsymbol{H}_{\mathrm{rd}}^{\mathrm{H}}+\boldsymbol{H}_{\mathrm{rd}}\boldsymbol{G}\boldsymbol{G}^{\mathrm{H}}\boldsymbol{H}_{\mathrm{rd}}^{\mathrm{H}}+\boldsymbol{I}\right)^{-1} \tag{2.8}$$

其中，∂_{MMSE} 表示接收端的放大系数。

4. BD 预编码

BD 预编码是通过块对角化方案抑制同一用户的天线之间的干扰来实现更高的和速率。假设在接收端共有 k 个用户，为了消除每个用户间的干扰 $\sqrt{P}\boldsymbol{H}_k\sum_{i=1,i\neq u}^{U}\boldsymbol{H}_{\mathrm{sr}}\boldsymbol{s}_i$，通过采用块对角化的思想令每个用户的预编码矩阵位于其他所有用户信道的零空间以实现更严格的正交性。事实上，中继接收端与中继发送端可以通过一定的解耦方法实现独立的设计[151]。因此当中继发送端预编码矩阵应用 BD 预编码方法时，首先对除去第 k 个用户其他剩余的所有的 k-1 个用户的用户信道矩阵集合进行奇异值分解，可以得到

$$\tilde{\boldsymbol{H}}_k=\tilde{\boldsymbol{U}}_k\begin{bmatrix}\tilde{\boldsymbol{\Sigma}}_k & 0\\ 0 & 0\end{bmatrix}\left[\tilde{\boldsymbol{V}}_k^1,\tilde{\boldsymbol{V}}_k^0\right]^{\mathrm{H}} \tag{2.9}$$

其中，$\tilde{\boldsymbol{V}}_k^0$ 与 $\tilde{\boldsymbol{V}}_k^1$ 分别是具有非零奇异值和零奇异值的右奇异向量。则

$$\tilde{\boldsymbol{H}}_k\tilde{\boldsymbol{V}}_k^0=\tilde{\boldsymbol{U}}_k\begin{bmatrix}\tilde{\boldsymbol{\Sigma}}_k & 0\\ 0 & 0\end{bmatrix}\begin{bmatrix}\left(\tilde{\boldsymbol{V}}_k^1\right)^{\mathrm{H}}\\ \left(\tilde{\boldsymbol{V}}_k^0\right)^{\mathrm{H}}\end{bmatrix}\tilde{\boldsymbol{V}}_k^0=\tilde{\boldsymbol{U}}_k\tilde{\Sigma}_k\boldsymbol{0} \tag{2.10}$$

由此可见，$\tilde{\boldsymbol{V}}_k^0$ 是 $\tilde{\boldsymbol{H}}_k$ 的零空间。因此，第 k 个用户的中继发送预编码矩阵可以通过简单的等效代换计算得出，即为 $\boldsymbol{G}_k^{\mathrm{T}}=\tilde{\boldsymbol{V}}_k^0$。同理，中继接收端预编码矩阵将取基站至中继端信道 $\boldsymbol{H}_{\mathrm{sr}}$ 的零空间向量，以实现基于块对角化的接收。

5. SVD 预编码

SVD 预编码是较为常见的预编码方案，其根据毫米波信道的稀疏特性对信道矩阵进行奇异值分解，并在奇异矩阵中选择具有相关正交特性的各列，以实现无干扰的信号传输。首先对中继系统中各个信道进行奇异值分解，可以表示为

$$\begin{cases} \boldsymbol{H}_{sr} = \boldsymbol{U}_{sr}\boldsymbol{\Sigma}_{sr}\boldsymbol{V}_{sr}^{H} \\ \boldsymbol{H}_{rd} = \boldsymbol{U}_{rd}\boldsymbol{\Sigma}_{rd}\boldsymbol{V}_{rd}^{H} \end{cases} \tag{2.11}$$

其中，$\boldsymbol{U}_{sr}$ 和 $\boldsymbol{U}_{rd}$ 分别为基站至中继和中继至用户端信道分解后的酉矩阵；$\boldsymbol{\Sigma}_{sr}$ 和 $\boldsymbol{\Sigma}_{rd}$ 为按照元素大小逐渐递减排列的对角矩阵；$\boldsymbol{V}_{sr}$ 和 $\boldsymbol{V}_{rd}$ 为右奇异矩阵。则中继预编码矩阵可以表示为

$$\boldsymbol{G} = \boldsymbol{V}_{rd}\boldsymbol{U}_{sr}^{H} \tag{2.12}$$

通过利用 SVD 预编码方法，能够最大限度地减少各个用户间的干扰，并确保了子信道间的相互正交性，大大降低了接收端的信号处理复杂性。

6. 传统中继预编码仿真比较分析

针对上述介绍的传统中继预编码方法，本节将通过仿真验证各个预编码方案应用于多用户毫米波中继系统时的性能表现。其中各个仿真结果均在 1 000 次随机毫米波信道环境下完成，假设基站端具有 16 根发射天线发射 2 个数据流，中继端采用半双工形式工作并配备 8 根天线进行转发，该系统同时服务于配备两根天线的 4 个用户端。

图 2.1 所示为用户数为 4 时，应用五种传统中继预编码方案时系统的平均速率随 SNR 的变化情况。通过观察可以发现，随着信噪比的增大，应用不同预编码方案的系统频谱效率均具有相同的变化趋势，即平均速率随着 SNR 的增加而增加。在相同 SNR 情况下，MRT 预编码由于需要更加苛刻的信道环境因此具有最差的性能表现。同时，SVD 方法更加契合毫米波信道所具有的稀疏特性，因此具有更高的平均速率。此外，BD 预编码方法与 MMSE 预编码方法具有较为相似的性能表现，这是因为其在设计过程均进一步考虑了信道干扰。另外，随着 SNR 逐渐增大，传输过程中噪声干扰逐渐降低，ZF 预编码方法性能逐渐接近 MMSE 预编码方法性能。

图 2.2 所示为在相同的系统设置下，五种传统中继预编码方法的误码率随 SNR 变化比较图。通过观察可以发现，SVD 预编码方法具有最优秀的误码率表现，MRT 预编码方法依旧具有最差的误码率。此外，由于 MMSE 与 BD 预编码方法能够对于多段的噪声干扰进行不同程度的抑制，因此误码率性能较为接近。ZF 预编码方法在低信噪比时具有较差的误码率，但随着 SNR 逐渐增大，系统中噪声功率占比逐渐减小，该预编码方法的误码率

逐渐改善。此外，随着 SNR 的不断增大，除 MRT 方法外各个预编码方法的误码率均逐渐趋近于零。

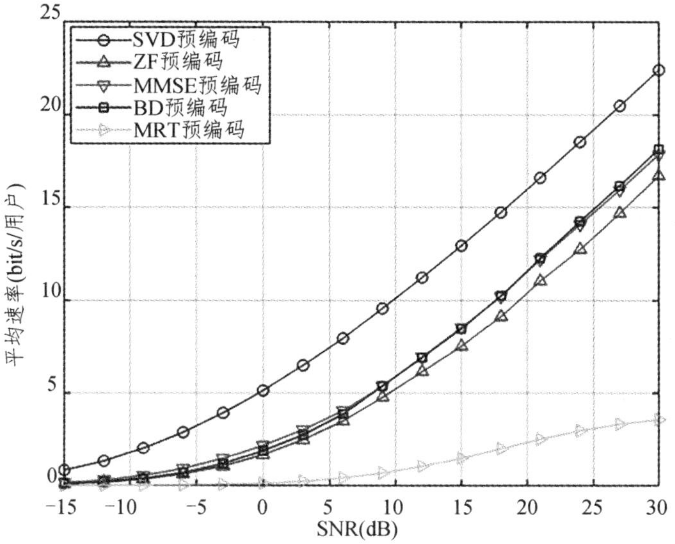

图 2.1　不同中继预编码方案平均速率比较

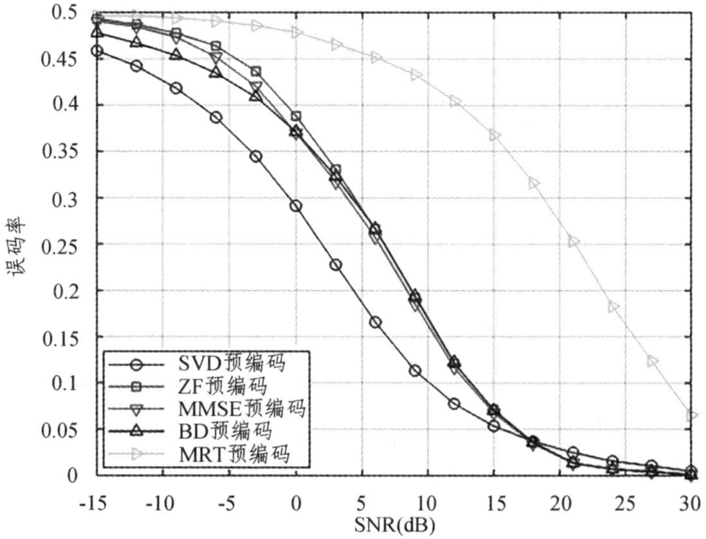

图 2.2　不同中继预编码方法误码率比较

2.1.3 传统中继技术

以图 2.3 所示的经典多中继协作通信模型为例，信息从源端 S 传输至目的端 D 共需要两个时隙。在第一个时隙内，源端将信息以广播的形式传输至 K 个中继，假设源信息为 x_S，则第 k 个中继接收到的信号为

$$y_{SR_k} = \sqrt{P_S} h_{SR_k} x_S + n_{R_k} \tag{2.13}$$

其中，P_S 为源端的发射功率；h_{SR_k} 为源端与第 k 个中继之间的信道系数；n_{R_k} 为第 k 个中继处的加性高斯白噪声且均值为零、方差为 N_0。中继对接收到的信号进行处理后得到待发送信号 x_{R_k}，并在第二个时隙内传输至目的端，目的端接收到来自第 k 个中继的信号为

$$y_{R_kD} = \sqrt{P_{R_k}} h_{R_kD} x_{R_k} + n_D \tag{2.14}$$

其中，P_{R_k} 为第 k 个中继的发送功率；h_{R_kD} 为第 k 个中继与目的端之间的信道系数；n_D 为目的端处的加性高斯白噪声且均值为零、方差为 N_0。

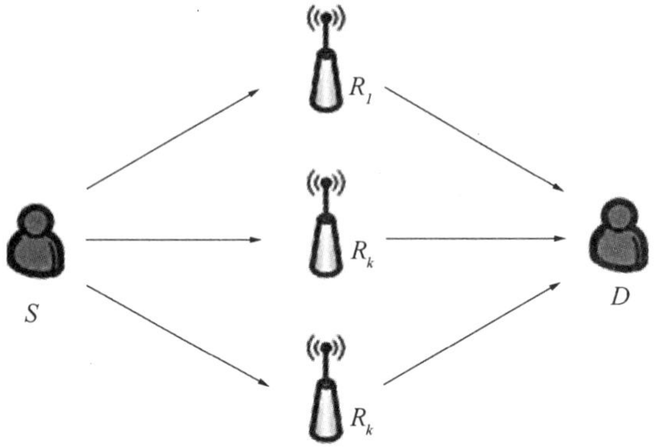

图 2.3 协作中继模型

1. 中继转发协议

中继在接收到信息后，会对信号进行处理后再转发。在中继系统中，中继节点对接收信号的处理方法是影响传输质量和系统性能的关键因素之一，常见的中继转发协议有放大转发、解码转发、编码协作和压缩转发。由于本文只涉及了放大转发和解码转发，因此下面将对这两种协议进行详

细描述。

1）放大转发协议

放大转发协议是一种非再生中继策略，因其处理简单而受到广泛的应用。根据放大转发协议，中继直接对接收到的信号进行线性放大，同时也会不可避免地放大噪声信号。因此，在低信噪比的通信环境中，采用放大转发协议在目的端获得的信噪比，较高信噪比通信环境中的差。然而，放大转发协议的复杂度最低，中继不需要知道源节点的编码和调制方案。另外，当源节点与中继节点之间的链路不足以确保可靠的解码时，放大转发方案也可以获得相对较好的系统性能。

当采用放大转发协议时，中继待发送信号 x_{R_k} 与接收信号 y_{SR_k} 满足 $x_{R_k}=\beta y_{SR_k}$，其中 β 为放大因子且由 $\beta=1\Big/\sqrt{P_S\left|h_{SR_k}\right|^2+N_0}$ 确定。于是，目的端的接收信号可以重写为

$$y_{R_kD}=\beta\sqrt{P_{R_k}}h_{R_kD}y_{SR_k}+n_D=\beta\sqrt{P_{R_k}}h_{R_kD}\left(\sqrt{P_S}h_{SR_k}x_S+n_{R_k}\right)+n_D \tag{2.15}$$

根据式（2.15），可得目的节点接收到的信噪比为

$$\gamma_{R_kD}=\frac{P_SP_{R_k}\left|h_{SR_k}\right|^2\left|h_{R_kD}\right|^2}{P_S\left|h_{SR_k}\right|^2+P_{R_k}\left|h_{R_kD}\right|^2+N_0^2} \tag{2.16}$$

于是，系统的信道容量可以表示为 $C_{\mathrm{AF}}=\frac{1}{2}\log_2\left(1+\gamma_{R_kD}\right)$。

2）解码转发协议

解码转发传输协议是一种再生中继传输方式，其本质是对信号进行数字信号处理。解码转发的原理是在信号传输的第二阶段，由中继对接收到的来自源端的信号进行解调和解码，然后对解码后的信号重新编码以生成与源信号相同的信息，从而减少了第一跳链路中的高斯白噪声。在解码转发协议下，源节点和中继节点之间的链路信噪比为 $\gamma_{SR_k}=P_S\left|h_{SR_k}\right|^2\Big/N_0$，信道容量为 $C_{SR_k}=\frac{1}{2}\log_2\left(1+\gamma_{SR_k}\right)$。中继节点与目的节点之间的链路信噪比为

$\gamma_{R_kD}=P_{R_k}\left|h_{R_kD}\right|^2/N_0$，信道容量为 $C_{R_kD}=\frac{1}{2}\log_2\left(1+\gamma_{R_kD}\right)$。系统容量取决于两跳信道中较差的一跳，因此系统所获得的信道容量为 $C_{\mathrm{DF}}=\min\left(C_{SR_k},C_{R_kD}\right)$。

2. 中继选择技术

在如图 2.3 所示的多中继协作通信场景中，通常需要选取其中一个或一组中继来参与通信，一方面可以提高信号传输的准确率，另一方面还可以减少系统的能量消耗。常见的中继选择算法有以下几种：

1）最优中继选择算法

最优中继选择算法是一种比较常用的算法，其基本思想是从一组中继中选择性能最好的中继进行通信。通常，通信性能可以通过信道容量来衡量。在存在窃听者的系统中，可以使用安全容量来衡量系统的保密性能。因此，最优中继选择算法通常是根据端对端的最大信道容量来选取最优中继。于是，在图 2.3 所示的系统模型中，当采用放大转发协议时，最优中继 R_{k^*} 可以表示为

$$R_{k^*}=\arg\max_{k=1,2,\cdots,K}\left\{\frac{1}{2}\log_2\left(1+\gamma_{R_kD}\right)\right\} \tag{2.17}$$

当采用解码转发协议时，最优中继 R_{k^*} 可以表示为

$$R_{k^*}=\arg\max_{k=1,2,\cdots,K}\left\{\min\left(\frac{1}{2}\log_2\left(1+\gamma_{SR_k}\right),\frac{1}{2}\log_2\left(1+\gamma_{R_kD}\right)\right)\right\} \tag{2.18}$$

2）基于中断概率的中继选择算法

中断概率是指当用户传输速率低于某个预设的阈值时，系统发生通信中断的概率。根据香农定理，中断概率可由信噪比及其分布得到：

$$P_{out}=\Pr\left(\frac{1}{2}\log_2\left(1+\gamma\right)<R\right)=\Pr\left(\gamma<2^{2R}-1\right)=\int_0^{2^{2R}-1}f\left(\gamma\right)\mathrm{d}\gamma \tag{2.19}$$

其中，γ 为瞬时信噪比；R 为速率阈值；$f\left(\gamma\right)$ 为 γ 的概率密度函数。因此，该算法旨在降低系统中断概率，可以有效提高通信的可靠性和连续性。但

是，在确定速率阈值后，只需要满足用户速率大于这个值即可，而不需要无限地降低中断概率。

3）基于误码率的中继选择算法

由于信号在传输过程中会受到信道环境的影响，导致接收的信息并非完全正确，信号出现错误的符号数与总符号数的比值为误码率。误码率是体现通信系统的准确性的重要指标之一，其值受信噪比、调制方式、合并方式等因素影响。基于误码率的中继选择算法是根据误码率的闭合表达式，以最小化误码率为目标选择合适的中继。

2.2 高铁空间调制技术

无论是传统中继技术还是毫米波预编码技术都是大规模 MIMO 系统下的辅助技术，而大规模 MIMO 系统并不完全适合高速移动场景。本书考虑将高铁多跳无线通信分为两段，第一段为车载中继与轨旁基站之间的通信，此段可以使用更适用于高铁场景下的技术，比如空间调制技术；第二段为车载中继与车厢内用户之间的通信，此段可以考虑为使用毫米波频段的预编码技术，最后考虑整体为全双工双向中继系统。接下来，着重介绍空间调制技术的基本原理，并将其应用在高铁场景下。

2.2.1 空间调制的基本原理

空间调制系统分为幅度相位调制（Amplitude Phase Modulation，APM）和天线序号映射两部分。假设发射 APM 信号的天线携带有 n 比特的信息，将其分成 n_1 和 n_2 两部分，n_1 的信息用天线序号承载，n_2 的信息则通过 APM 进行调制，满足 $n_2=\log_2(M)$，M 为 APM 调制符号阶数[152]。如图 2.4 所示，源信号经过数字处理技术变成串行的比特流，一部分比特流用于选择所使用的发射天线，另一部分比特流以符号调制的方式经过射频链然后通过前一部分所选择的天线发射出去[40]。

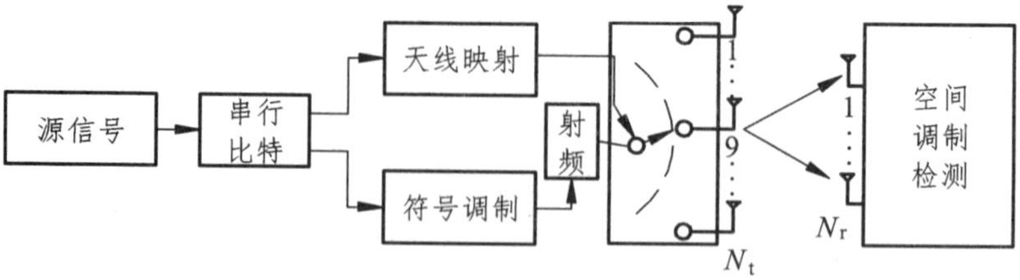

图 2.4　空间调制系统框图

同一时刻激活的天线数为 $n-N_t+1$，其中发射端第 t 根天线发送的信号矢量记为 $\boldsymbol{x}$，则

$$\boldsymbol{x}=\Big[0,0,\underbrace{s_i}_{t_{th}},\cdots,0,0\Big]^{\mathrm{T}} \tag{2.20}$$

其中，s_i 为调制符号，$i\in\{1,2,\cdots,M\}$，$E[|s_i|^2]=E_t$。假设激活发射端通过天线选择算法确定的 N_t 根中的第 t 根天线发送，则接收信号为

$$\boldsymbol{y}_b=\sqrt{E_t}\boldsymbol{h}_b\boldsymbol{x}+\boldsymbol{n}_b \tag{2.21}$$

其中，$\boldsymbol{h}_b\in\mathbb{C}^{1\times N_t}$ 是天线间的信道增益系数，$\boldsymbol{n}_b\in\mathbb{C}^{1\times N_t}$，其元素服从 $\mathcal{CN}(0,1)$。而发射信号 $\boldsymbol{x}$ 既带有天线序号索引信息，也包含调制载波的信息，如表 2.1 所示，其中带有下划线的是天线序号所映射的信息比特，不带下划线的是采用 4 阶正交幅度调制载波符号所对应的信息比特，两者相互独立，这也使得接收端更容易检测。

表 2.1　空间调制映射规则表

比特信息	<u>00</u>，00	<u>01</u>，01	<u>10</u>，10	<u>11</u>，11
天线映射	1	2	3	4
调制符号	1+1j	1−1j	−1+1j	−1−1j

接收端采取最大似然检测（Maximum-Likelihood Detector，MLD）算法检测器，穷尽搜索所有可能的发射符号，以最大后验概率为准则，找出具有最小欧氏距离的发射符号，作为检测结果。假设已知信道状态，则 MLD 可以表示为[153]

$$\left[\hat{t},\hat{s}\right]=\arg\min_{t,s}\left(\left\|\boldsymbol{y}-\boldsymbol{Hx}\right\|_F^2\right) \tag{2.22}$$

2.2.2 空间调制与物理层安全

考虑高铁运行线路不远处存在窃听者，假设轨旁基站发射端配备有 m 根天线，其中 $N_t=2^{n_t}$ 根天线用于发射空间调制符号，剩下的 $m-N_t$ 根天线用来发射人工噪声。Bob 和 Eve 的接收端则都只配备有一根接收天线，Bob 为合法接收端，Eve 为非法被动窃听者。人工噪声和 APM 信号需要分别调制，并通过天线选择算法分配给激活的天线。合法接收者的接收信号和窃听者的接收信号分别表示为

$$\boldsymbol{y}_b=\sqrt{P}\boldsymbol{H}_b\boldsymbol{x}+\boldsymbol{n}_b \tag{2.23}$$

$$\boldsymbol{y}_e=\sqrt{P}\boldsymbol{H}_e\boldsymbol{x}+\boldsymbol{n}_e \tag{2.24}$$

其中，P 为发送端信号总功率；$\boldsymbol{H}_b$ 与 $\boldsymbol{H}_e$ 分别为合法信道矩阵和窃听信道矩阵；$\boldsymbol{x}$ 为加入人工噪声的发送信号，它由实际发送信号向量和人工噪声向量两部分构成。

本文将人工噪声矢量设计在经过算法筛选后余下天线的 Bob 信道的零空间上，意味着 $\boldsymbol{h}_{bn}\boldsymbol{w}=0$。设 $\boldsymbol{h}_{bn}\boldsymbol{V}=0$，$\boldsymbol{V}=\boldsymbol{I}_{m-N_t}-\boldsymbol{h}_{bn}^{\mathrm{H}}(\boldsymbol{h}_{bn}\boldsymbol{h}_{bn}^{\mathrm{H}})^{-1}\boldsymbol{h}_{bn}$ 为信道 $\boldsymbol{h}_{bn}$ 合法零空间的投影矩阵，可以保证经过设计的人工噪声波束赋型矢量 $\boldsymbol{w}$ 不对 Bob 产生影响。同时要最大化对 Eve 的干扰，则设计所要满足的条件描述为

$$\begin{aligned}&\max\left|\boldsymbol{h}_{en}\boldsymbol{w}\right|^2\\&\text{s.t.}\quad tr(\boldsymbol{w}\boldsymbol{w}^{\mathrm{H}})=(1-\varphi)\cdot P\end{aligned} \tag{2.25}$$

类似文献[153]相关推导过程，可以将接收信号进一步表示为

$$\begin{cases}y_b=\sqrt{\rho P}h_{bt}s_i+n_b\\ y_e=\sqrt{\rho P}h_{et}s_i+\sqrt{(1-\rho)\cdot P}\boldsymbol{h}_{en}\boldsymbol{g}z+n_e\end{cases} \tag{2.26}$$

其中，$\boldsymbol{g}=\dfrac{\boldsymbol{V}\boldsymbol{h}_{en}^{\mathrm{H}}}{\left\|\boldsymbol{V}\boldsymbol{h}_{en}^{\mathrm{H}}\right\|}$，$\mathbf{h}_{bn}$ 和 $\mathbf{h}_{en}$ 都需要通过天线选择算法来确定。

2.3 智能反射表面协作通信技术

基于车载中继的高铁多跳协作传输方案，第一段使用空间调制技术后可以在一定程度上减小高铁信道强空时相关性带来的影响，但是并不能完全解决多普勒频移在接收端造成的干扰和性能损失，而新兴的智能表面技术由于可以重构信道的相位，在如何进行多普勒频移补偿上受到了广泛的关注。一般情况下，IRS 都是放置在基站端与接收端的中间位置进行辅助通信。本文则需要考虑如何放置 IRS 以更好地辅助空间调制系统。IRS 由 N 个无源反射单元组成，其信道可分为两段，h_q 和 g_l 分别表示为 $h_q=\sum_{i=1}^{N}h_q^i\mathrm{e}^{\mathrm{j}\phi_i}$、$g_l=\sum_{i=1}^{N}g_l^i\mathrm{e}^{\mathrm{j}\theta_i}$，其中 $h_q^i=\alpha_i\mathrm{e}^{\mathrm{j}\varphi_i}$、$g_l^i=\beta_i\mathrm{e}^{\mathrm{j}\psi_i}$ 为 IRS 上的第 i 个反射单元与 Bob 第 q 根、Eve 第 l 根接收天线间的信道系数，θ_i 代表在单位增益反射系数条件下第 i 个 IRS 反射单元的可控相移，α_i 和 β_i 表示信道衰落系数，φ_i 和 ψ_i 表示信道相位。通过 IRS 对信道相位的智能优化，接收信号可表达为

$$\mathrm{y}_b=\sqrt{P_{\mathrm{RF}}}\sum_{i=1}^{N}\alpha_i\mathrm{e}^{\mathrm{j}(\theta_i-\varphi_i)}x_j+z_b \tag{2.27}$$

$$\mathrm{y}_e=\sqrt{P_{\mathrm{RF}}}\sum_{i=1}^{N}\beta_i\mathrm{e}^{\mathrm{j}(\theta_i-\psi_i)}x_j+z_e \tag{2.28}$$

Bob 处的瞬时信噪比为

$$\gamma=\frac{\left|\sum_{i=1}^{N}\alpha_i\mathrm{e}^{\mathrm{j}(\theta_i-\varphi_i)}\right|^2P_{\mathrm{RF}}}{{\delta_b}^2} \tag{2.29}$$

IRS 反射相位 $\{\theta_i\}_{i=1}^{N}$ 可根据信息位进行调整，以提高接收天线的接收信噪比。考虑三角恒等式 $\left|\sum_{i=1}^{N}z_i\mathrm{e}^{\mathrm{j}\xi_i}\right|^2=\sum_{i=1}^{N}{z_i}^2+2\sum_{i=1}^{N}\sum_{k=i+1}^{N}z_iz_k\cos(\xi_i-\xi_k)$ 对所有 i 值，在 ξ_i=ξ 条件下，可取最大值，则 IRS 可对入射电磁波进行智能反射，当 $\theta_i=\varphi_i$，$i=1,2,\cdots,N$ 时，可得到 Bob 处的最大瞬时 SNR 为

$$\gamma=\frac{\left|\sum_{i=1}^{N}\alpha_i\right|^2P_{\mathrm{RF}}}{{\delta_b}^2} \tag{2.30}$$

智能反射表面不仅能够在无线通信多跳传输过程中充当一个虚拟中继，从而利用预编码技术更好地服务用户，而且能够对反射的电磁波进行相位调整，以对高速移动场景下的信号进行多普勒补偿。由此，智能反射表面在高速移动场景下具有很高的利用价值。

2.4 系统性能评估

2.4.1 多跳协作通信系统性能分析

衡量协作通信系统性能的指标有很多，如中断概率、误码率、频谱效率、能量效率等。由于有无中继的分析方法类似，因此这里以图 2.5 所示的大规模 MIMO 下行链路为例，对几个常用的性能指标进行详细分析。

图 2.5 所示系统中的基站天线数为 M，用户数为 K，基站与用户之间的信道响应为 $\boldsymbol{G}\in\mathbb{C}^{K\times M}$。设原始信号为 $\boldsymbol{s}\in\mathbb{C}^{K\times 1}$，传输之前需要经过预编码矩阵 $\boldsymbol{A}\in\mathbb{C}^{M\times K}$ 进行编码。于是，用户接收到的信号为

$$\boldsymbol{y}_U=\sqrt{P_S}\boldsymbol{GAs}+\boldsymbol{n}_U \tag{2.31}$$

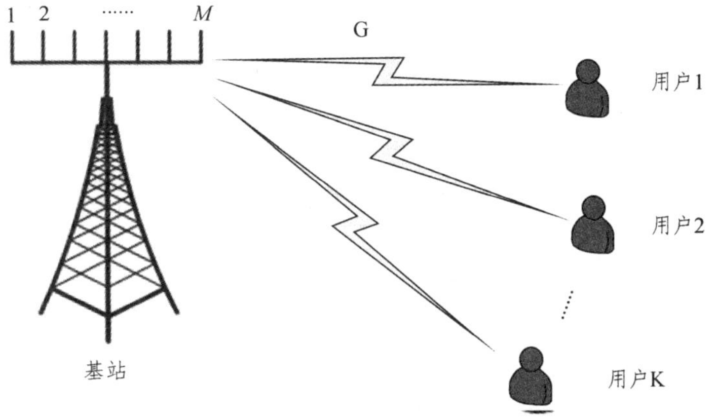

图 2.5 大规模 MIMO 系统模型

其中，P_S 为基站的发射功率；$\boldsymbol{n}_U\in\mathbb{C}^{K\times 1}$ 为用户处均值为零、方差为 N_0 的加性高斯白噪声。根据式（2.31），第 k 个用户接收到的信号为

$$y_{U,k} = \sqrt{P_S}\boldsymbol{g}_k\boldsymbol{a}_k s_k + \sqrt{P_S}\boldsymbol{g}_k\sum_{i\neq k}^{K}\boldsymbol{a}_i s_i + n_{U,k} \tag{2.32}$$

其中，$\boldsymbol{g}_k$ 是 $\boldsymbol{G}$ 的第 k 行，$\boldsymbol{a}_k$ 是 $\boldsymbol{A}$ 的第 k 列，s_k 、$n_{U,k}$ 分别是 $\boldsymbol{s}$ 、$\boldsymbol{n}_U$ 的第 k 个元素。于是，系统所获得的总频谱效率可以表示为

$$R_U = \frac{1}{2}\sum_{k=1}^{K}\log_2\left(1+\frac{P_S\left|\boldsymbol{g}_k\boldsymbol{a}_k\right|^2}{P_S\sum_{i\neq k}^{K}\left|\boldsymbol{g}_i\boldsymbol{a}_i\right|^2+N_0}\right) \tag{2.33}$$

假设系统的门限速率值为 γ_{th} ，则系统中断概率的表达式为

$$P_{\text{out}} = \Pr\left\{R_U < \gamma_{\text{th}}\right\} \tag{2.34}$$

能量效率与带宽、频谱效率和功耗有关，根据定义，能量效率的表达式为

$$\varTheta_{\text{EE}} \triangleq \frac{BR_U}{P_{\text{Total}}} \tag{2.35}$$

式（2.35）中，P_{Total} 为系统在处理信号时射频链产生的总功耗。如图 2.6 所示，P_{Total} 主要由数模转换器 DAC、自动增益控制、有源滤波器、混频器和频率合成器的功耗值组成，即 P_{DAC} 、P_{AGC} 、P_{filt} 、P_{mix} 、P_{syn} [155]。根据文献 [151]、[74]，P_{Total} 的表达式为

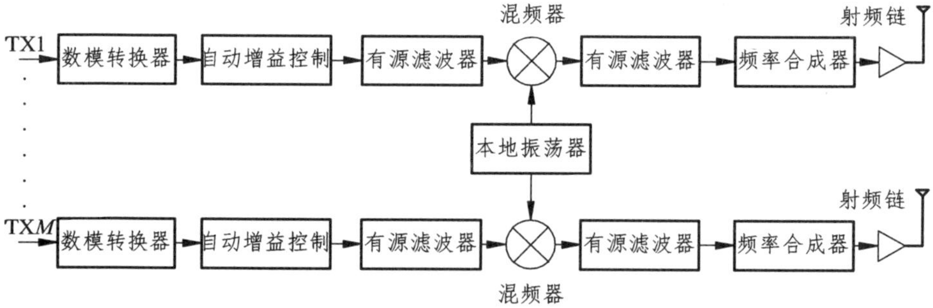

图 2.6　发射天线电路模块（模拟）

$$P_{\text{Total}} = M\left(P_{\text{mix}}+P_{\text{filt}}\right)+2P_{\text{syn}}+M\left(cP_{\text{AGC}}+P_{\text{DAC}}\right) \tag{2.36}$$

式中，c的值与 DAC 量化位数有关，当量化位数为 1 时，$c=0$；当量化位数大于 1 时，$c=1$。

2.4.2 高铁空间调制系统性能分析

1. 信道容量分析

文献[156]介绍了 Wyner 提出的加噪窃听模型，之后 Csiszàr 和 Krner 提出了两个具有接收机的广播信道模型。在传输信息时，私密信息被发送到第一个接收器，公共信息被发送到两个接收器，同时保持第二个接收器不能接收私密信息。当不发送公共信息时，保密容量的值就等于总体联合概率分布的最大值，可以表示为

$$C_s = \max_{V \to X \to YZ} I(V;Y) - I(V;Z) \tag{2.37}$$

其中，V 是一个辅助变量。当窃听信道从 X,Y,Z 退化为一个马尔可夫链 $X \to Y \to Z$ 时，保密容量的表达式变化为如下形式：

$$C_s = \max_{X} I(X;Y) - I(X;Z) \tag{2.38}$$

对高斯退化信道而言，信道满足离散无记忆条件，导致合法信道和窃听信道的信道容量出现差异性，它们的信道容量之差存在最大值。系统的 SC 为合法信道容量与窃听信道的信道容量的差值

$$C_s = C_Y - C_Z = \frac{1}{2}\log_2(1+\frac{P}{\sigma_Y^2}) - \frac{1}{2}\log_2(1+\frac{P}{\sigma_Z^2}) \tag{2.39}$$

其中，P 表示传输功率；σ_Y^2 表示合法信道的噪声方差；σ_Z^2 表示窃听信道的噪声方差。通常，合法信道的信噪比要大于窃听信道，所以 SC 应该是一个正值，SC 可以写为

$$C_s = \max(C_Y - C_Z, 0) \tag{2.40}$$

当合法信道的信道容量 C_Y 大于窃听信道的信道容量 C_Z 时，系统的 SC 大于0，此时系统能够实现信息的安全传输。反之，则系统的 SC 为0，不具备保密能力，无法实现信息的安全传输。在大多数通信场景中，安全容

量 C_s 的值等于保密速率 R_s。当信道为复加性高斯白噪声信道时，系统的 SC 为

$$C_s = \max\left[\log_2(1+\frac{P|\boldsymbol{h}_Y|^2}{\sigma_Y^2}) - \log_2(1+\frac{P|\boldsymbol{h}_Z|^2}{\sigma_Z^2}), 0\right] \tag{2.41}$$

2. 误比特率性能分析

SM 信号经过 MLD 算法检测后，由于精确的误比特率难以获得，本文通过推导成对差错概率来获得平均误比特率的上界。

采用联合上界的方法，则误比特率可以表示为[157]

$$P_{\mathrm{s}} = \frac{1}{N_t M}\sum_{m=1}^{N_a}\sum_{i=1}^{M}\sum_{k=1}^{N_a}\sum_{j=1}^{M}\left\{N\left(x_{mi}, x_{kj}\right)\mathrm{E}\left[P_{\mathrm{r}}\left(x_{mi}\to x_{kj}\right)\right]\right\} \tag{2.42}$$

式中，$P_{\mathrm{r}}\left(x_{mi}\to x_{kj}\right)$ 表示将激活天线 m 、APM 符号 s_i 组合错判成激活天线 n 、APM 符号 s_j 组合的成对差错概率，其可以表示为均值为 0，方差为 $\sigma_\alpha^2 = \dfrac{\rho\left(|x_i|^2 + |x_j|^2\right)}{4}$ 的高斯随机变量，因此，

$$P_{\mathrm{s}} \leqslant \frac{1}{N_{\mathrm{a}} M}\sum_{m=1}^{N_{\mathrm{a}}}\sum_{i=1}^{M}\sum_{k=1}^{N_{\mathrm{a}}}\sum_{j=1}^{M}\left\{N\left(x_i, x_j\right)\mathrm{E}\left[\mathrm{Q}\left(\sqrt{\sum_{n=1}^{2N_{\mathrm{r}}}\sigma_\alpha^2}\right)\right]\right\} \tag{2.43}$$

其中，$N(i,j)$ 是每一个信道的汉明距离，Q 表示高斯 Q 函数，E 表示求期望。在瑞利道下，类似文献[158]相关的推导，得到接收端的误比特率为

$$P_{\mathrm{s}} \leqslant \frac{N_{\mathrm{t}}}{M}\sum_{i=1}^{M}\sum_{j=1}^{M}\left\{\frac{N(i,j)}{2}\left(1-\sqrt{\frac{\sigma_\alpha^2}{1+\sigma_\alpha^2}}\right)\right\} \tag{2.44}$$

2.5 本章小结

本章主要介绍了高速铁路通信场景中的协作通信与空间调制相关技术。首先对毫米波中继系统中的常见预编码方案进行了详细的阐述和对比，

其次分别介绍了空间调制技术和高铁信道模型，以及空间调制技术在高铁场景中的应用。然后，对新兴的智能反射表面技术做了细致的分析。最后，以实际模型为例，分析了频谱效率、中断概率、能量效率、误码率等常用性能指标的具体求解过程，为后续章节的深入研究奠定扎实的基础。

第 3 章

轨旁基站端低复杂度的空间调制自适应链路设计

针对轨旁基站容易遭受非法窃听的问题，本章利用空间调制冗余的静默天线发射人工噪声，可以在不影响高铁接收机的同时干扰窃听者，从而提升高铁无线通信系统的安全性，但高铁收发机的复杂度随之升高。为了快速配置有效信号和人工干扰的天线和功率分配，本章提出一种基于截断速率的低复杂度天线选择算法，该算法通过近似推导和差值转换，从而避免积分运算和对天线组合遍历，降低高铁收发机的复杂度。

3.1 高铁空间调制系统

3.1.1 系统模型

如图 3.1 所示，考虑在高铁 SM-MIMO 系统中，大规模 SM-MIMO 发射端配备了 N_t 根发射天线，合法接收者 Bob 具有 N_b 根接收天线，非法窃听者 Eve 具有 N_e 根接收天线。当 N_t 不是 2 的整数次幂时，必须从 N_t 根发射天线中选择 $N_a = 2^{\lfloor \mathrm{lb} N_t \rfloor}$ 根天线负责发射调制符号，以将信息比特全部映射到天线索引序号，lb 为 $\log_2$ 的简写。根据排列组合的知识，发射端总共有 $L = \begin{pmatrix} N_t \\ N_a \end{pmatrix}$ 种组合模式，记为 $\psi=\{\psi_1,\cdots,\psi_k,\cdots\psi_L\}$，其中 ψ_k 表示所有天线组合中的第 k 种组合。在每个时隙中，信息位被分为两部分，包含 a 位和 b 位。b 位用于从发射天线中选择一个激活的天线，通过调制将信息映射为天线的序号。a 位用于从 M 进制信号星座图中选择幅度相位调制符号。可以得到，频谱效率为每通道 $\mathrm{lb}N_{\mathrm{a}}M = a + b$ 位，其中 $\mathrm{lb}N_{\mathrm{a}}$ 位用来选择激活天线，其余 $\mathrm{lb}M$ 位用来选择星座符号。

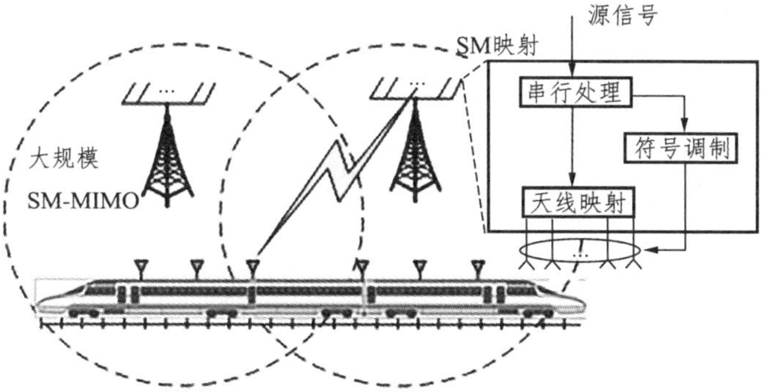

图 3.1　高铁大规模 SM-MIMO 系统框图

人工噪声和符号需要分别进行调制，并通过天线选择算法分配给激活的天线。发射调制符号的天线带有天线序号映射，可以承载一部分信息，而发射人工噪声的天线则不带有任何信息。发射端激活第 n 根天线发送的信号矢量记为 $\boldsymbol{x}$，类似于文献[159]中的安全 SM 系统保密传输模型，引入人工噪声（AN）后的发射信号可以表示为

$$\boldsymbol{x} = \alpha\sqrt{P}\mathbf{e}_n b_m + \beta\sqrt{P}\boldsymbol{T}_{\mathrm{AN}}\boldsymbol{n} \tag{3.1}$$

其中，$\alpha \in [0,1]$ 和 $\beta \in [0,1]$ 分别表示发射符号和发射 AN 的功率分配因子，满足条件 $\alpha^2 + \beta^2 = 1$；P 为总的发射功率；$\boldsymbol{e}_n$ 是单位矩阵 $\boldsymbol{I}_{N_{\mathrm{a}}}$ 的第 n 列，$n \in (1,2,\cdots,N_{\mathrm{a}})$；$\boldsymbol{I}_{N_{\mathrm{a}}}$ 表示 $N_{\mathrm{a}} \times N_{\mathrm{a}}$ 的单位阵；b_m 是 $\mathrm{lb}M$ 阶星座图的第 m 个输入符号，$m \in (1,2,\cdots,M)$；$\boldsymbol{T}_{\mathrm{AN}}$ 表示 AN 矢量的投影矩阵；$\boldsymbol{n} \sim \mathcal{CN}\left(0, \boldsymbol{I}_{N_{\mathrm{a}}}\right)$ 是随机 AN 矢量。因此，Bob 和 Eve 的接收信号矢量 $\mathbf{y}_{\mathrm{b}}$ 和 $\mathbf{y}_{\mathrm{e}}$ 分别表示为

$$\boldsymbol{y}_{\mathrm{b}} = \alpha\sqrt{P}\boldsymbol{H}\boldsymbol{N}_k\boldsymbol{e}_n b_m + \beta\sqrt{P}\boldsymbol{H}\boldsymbol{N}_k\boldsymbol{T}_{\mathrm{AN}}\boldsymbol{n} + \boldsymbol{n}_{\mathrm{b}} \tag{3.2}$$

$$\boldsymbol{y}_{\mathrm{e}} = \alpha\sqrt{P}\boldsymbol{G}\boldsymbol{N}_k\boldsymbol{e}_n b_m + \beta\sqrt{P}\boldsymbol{G}\boldsymbol{N}_k\boldsymbol{T}_{\mathrm{AN}}\boldsymbol{n} + \boldsymbol{n}_{\mathrm{e}} \tag{3.3}$$

其中，$\boldsymbol{H} \in \mathbb{C}^{N_{\mathrm{b}} \times N_{\mathrm{t}}}$ 和 $\boldsymbol{G} \in \mathbb{C}^{N_{\mathrm{e}} \times N_{\mathrm{t}}}$ 是从 Alice（轨旁基站）到 Bob 和 Eve 的复平面瑞利衰落信道增益矩阵，$\boldsymbol{H}$ 和 $\boldsymbol{G}$ 的每个元素服从零均值和单位方差的高斯分布。另外，$\boldsymbol{n}_{\mathrm{b}} \in \mathbb{C}^{N_{\mathrm{b}} \times 1}$ 和 $\boldsymbol{n}_{\mathrm{e}} \in \mathbb{C}^{N_{\mathrm{e}} \times 1}$ 分别表示服从 $\boldsymbol{n}_{\mathrm{b}} \sim \mathcal{CN}\left(0, \sigma_{\mathrm{b}}^2 \boldsymbol{I}_{N_{\mathrm{b}}}\right)$ 和

$\boldsymbol{n}_{\mathrm{e}} \sim CN\left(0,\sigma_{\mathrm{e}}^2\boldsymbol{I}_{N_{\mathrm{e}}}\right)$的复加性高斯白噪声矢量。$\boldsymbol{N}_k \in R^{N_{\mathrm{t}}\times N_{\mathrm{a}}}$是用于筛选出最优发射天线组合的 TAS 矩阵，并且由基于 TAS 算法的ψ_k确定。

假设 Bob 已知信道矩阵$\boldsymbol{H}$的信道状态信息，则 MLD 算法可以写成

$$\left(\hat{i},\hat{j}\right)=\underset{i\in[1,N_t],j\in[1,M]}{\arg\min}\left\|\boldsymbol{y}_{\mathrm{b}}-\alpha\sqrt{P}\boldsymbol{H}\boldsymbol{N}_k\boldsymbol{e}_n b_m\right\|_{\mathrm{F}}^2 \tag{3.4}$$

Eve 的 MLD 算法可以写成

$$\left(\hat{i},\hat{j}\right)=\underset{i\in[1,N_t],j\in[1,M]}{\arg\min}\left\|\boldsymbol{y}_{\mathrm{e}}-\alpha\sqrt{P}\boldsymbol{G}\boldsymbol{N}_k\boldsymbol{e}_n b_m\right\|_{\mathrm{F}}^2 \tag{3.5}$$

本文将 AN 投影到合法信道的零空间上，从而使得 AN 对窃听者产生影响的同时不干扰到合法接收者接收信号，即$\boldsymbol{H}_k\boldsymbol{T}_{\mathrm{AN}}=0$。则 AN 投影矩阵$\boldsymbol{T}_{\mathrm{AN}}$可以表示为[160]

$$\boldsymbol{T}_{\mathrm{AN}}=\frac{1}{\varphi}\left[\boldsymbol{I}_k-\boldsymbol{H}_k^{\mathrm{H}}\left(\boldsymbol{H}_k\boldsymbol{H}_k^{\mathrm{H}}\right)^{-1}\boldsymbol{H}_k\right] \tag{3.6}$$

其中，$\varphi=\left\|\boldsymbol{I}_k-\boldsymbol{H}_k^{\mathrm{H}}\left(\boldsymbol{H}_k\boldsymbol{H}_k^{\mathrm{H}}\right)^{-1}\boldsymbol{H}_k\right\|_{\mathrm{F}}$表示归一化因子，使得$\mathbf{T}_{\mathrm{AN}}$满足$\mathrm{tr}\left(\boldsymbol{T}_{\mathrm{AN}}^{\mathrm{H}}\boldsymbol{T}_{\mathrm{AN}}\right)=1$，$\boldsymbol{H}_k$表示进行天线选择后的信道，并且有$\boldsymbol{H}_k=\boldsymbol{H}\boldsymbol{N}_k$。

3.1.2 保密速率分析

根据式（3.2），$\boldsymbol{y}_{\mathrm{b}}$的条件概率分布函数可以表示为

$$p\left(\boldsymbol{y}_{\mathrm{b}}\left|\boldsymbol{h}_{k,n},b_m\right.\right)=\frac{1}{\left(\pi\sigma_{\mathrm{b}}^2\right)^{N_{\mathrm{b}}}}\exp\left(-\frac{\left\|\boldsymbol{y}_{\mathrm{b}}-\boldsymbol{h}_{k,n}b_m\right\|^2}{\sigma_{\mathrm{b}}^2}\right) \tag{3.7}$$

其中，$\boldsymbol{h}_{k,n}=\boldsymbol{H}\boldsymbol{N}_k\boldsymbol{e}_n$。由于$n$和$m$是均匀分布的，因此$\boldsymbol{y}_{\mathrm{b}}$的概率密度函数可以表示为[161]

$$p\left(\mathbf{y}_{\mathrm{b}}\right)=\frac{1}{N_{\mathrm{a}}M}\times\sum_{n=1}^{N_{\mathrm{a}}}\sum_{m=1}^{M}\left[\frac{1}{\left(\pi\sigma_{\mathrm{b}}^2\right)^{N_{\mathrm{b}}}}\exp\left(-\frac{\left\|\mathbf{y}_{\mathrm{b}}-\mathbf{h}_{k,n}b_m\right\|^2}{\sigma_{\mathrm{b}}^2}\right)\right] \tag{3.8}$$

对于给定的信道，Alice 与 Bob 之间的瞬时互信息可以写成

$$I\left(\boldsymbol{x};\boldsymbol{y}_{\mathrm{b}}\left|\boldsymbol{H}_{k}\right.\right)=\int\sum_{n=1}^{N_{\mathrm{a}}}\sum_{m=1}^{M}p\left(\boldsymbol{y}_{\mathrm{b}},\boldsymbol{h}_{k,n},b_{m}\right)\mathrm{lb}\frac{p\left(\boldsymbol{y}_{\mathrm{b}},\boldsymbol{h}_{k,n},b_{m}\right)}{p\left(\boldsymbol{y}_{\mathrm{b}}\right)p\left(\boldsymbol{h}_{k,n},b_{m}\right)}\mathrm{d}\boldsymbol{y}_{\mathrm{b}}$$

$$=\mathrm{lb}\left(N_{\mathrm{a}}M\right)-\frac{1}{N_{\mathrm{a}}M}\sum_{n=1}^{N_{\mathrm{a}}}\sum_{m=1}^{M}\mathbb{E}_{\boldsymbol{n}_{\mathrm{b}}}\mathrm{lb}\sum_{n_1=1}^{N_{\mathrm{a}}}\sum_{m_1=1}^{M}\exp\left(\frac{\left\|\boldsymbol{n}_{\mathrm{b}}\right\|^{2}-\left\|\boldsymbol{\gamma}_{k,n,m}^{n_1,m_1}+\boldsymbol{n}_{\mathrm{b}}\right\|^{2}}{\sigma_{\mathrm{b}}^{2}}\right) \tag{3.9}$$

类似地，Eve 端能够获得的互信息为

$$I\left(\boldsymbol{x};\boldsymbol{y}_{\mathrm{e}}\left|\boldsymbol{G}_{k}\right.\right)=\mathrm{lb}\left(N_{\mathrm{a}}M\right)-\frac{1}{N_{\mathrm{a}}M}\sum_{n=1}^{N_{\mathrm{a}}}\sum_{m=1}^{M}\mathbb{E}_{\boldsymbol{n}_{\mathrm{e}_1}}\mathrm{lb}\sum_{n_1=1}^{N_{\mathrm{a}}}\sum_{m_1=1}^{M}\exp\left(\left\|\boldsymbol{n}_{\mathrm{e}_1}\right\|^{2}-\left\|\boldsymbol{W}^{-0.5}\varsigma_{k,n,m}^{n_1,m_1}+\boldsymbol{n}_{\mathrm{e}_1}\right\|^{2}\right) \tag{3.10}$$

其中，$\boldsymbol{\gamma}_{k,n,m}^{n_1,m_1}$，$\varsigma_{k,n,m}^{n_1,m_1}$，$\boldsymbol{W}$ 和 $\boldsymbol{n}_{\mathrm{e}_1}$ 由式（3.11）～（3.14）给出。

$$\boldsymbol{\gamma}_{k,n,m}^{n_1,m_1}=\alpha\sqrt{P}\boldsymbol{H}_{k}\left(\mathbf{e}_{n}b_{m}-\mathbf{e}_{n_1}b_{m_1}\right) \tag{3.11}$$

$$\varsigma_{k,n,m}^{n_1,m_1}=\alpha\sqrt{P}\boldsymbol{G}_{k}\left(\mathbf{e}_{n}b_{m}-\mathbf{e}_{n_1}b_{m_1}\right) \tag{3.12}$$

$$\boldsymbol{W}=\beta^{2}P\boldsymbol{G}_{k}\boldsymbol{T}_{\mathrm{AN}}\boldsymbol{T}_{\mathrm{AN}}^{\mathrm{H}}\boldsymbol{G}_{k}^{\mathrm{H}}+\sigma_{\mathrm{e}}^{2}\boldsymbol{I}_{N_{\mathrm{e}}} \tag{3.13}$$

$$\boldsymbol{n}_{\mathrm{e}_1}=\boldsymbol{W}^{-0.5}\left(\beta\sqrt{P}\boldsymbol{G}\boldsymbol{T}_{k}\boldsymbol{P}_{\mathrm{AN}}\boldsymbol{n}+\boldsymbol{n}_{\mathrm{e}}\right) \tag{3.14}$$

其中，$\boldsymbol{W}$ 是式（3.3）中 $\boldsymbol{y}_{\mathrm{e}}$ 的最后两项的协方差矩阵；$\boldsymbol{n}_{\mathrm{e}_1}$ 可以视为带有 $\boldsymbol{n}_{\mathrm{e}_1}\sim\mathcal{CN}\left(0,\boldsymbol{I}_{N_{\mathrm{e}}}\right)$ 的新噪声矢量。对于式（3.14）而言，由于 $\boldsymbol{n}$ 是时变的干扰项，因此 MLD 算法的检测性能会大大降低。利用平均保密速率 $\bar{R}_{\mathrm{s}}$ 来衡量系统的安全性能，可以表示为[162]

$$\bar{R}_{\mathrm{s}}=E_{\boldsymbol{H},\boldsymbol{G}}\left(R_{\mathrm{s}}\right)^{+} \tag{3.15}$$

其中，$R_{\mathrm{s}}=I\left(\boldsymbol{x};\boldsymbol{y}_{\mathrm{b}}\left|\boldsymbol{H}_{k}\right.\right)-I\left(\boldsymbol{x};\boldsymbol{y}_{\mathrm{e}}\left|\boldsymbol{G}_{k}\right.\right)$ 表示瞬时保密速率，$\boldsymbol{G}_{k}=\boldsymbol{G}\boldsymbol{N}_{k}$ 表示进行天线选择后的信道；$(A)^{+}$ 表示 $\max(0,A)$。然后，要从 L 种天线组合模式中选择一种最佳的组合，使目标函数保密速率 SC 能够取得最大值。

3.1.3 误码率分析

经过天线选择算法和最优功率分配后，接收端可以根据得到的反馈的信道状态信息检测出原信号。由于精确的误比特率难以获得，本文通过推导成对差错概率来获得平均误比特率的上界。

SM 信号经过 MLD 算法检测后，采用联合上界的方法，则误比特率可以表示为[157]

$$P_s \leqslant \frac{1}{N_t M}\sum_{m=1}^{N_a}\sum_{i=1}^{M}\sum_{k=1}^{N_a}\sum_{j=1}^{M}\left\{N\left(x_{mi}, x_{kj}\right)\mathbb{E}\left[P_r\left(x_{mi} \to x_{kj}\right)\right]\right\} \tag{3.16}$$

式中，$P_r\left(x_{mi} \to x_{kj}\right)$ 表示将激活天线 m 、APM 符号 s_i 组合错判成激活天线 n 、APM 符号 s_j 组合的成对差错概率，对于 Bob，其可表示为均值为 0、方差为 $\sqrt{\alpha^2 P\left|\boldsymbol{h}_m s_i - \boldsymbol{h}_k s_j\right|^2 / 2\sigma^2}$ 的高斯随机变量，因此，

$$P_s \leqslant \frac{1}{N_a M}\sum_{m=1}^{N_a}\sum_{i=1}^{M}\sum_{k=1}^{N_a}\sum_{j=1}^{M}\left\{N(i,j)\mathbb{E}\left[Q\left(\sqrt{\frac{\varphi P\left|\boldsymbol{h}_m s_i - \boldsymbol{h}_k s_j\right|^2}{2\sigma^2}}\right)\right]\right\} \tag{3.17}$$

其中，$N(i,j)$ 是每一个信道的汉明距离。在瑞利道下，类似文献[158]相关的推导，得到 Bob 的接收误比特率为

$$P_{bs} \leqslant \frac{N_t}{M}\sum_{i=1}^{M}\sum_{j=1}^{M}\left\{\frac{N(i,j)}{2}\left(1 - \sqrt{\frac{\sigma_{bn}^2}{1+\sigma_{bn}^2}}\right)\right\} \tag{3.18}$$

其中，$\sigma_{bn}^2 = \dfrac{\sigma_{\mathbf{H}}^2 \alpha^2 P}{4\sigma_b^2}\left(\left|s_i\right|^2 + \left|s_j\right|^2\right)$，$\sigma_{\mathbf{H}}^2$（**H** 为合法接收者信道）为发射端与 Bob 的信道系数方差。

对于 Eve，可以将人工噪声表达为信道噪声的一部分，从而 Eve 接收误比特率为

$$P_{es} \leqslant \frac{N_t}{M}\sum_{i=1}^{M}\sum_{j=1}^{M}\left\{\frac{N(i,j)}{2}\left(1 - \sqrt{\frac{\sigma_{en}^2}{1+\sigma_{en}^2}}\right)\right\} \tag{3.19}$$

其中，$\sigma_{en}^2 = \dfrac{\sigma_{\mathbf{G}}^2 \alpha^2 P\left(\left|s_i\right|^2 + \left|s_j\right|^2\right)}{4\left((1-\alpha^2)P\left|\boldsymbol{G}_k \boldsymbol{T}_{AN}\right|^2 + \sigma_e^2\right)}$，$\sigma_{\mathbf{G}}^2$（**G** 表示窃听信道）为发射端与 Eve 的信道系数方差。

考虑到实际情况下，Eve 端无法得到反馈的 CSI。因此，即使窃听者知道激活天线序号，也无法对空间比特信息进行正确地估计。当系统发送二进制比特信息流时，窃听者有 0.5 的概率正确估计出比特信息，因此空间比特信息错误比特数可以表示为，远远大于调制比特的错误比特数。因此，对于 Eve 来说，最终的误比特率可以近似表示为[163]

$$p_e \approx \frac{\frac{1}{2}\log_2 N_a}{\log_2 N_a + \log_2 M} \tag{3.20}$$

3.2 基于截断速率的天线选择算法

本节通过发射天线选择（Transmitted Antenna Selection，TAS）筛选出使得 SC 最大的天线组合，由于 SC 的闭式表达式难以获得[101]，提出一种基于截断速率（Cut-off Rate，COR）的天线选择算法。同时，利用基于矩阵范数之差策略进一步降低所提出的算法中天线选择的运算复杂度。

3.2.1 算法原理

由于缺少 SR 的闭式表达，因此很难直接通过 TAS 方法设计有效的最大 SC 方法。尽管提出了一些传统的方法来提高 SM 系统的性能，但其高复杂度限制了其在实际 SM 系统中的应用。鉴于此，用于传统 MIMO 系统的具有紧密形式的 COR 可以借鉴于安全 SM 系统中。采用一种通过基于最大 COR 的方案作为最大化 SC 的有效指标[164]，即

$$R_{\mathrm{s}}' = R_0^{\mathrm{B}} - R_0^{\mathrm{E}} \tag{3.21}$$

其中，R_{s}' 是瞬时保密速率的近似值，而 R_0^{B} 是 Bob 的瞬时 COR，R_0^{E} 为 Eve 的瞬时 COR。R_0^{B} 可以通过式（3.22）得出：

$$R_0^{\mathrm{B}} = -\mathrm{lb}\sum_{i=1}^{N_{\mathrm{a}}M}\sum_{j=1}^{N_{\mathrm{a}}M}\frac{1}{\left(N_{\mathrm{a}}M\right)^2}\int p\left(\mathbf{y}\middle|\mathbf{x}_i\right)^{1/2} p\left(\mathbf{y}\middle|\mathbf{x}_j\right)^{1/2}\mathrm{d}\mathbf{y} \tag{3.22}$$

其可以视为 Bob 与 Alice 互信息的有效下限。利用式（3.21）和式（3.22），$\boldsymbol{y}_{\mathrm{b}}$ 的条件概率密度函数可以表示为

$$p\left(\boldsymbol{y}_{\mathrm{b}} \mid \boldsymbol{x}_i\right)=\frac{1}{\left(\pi\sigma_{\mathrm{b}}^2\right)N_{\mathrm{b}}}\exp\left(-\frac{\left\|\boldsymbol{y}_{\mathrm{b}}-\boldsymbol{H}_k\boldsymbol{x}_i\right\|^2}{\sigma_{\mathrm{b}}^2}\right) \tag{3.23}$$

将（3.23）代入到（3.22）中，经过推导，得到 Bob 瞬时截断速率的闭式表达式为

$$R_0^{\mathrm{B}}=2\mathrm{lb}N_{\mathrm{a}}M-\mathrm{lb}\sum_{m=1}^{N_{\mathrm{a}}M}\sum_{n=1}^{N_{\mathrm{a}}M}\exp\left(-\frac{\alpha^2P\boldsymbol{d}_{mn}^{\mathrm{H}}\boldsymbol{H}_k^{\mathrm{H}}\boldsymbol{W}_{\mathrm{b}}^{-1}\boldsymbol{H}_k\boldsymbol{d}_{mn}}{4}\right) \tag{3.24}$$

其中，$\boldsymbol{W}_{\mathrm{b}}$ 是式（3.24）中的干扰加噪声协方差矩阵。然后根据推导结果，得到类似的 Eve 瞬时截断速率的表达式为

$$R_0^{\mathrm{E}}=2\mathrm{lb}N_{\mathrm{a}}M-\mathrm{lb}\sum_{m=1}^{N_{\mathrm{a}}M}\sum_{n=1}^{N_{\mathrm{a}}M}\exp\left(-\frac{\alpha^2P\boldsymbol{d}_{mn}^{\mathrm{H}}\boldsymbol{G}_k^{\mathrm{H}}\boldsymbol{W}_{\mathrm{e}}^{-1}\boldsymbol{G}_k\boldsymbol{d}_{mn}}{4\sigma_{\mathrm{e}}^2}\right) \tag{3.25}$$

其中，$\boldsymbol{W}_{\mathrm{e}}$ 是式（3.25）中的干扰加噪声协方差矩阵。一旦获得了发射天线组，就可以使用式（3.21）评估 SC。由于 R_0^{B} 和 R_0^{E} 是 $\boldsymbol{H}_k$ 和 $\boldsymbol{G}_k$ 的函数，因此可以选择一个最大 R_{s}' 的 TAS 方案，该方案可以转换为

$$\begin{aligned}&\max_{\boldsymbol{H}_k,\boldsymbol{G}_k}\quad R_{\mathrm{s}}'\\&\mathrm{s.t.}\quad N_k\in\left(N_1,N_2,\cdots,N_L\right)\end{aligned} \tag{3.26}$$

其中，$R_{\mathrm{s}}'=\mathrm{lb}\varsigma_{\mathrm{E}}-\mathrm{lb}\varsigma_{\mathrm{B}}$，而 ς_{E} 和 ς_{B} 分别为

$$\varsigma_{\mathrm{E}}=\sum_{m=1}^{N_{\mathrm{a}}M}\sum_{n=1}^{N_{\mathrm{a}}M}\exp\left(-\frac{\alpha^2P\boldsymbol{d}_{mn}^{\mathrm{H}}\boldsymbol{G}_k^{\mathrm{H}}\boldsymbol{W}_{\mathrm{e}}^{-1}\boldsymbol{G}_k\boldsymbol{d}_{mn}}{4}\right) \tag{3.27}$$

$$\varsigma_{\mathrm{B}}=\sum_{m=1}^{N_{\mathrm{a}}M}\sum_{n=1}^{N_{\mathrm{a}}M}\exp\left(-\frac{\alpha^2P\boldsymbol{d}_{mn}^{\mathrm{H}}\boldsymbol{H}_k^{\mathrm{H}}\boldsymbol{W}_{\mathrm{b}}^{-1}\boldsymbol{H}_k\boldsymbol{d}_{mn}}{4}\right) \tag{3.28}$$

则 R_{s}' 的闭式表达式为

$$R_{\mathrm{s}}'=\mathrm{lb}\sum_{m=1}^{N_{\mathrm{a}}M}\sum_{n=1}^{N_{\mathrm{a}}M}\exp\left(\frac{\alpha^2P\left\|\boldsymbol{H}_k\boldsymbol{d}_{mn}\right\|^2}{4\sigma_{\mathrm{b}}^2}-\frac{\alpha^2P\left\|\boldsymbol{G}_k\boldsymbol{d}_{mn}\right\|^2}{4\left(\left(1-\alpha^2\right)P\left\|\boldsymbol{G}_k\boldsymbol{T}_{\mathrm{AN}}\right\|^2+\sigma_{\mathrm{e}}^2\right)}\right) \tag{3.29}$$

其中，$\boldsymbol{H}_k$、$\boldsymbol{G}_k$ 与所选的 TAS 模式有关。通常最大 SC 可以通过穷举搜索获得，并使发射端获得选择为最佳 TAS 模式的最大 SC 性能。

3.2.2 系统性能及算法复杂度分析

基于 COR 的天线选择算法的基本思想是获得 TAS 模式的每个 SC 并搜索 $R'_{s,k}\ \left(k\in\{1,2,\cdots,L\}\right)$ 以找到最佳 SC，算法的整体复杂度为 $O\left(LN_a^{\ 2}M^2\right)$。在低阶符号调制时，比文献[124]中基于 Max-SR 的算法复杂度 $O\left(LN_a^{\ 3}\right)$ 更低，但是同样都需要遍历天线组合，随发射天线数的增加而呈指数级增长。而改进后的 ICOR 算法的整体复杂度包含列范数差值计算 $O\left(N_t\right)$ 和排序过程 $O\left(\mathrm{lb}N_t\right)$，与文献[124]中基于 SLNR 算法的最低复杂度 $O\left(N_t\mathrm{lb}N_t\right)$ 相当。相比于最大 COR 算法和 Max-SR 算法，ICOR 算法的复杂度只取决于发射总天线的个数，有着更好的鲁棒性和更低的复杂度。假设发射端配备有 N 根天线，其中 N_t 根天线用于发射空间调制符号，接收端天线数为 1，APM 信号调制阶数为 M 。

3.3 基于信道列范数的复杂度降低方法

传统的基于最大化信道容量的天线选择算法能够计算出达到信道容量最大化的天线序列。在安全空间调制系统中，由于 Bob 和 Eve 并存，最大化 Bob 信道容量的同时，可能会使 Eve 信道容量增益增大。因此，COAS 算法不完全适用于求解安全空间调制系统中的最优安全容量[98]。基于最大化截断速率（Cut-Off-Rate，COR）的天线选择算法，能够筛选出使得系统获得最优安全容量的天线组合，但是复杂度相较于最大化信道容量算法有一定的增加。因此，本文提出一种改进的最优安全容量天线选择算法（Improved COR，ICOR），性能接近 COAS 算法，复杂度则显著降低。

3.3.1 信道范数展开

当 Bob 和 Eve 接收天线数都为 1 时，信道矩阵是由单行信道系数构成的，则信道矩阵的范数其实为向量的范数，即 $\|\boldsymbol{A}\|^2=\boldsymbol{A}\boldsymbol{A}^{\mathrm{H}}$ 。

根据类似文献[165]相关的安全容量推导过程，有：

$$C_b - C_e = \log_2\left(1+\frac{\varphi P}{N_t{\sigma_b}^2}\left\|\boldsymbol{h}_b\right\|^2\right) - \log_2\left(1+\frac{\varphi P\left\|\boldsymbol{h}_e\right\|^2}{N_t((1-\varphi)P\boldsymbol{h}_{en}\boldsymbol{g}\boldsymbol{g}^{\mathrm{H}}\boldsymbol{h}_{en}^{\mathrm{H}}+{\sigma_e}^2)}\right) \tag{3.30}$$

其中，C_b 和 C_e 分别是 Bob 和 Eve 与发射端的信道容量。由波束赋形矢量 $\boldsymbol{g}=\dfrac{\boldsymbol{V}\boldsymbol{h}_{en}^{\mathrm{H}}}{\left\|\boldsymbol{V}\boldsymbol{h}_{en}^{\mathrm{H}}\right\|}$ 中 $\boldsymbol{V}\in\mathbb{C}^{(m-N_t)\times(m-N_t)}$ 和 $\boldsymbol{h}_{en}\in\mathbb{C}^{1\times(m-N_t)}$，得 $\boldsymbol{V}\boldsymbol{h}_{en}^{\mathrm{H}}\in\mathbb{C}^{1\times(m-N_t)}$，则式（3.30）中

$$\boldsymbol{h}_{en}\boldsymbol{g}\boldsymbol{g}^{\mathrm{H}}\boldsymbol{h}_{en}^{\mathrm{H}} = \boldsymbol{h}_{en}\frac{\boldsymbol{V}\boldsymbol{h}_{en}^{\mathrm{H}}}{\left\|\boldsymbol{V}\boldsymbol{h}_{en}^{\mathrm{H}}\right\|}\frac{\boldsymbol{h}_{en}\boldsymbol{V}^{\mathrm{H}}}{\left\|\boldsymbol{V}\boldsymbol{h}_{en}^{\mathrm{H}}\right\|}\boldsymbol{h}_{en}^{\mathrm{H}} = \boldsymbol{h}_{en}\frac{\boldsymbol{V}\boldsymbol{h}_{en}^{\mathrm{H}}\left(\boldsymbol{V}\boldsymbol{h}_{en}^{\mathrm{H}}\right)^{\mathrm{H}}}{\left\|\boldsymbol{V}\boldsymbol{h}_{en}^{\mathrm{H}}\right\|^2}\boldsymbol{h}_{en}^{\mathrm{H}} = \left\|\boldsymbol{h}_{en}\right\|^2 \tag{3.31}$$

由于天线之间是离散的，需要选择出使安全容量最大化的天线组合，并将固定量归一化。固定量有发射信号天线数 N_{t}，Bob 信道噪声方差 σ_b^2，Eve 信道噪声方差 σ_e^2，发射端总功率 P 以及功率分配因子 φ。因此，选出使得安全容量最大的天线组合，满足

$$\arg\max_{\substack{\boldsymbol{h}_b、\boldsymbol{h}_e\in\mathbf{h}_{N_t},\\ \boldsymbol{h}_{en}\in\boldsymbol{h}_{m-N_t}}}\log_2\left(\frac{1+\dfrac{\rho P}{N_t{\sigma_b}^2}\left\|\boldsymbol{h}_b\right\|^2}{1+\dfrac{\rho P\left\|\boldsymbol{h}_e\right\|^2}{N_t((1-\rho)P\left\|\boldsymbol{h}_{en}\right\|^2+{\sigma_e}^2)}}\right) = \arg\max_{\substack{\boldsymbol{h}_b、\boldsymbol{h}_e\in\mathbf{h}_{N_t},\\ \boldsymbol{h}_{en}\in\boldsymbol{h}_{m-N_t}}}\left(\frac{(1+\left\|\boldsymbol{h}_b\right\|^2)(\left\|\boldsymbol{h}_{en}\right\|^2+1)}{(\left\|\boldsymbol{h}_{en}\right\|^2+1)+\left\|\boldsymbol{h}_e\right\|^2}\right) \tag{3.32}$$

由于分母 $\left\|\boldsymbol{h}_e\right\|^2+\left\|\boldsymbol{h}_{en}\right\|^2 = h_1+\cdots+h_{N_t}+\cdots+h_m$ 在同一时刻进行天线选择时为固定值。因此，通过归一化后，式（3.32）可以改写为

$$\arg\max_{\substack{\boldsymbol{h}_b、\boldsymbol{h}_e\in\mathbf{h}_{N_t},\\ \boldsymbol{h}_{en}\in\boldsymbol{h}_{m-N_t}}}\left(\left\|\boldsymbol{h}_b\right\|^2\cdot\left\|\boldsymbol{h}_{en}\right\|^2+\left\|\boldsymbol{h}_b\right\|^2+\left\|\boldsymbol{h}_{en}\right\|^2\right) = \arg\max_{\substack{\boldsymbol{h}_b、\boldsymbol{h}_e\in\boldsymbol{h}_{N_t},\\ \boldsymbol{h}_{en}\in\boldsymbol{h}_{m-N_t}}}\left(\left\|\boldsymbol{h}_b\right\|^2-\left\|\boldsymbol{h}_e\right\|^2\right) \tag{3.33}$$

其中，要使 $\left\|\boldsymbol{h}_{en}\right\|^2$ 取得最大值，则意味着 $\left\|\boldsymbol{h}_e\right\|^2$ 要取最小值，则 $\max\left\|\boldsymbol{h}_{en}\right\|^2$ 可以等效为 $\max(-\left\|\boldsymbol{h}_e\right\|^2)$。

由式（3.33），选出使得安全容量最大的天线组合就是选出使得 $\boldsymbol{L}=\left\|\boldsymbol{h}_b\right\|^2-\left\|\boldsymbol{h}_e\right\|^2$ 最大的天线组合，当 $\boldsymbol{L}$ 取得最大值时，对应的天线组合能够使得系统安全容量取得最大值。

3.3.2 信道差值排序

选择天线时，基于列范数平方之差的算法能够选出使安全容量最大化的天线序列。进一步，根据向量范数的性质，有

$$\boldsymbol{L}=\|\boldsymbol{h}_b\|^2-\|\boldsymbol{h}_e\|^2=\sum_{k=1}^{m}(h_{bk}^2-h_{ek}^2) \tag{3.34}$$

首先，求出每一个 k 值所对应的信道增益之差 $l_k=h_{bk}^2-h_{ek}^2$，然后进行排序，便形成天线选择集 $\boldsymbol{l}=[l_1,\cdots,l_{N_t},l_{m-N_t}\cdots,l_m]$。将发射调制符号的天线集定义为 $\boldsymbol{l}_{N_t}=[l_1,\cdots,l_{N_t}]$，而发射人工噪声的天线集定义为 $\boldsymbol{l}_{m-N_t}=[l_{m-N_t},\cdots,l_m]$。算法的复杂度等于总的发射天线个数，而不用考虑有多少种组合，更不用进行矩阵运算，进一步降低了算法的复杂度。而这样的天线安排构成的安全传输策略能够最大化安全容量。最大 COR 天线选择算法只是对保密速率表达式做了近似推导，但是其仍然需要遍历所有的天线组合，当天线数较大时，复杂度较高。针对这个问题，本文基于矩阵 Frobenius 范数的相容性，提出一种 ICOR 算法，将最大 COR 算法中先组合再遍历的计算顺序变为先遍历再组合，这样能够避免遍历天线的所有组合，而是先遍历所有天线，再按照所需进行组合。

类似地，考虑有限字符情况下，在式（3.29）中，$\boldsymbol{d}_{mn}$ 与信道系数矩阵不相关，可以将其作为常量归一化。同时，$\boldsymbol{T}_{\mathrm{AN}}$ 是归一化 AN 矩阵，将归一量省略，得到简化式

$$R_{\mathrm{s}}'=\mathrm{lb}\exp\left(\|\boldsymbol{H}_k\|^2-\frac{\|\boldsymbol{G}_k\|^2}{\|\boldsymbol{G}_k\|^2+1}\right) \tag{3.35}$$

其中，不同的 k 值对应不同的筛选结果。首先考虑将不同的 $\|\boldsymbol{G}_k\|^2$ 对应的筛选结果排列为 $\|\boldsymbol{G}_1\|^2\geqslant\|\boldsymbol{G}_2\|^2\geqslant\cdots\geqslant\|\boldsymbol{G}_L\|^2$，由于 $\|\boldsymbol{G}_k\|^2>0$，那么

$$\left(\|\boldsymbol{G}_1\|^2\right)^{-1}\leqslant\left(\|\boldsymbol{G}_2\|^2\right)^{-1}\leqslant\cdots\leqslant\left(\|\boldsymbol{G}_k\|^2\right)^{-1}\leqslant\cdots\leqslant\left(\|\boldsymbol{G}_L\|^2\right)^{-1} \tag{3.36}$$

其可以等价于 $-\|\boldsymbol{G}_1\|^2\leqslant-\|\boldsymbol{G}_2\|^2\leqslant\cdots\leqslant-\|\boldsymbol{G}_k\|^2\leqslant\cdots\leqslant-\|\boldsymbol{G}_L\|^2$，在进行不相关数据的排序过程中，可以将正数的负值排序与其倒数排序进行等效，可以处理原表达式为

$$R_s' = \mathrm{lb}\exp\left(\|\boldsymbol{H}_k\|^2 - \left(1+\frac{1}{\|\boldsymbol{G}_k\|^2}\right)^{-1}\right) \tag{3.37}$$

首先，将 $1+1/\|\boldsymbol{G}_k\|^2$ 看成一个整体，其倒数可以等效为负数形式，即

$$\left(1+\frac{1}{\|\boldsymbol{G}_k\|^2}\right)^{-1} \sim -\left(1+\frac{1}{\|\boldsymbol{G}_k\|^2}\right) \sim -\left(1-\|\boldsymbol{G}_k\|^2\right) \tag{3.38}$$

则原表达式等效为 $R_s' \sim \mathrm{lb}\exp\left(\|\boldsymbol{H}_k\|^2 - \|\boldsymbol{G}_k\|^2\right)$。然后，根据矩阵 Frobenius 范数的相容性，$\|\boldsymbol{H}_k\|^2$ 和 $\|\boldsymbol{G}_k\|^2$ 按列可以展开为

$$\|\boldsymbol{H}_k\|^2 = \sum_{i=1}^{N_a}\sum_{j=1}^{N_a} h_{i,j}^2 = \sum_{n=1}^{N_a}\|\boldsymbol{h}_n\|^2 \tag{3.39}$$

$$\|\boldsymbol{G}_k\|^2 = \sum_{i=1}^{N_a}\sum_{j=1}^{N_a} g_{i,j}^2 = \sum_{n=1}^{N_a}\|\boldsymbol{g}_n\|^2 \tag{3.40}$$

则通过搜索排序 $\|\boldsymbol{h}_k\|^2$ 与 $\|\boldsymbol{g}_k\|^2$ 之间的差值，得到使得 $\max\left(\|\boldsymbol{H}_k\|^2 - \|\boldsymbol{G}_k\|^2\right)$ 的最优天线组合。

3.3.3 改进算法的复杂度分析

将本文提出的 ICOR 算法与 Max-SR、COAS 以及 COR 算法[165]的复杂度进行比较，如表 3.1 所示。Max-SR 算法需要遍历所有可能的发射天线子集和所有可能的数字调制符号，因此该算法的复杂度最高；COAS 算法只需要计算每个信道范数，具有较低的复杂度；而 COR 算法在 COAS 算法的基础上，还需要计算同时存在的窃听者信道，这就需要考虑天线组合的问题。本文提出的 ICOR 算法在 COR 算法的基础上，根据范数性质将安全容量的计算简化为各信道系数之差的和，所以复杂度接近 COAS 算法。

表 3.1 不同天线选择算法的复杂度比较

算法种类	ICOR	COR	COAS	Max-SR
运算复杂度	N	$C_N^{N_t}$	N	$4C_N^2M^2$

3.3.4 功率分配

信道选择下来之后，根据截断速率式对功率分配因子的最优值进行求解，此处认为总功率保持不变，则保密速率是关于功率分配因子的连续函数。对保密速率进行一阶求导得到极值解，将所对应的极值与边界点的值做比较，求得保密速率的最大值，并给出最大值对应的极值点。

令

$$f(\alpha^2)=\frac{\alpha^2 P\mathbf{d}_{mn}^H\mathbf{H}_k^H\mathbf{H}_k\mathbf{d}_{mn}}{4\sigma_b^2}-\frac{\alpha^2 P\mathbf{d}_{mn}^H\mathbf{G}_k^H\mathbf{G}_k\mathbf{d}_{mn}}{4\left(\beta^2 P\left|\mathbf{G}_k\mathbf{T}_{AN}\right|^2+\sigma_e^2\right)} \tag{3.41}$$

求使得一阶导数 $\frac{\mathrm{d}f(\alpha^2)}{\mathrm{d}\alpha^2}=0$ 的解，得到

$$\frac{\mathrm{d}f(\alpha^2)}{\mathrm{d}\alpha^2}=\frac{A}{4}-\frac{4BC+4B}{16\left[\left(1-\alpha^2\right)C+1\right]^2}=0 \tag{3.42}$$

其中，$A=P\left\|\mathbf{H}_k\mathbf{d}_{mn}\right\|^2$，$B=P\left\|\mathbf{G}_k\mathbf{d}_{mn}\right\|^2$，$C=P\left\|\mathbf{G}_k\mathbf{T}_{\mathrm{AN}}\right\|^2$。通过对式（3.41）的分析可知，$f(\alpha^2)$ 的 $\Delta=4ABC^2\left(C+1\right)>0$ 是关于 α^2 的凸函数，同时 $\mathrm{lb}\sum\exp$ 能够保持凸函数的性质。另外，根据计算结果可以发现函数 $f(\alpha^2)$ 最大值不在 α^2=0 和 α^2=1 处取到。然后，根据求根式得到极值解，函数 $f(\alpha^2)$ 极值解的表达式为式（3.42），所求得的解为最大化截断速率的最优功率分配因子，是最大化保密速率的次优解。

$$\alpha^2=1-\frac{\sqrt{P\left\|\boldsymbol{H}_k\boldsymbol{d}_{mn}\right\|^2\left\|\boldsymbol{G}_k\boldsymbol{d}_{mn}\right\|^2\left\|\boldsymbol{G}_k\boldsymbol{T}_{AN}\right\|^2+\left\|\boldsymbol{H}_k\boldsymbol{d}_{mn}\right\|^2\left\|\boldsymbol{G}_k\boldsymbol{d}_{mn}\right\|^2}-\left\|\boldsymbol{H}_k\boldsymbol{d}_{mn}\right\|^2}{P\left\|\boldsymbol{H}_k\boldsymbol{d}_{mn}\right\|^2\left\|\boldsymbol{G}_k\boldsymbol{T}_{AN}\right\|^2} \tag{3.43}$$

3.4 仿真结果和分析

不同的 TAS 策略将带来不一样的性能，同时具有不同的计算复杂度。本节中考虑在频率平稳的平坦衰落环境，利用 MATLAB 平台进行仿真，将分析和比较本文中提出的 ICOR 方法与文献[124]中提出的基于 SLNR 的方法和 Max-SR 方法在不同的信噪比和功率分配因子下的性能。信道统一采

用瑞利信道，其中 $\boldsymbol{H}$ 和 $\boldsymbol{G}$ 的元素是从具有单位方差的复数高斯分布中提取出来的，信道噪声的方差 σ_b^2 、σ_e^2 均归一化为 0 dB。信噪比定义为 $\alpha^2 P/\sigma_b^2$ 。假设发射端总的天线数 $N_t = 10$ 根，发射符号天线数分两种情况讨论，分别为 $N_a = 4$ 和 $M = 8$ 。Bob 和 Eve 接收端天线都设置为 $N_b = N_e = 2$ 根。另外，APM 采用二阶 QPSK 调制，即 $M = 4$ 。在未考虑功率因子的情况下，功率因子 α^2 都设置为式中计算得到的最优功率因子。

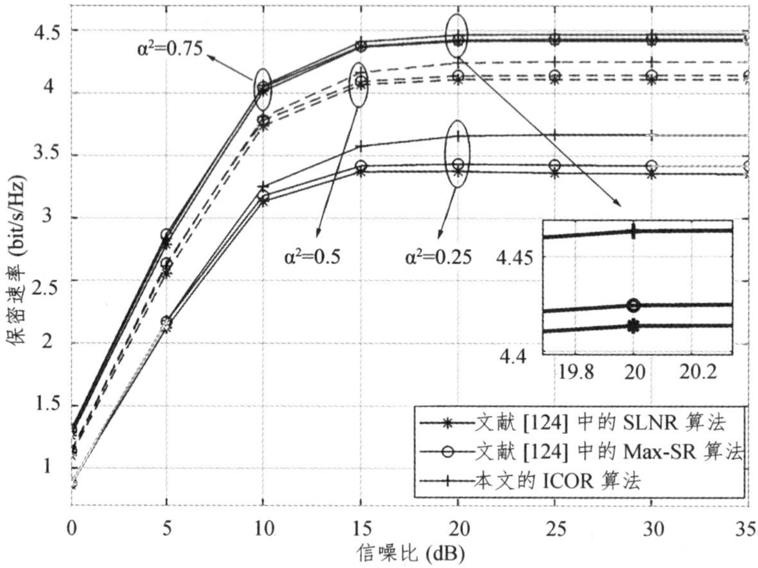

图 3.2　三种不同 TAS 方法的平均 SR 与 SNR 的关系

图 3.2 中分析的是功率因子分别为 $\alpha^2 = 0.75$ ，$\alpha^2 = 0.5$ 和 $\alpha^2 = 0.25$ 时三种不同 TAS 方法对应的平均 SR 性能与 SNR 的关系。通过将文献[124]中提出的基于 SLNR 的方法和 Max-SR 方法与本文提出的基于 COR 的天线选择算法进行比较，可以看出，本文所提出的 COR 方法在所有 SNR 区域中都可以实现比文献[124]中的方法更高的 SR，这表明其性能优于基于 SLNR 的方法和 Max-SR 方法。此外，当 SNR 逐渐增加时，所有 TAS 方法的平均 SR 都收敛于常数，这也意味着提高 SNR 不会无限期地增加平均 SR，因为有限字符下，无法像高斯输入那样达到信道容量。同样，随着 SNR 逐渐增加，在 $\alpha^2 = 0.75$ 的情况下，平均 SR 明显优于 $\alpha^2 = 0.5$ 和 $\alpha^2 = 0.25$ 的情况，

这意味着在存在 AN 辅助优化 SR 的情况下，功率分配给 AN 能够十分明显地增加 SR。但是，单纯将功率多分配给 AN，少分配给发射符号并不能更好提升 SR，需要在具体的 SNR 区域进行讨论。通过对功率分配进行优化能够进一步提升系统的 SR 性能，并且根据解析表达式的结果能够得到该分配多少的功率给发射符号以及分配多少的功率发射人工噪声。

图 3.3 中讨论的是当 SNR 等于 5 dB，15 dB 和 25 dB 情况下不同功率分配因子对平均 SR 性能的影响。当处于较低的 SNR 区域时，能够取得最大保密速率的功率因子较大，因为较小的发射功率再分配给 AN，对 Eve 端无法产生很大的干扰。而当 SNR 较高时，发射功率较大，但是有限符号输入下，分配给发射符号更多的功率并不能带来更多的 SR 增益，所以此时分配多余的功率发射 AN 能够有效地干扰 Eve，从而提升 SR。此时，最优的功率分配因子会出现在 0.5 附近。通过比较经过 COR 算法筛选之后的天线和随机选择的天线两种情况，可以看出，经过 COR 天线选择算法得到的 SR 性能相较于随机天线的组合有较大的提升，尤其是在低 SNR 区域。随着 SNR 的增大，SR 也趋于稳定，所以经过 COR 算法选择过后的 SR 增益相对减小。

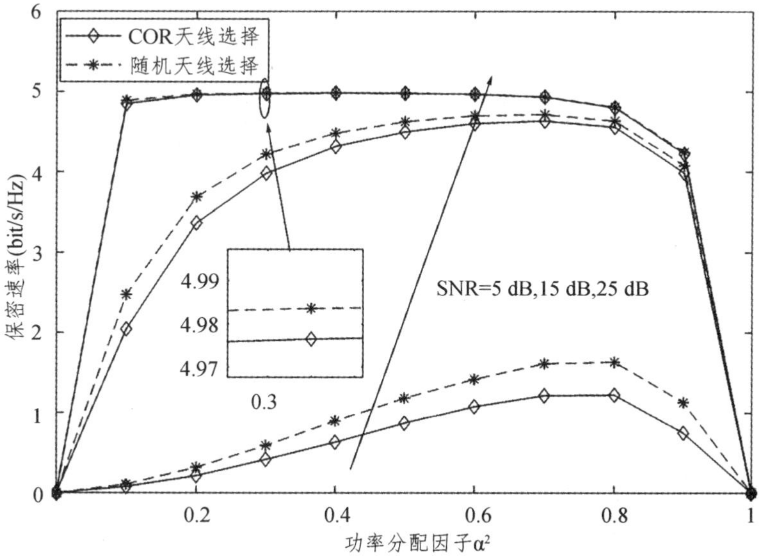

图 3.3　不同 SNR 下的平均 SR 与功率分配因子 α^2 的关系图

图 3.4 显示了文献[124]中提出的基于 SLNR 的方法和 Max-SR 方法的平均 BER 与 SNR 的关系曲线，并与本文提出的 COR 方法做比较。通过使用与图 3.2 相同的系统参数设置，进一步分析三种 TAS 方法对平均 BER 的影响。由于 Eve 没有获得从 Alice 发送的有关空间和星座比特位的信息，因此只能对本地的每个二进制位进行随机猜测。因此，Eve 获得的 BER 等效于式（3.20）的结果。显然，随着 SNR 的逐渐提高，这三种方法的平均 BER 在低 SNR 区域几乎相同，但是在高 SNR 的区域，所提出的 COR 方法的平均 BER 性能优于基于 SLNR 的方法和 Max-SR 方法。这意味着，所提出的 COR 方法可以通过适当地提高 SNR 来改善 SM 系统的 BER 性能。

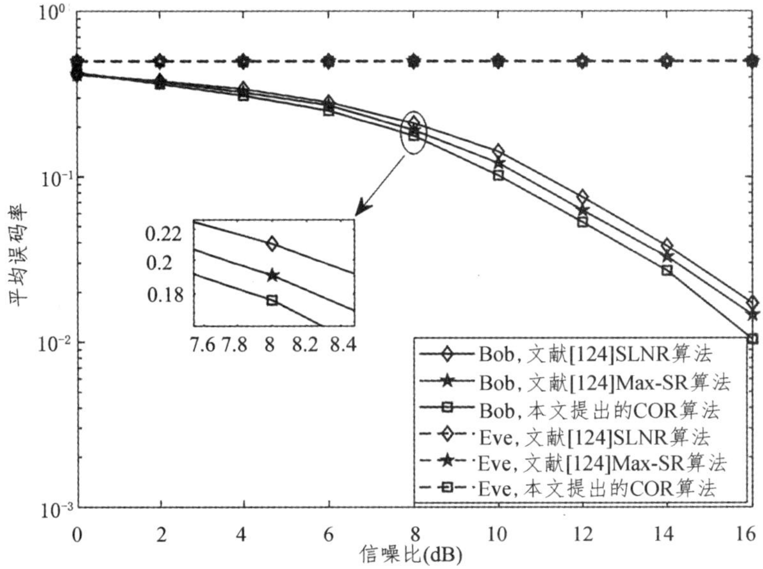

图 3.4　三种不同 TAS 方法平均 BER 与 SNR 关系

在图 3.5 中，分析了不同发射天线数 $N_a = 4$ 和 $N_a = 8$ 下平均 BER 与 SNR 的关系，并给出了 Eve 在获得反馈信道状态信息和未知反馈信道状态信息情况的 BER。从图中可以看出，在发射总天线不变的情况下，提高发射符号的天线数能够有效提升 Bob 及 Eve 端的 BER 性能，特别是在 SNR 较高的区域。当 Eve 已知 CSI 的情况下，能够比未知 CSI 的情况下具有更好的

BER 性能，这也意味着，人工噪声对 Eve 的影响有所减小。特别是在 SNR 较高的区域，Eve 虽然受到人工噪声的干扰，但是人工噪声只考虑了不影响合法接收者，并没有对 Eve 的干扰进行最大化处理。而同时处于未知 CSI 的情况下，更少的发射天线意味着更少的猜测比特位，所以 Eve 的检测错误概率也越小。

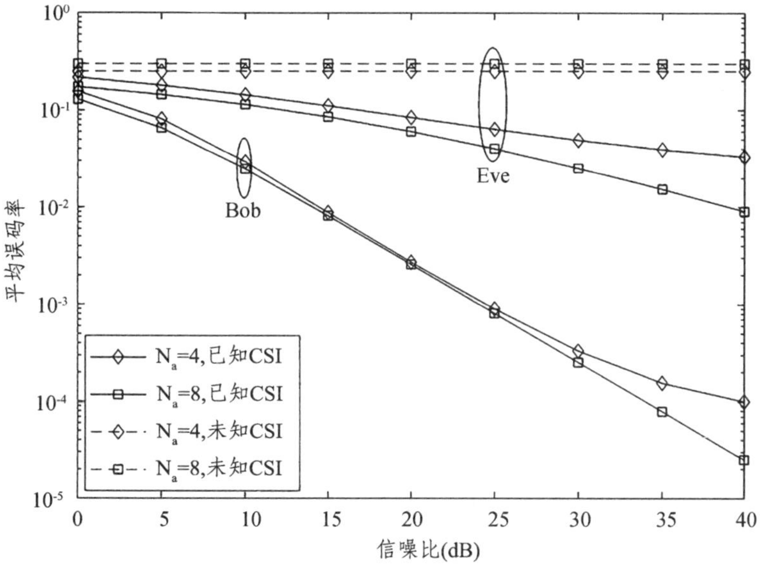

图 3.5　不同发射天线数的平均 BER 与 SNR 的关系

图 3.6 比较了文献[124]中 Max-SR 与本文所提出的 COR 方法及经过搜索算法优化之后的 ICOR 的计算复杂度。当发射天线数固定为 $N_a=4$ 根时，随着发射天线总数的增加，需要考虑组合次数的 Max-SR 和 COR 算法的计算复杂度呈指数级增长，而只需要考虑发射天线总数个数的 ICOR 相比之下的复杂度的增长有限。当发射天线数提升到 $N_a=8$ 时，Max-SR 和 COR 的计算复杂度有更大幅度的提升，并且随着发射天线总数的增加，计算复杂度增长的幅度还在增大。而相比之下，ICOR 算法的复杂度不会随着发射天线数 N_a 的变化而变化。

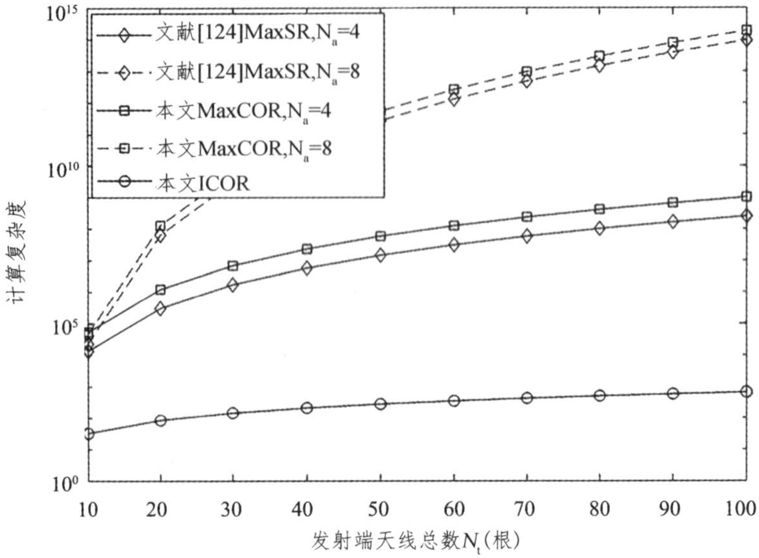

图 3.6　不同 TAS 下不同发射天线数的计算复杂度与天线总数的关系

3.5　本章小结

本章针对有限符号输入下安全 SM 系统中传统算法保密速率性能低和算法复杂度高的问题，提出一种基于 COR 的天线选择算法。该算法基于接收端的条件概率密度函数，推导出 COR 的闭式表达式，并把 COR 作为 SR 的近似表达，将最大化 SR 的问题转化为优化 COR 的问题。同时，通过将矩阵范数按列展开和对合法接收者与窃听者信道列范数的差值进行排序降低了算法复杂度。仿真结果表明，与基于 SLNR 的方法和 Max-SR 方法相比，所提出的 ICOR 算法可以实现更高的 SR 和更低的 BER。同时，ICOR 算法极大地降低了最大化 COR 算法的计算复杂度。

第 4 章

基站–车载中继分布式空间调制安全传输方案设计

在传统的集中式大规模 MIMO 传输技术下，高铁在运行过程中受到强空时相关性的影响较为严重，尤其是当基站天线数增多、高铁运行速度加快的时候。因此，本章首先考虑将集中式基站从地理位置上分开成多个远程天线单元（Remote Antenna Unit，RAU），通过 CPU 协作的方式进行空间调制，使得空间相关性降低。同时，利用分布式 SM 冗余的天线发射人工噪声能够在不影响车载终端的同时干扰窃听者，从而提升系统的安全性能。然后，本章通过对高铁分布式 SM 系统的安全容量和误码率的闭式表达式进行推导，分析时间相关系数对系统性能的影响，并研究基于最优安全容量和次优误码率进行空间调制联合天线选择和功率分配算法，进一步优化系统安全性能。

4.1 高铁分布式安全空间调制系统

4.1.1 分布式空间调制系统

考虑高铁场景下基于协作分布式安全空间调制（Distributed Secure Spatial Modulation，DSSM）的下行传输系统，多个协作式远程天线单元通过 CPU 的协作构成了一个虚拟小区，每个 RAU 统一由 N_t 个天线构成，如图 4.1 所示。N 个 RAU 平均分布在高铁轨道沿线，通过光载无线通信（Radio of Fiber，RoF）技术构成连接 CPU 与 RAU 的回传链路，并且假设是无错传输的。

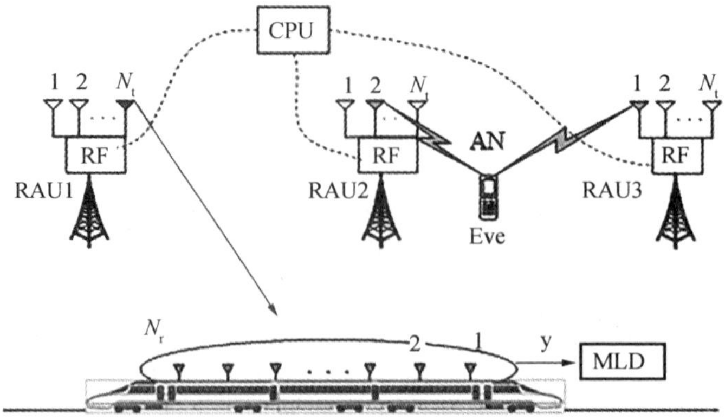

图 4.1　高铁协作分布式空间调制系统图

在协作分布式空间调制系统中，多个 RAU 协作进行空间调制传输，与传统空间调制同一时刻只有一根天线发射信号一样，分布式空间调制同一时刻只激活一个 RAU 的天线进行传输，由于地理位置上的分开，每一个 RAU 相对于高铁车载中继接收机的信道大尺度衰落系数差距较大，从而使得每个信道传播信号的欧式距离提升。另外，考虑在高铁安全区外的 RAU 间存在某个窃听者，系统在发射调制符号的时隙通过发射人工噪声来干扰窃听者接收到完整的有效信号。一部分比特信号通过幅度相位调制，另一部分的比特信号通过空移键控映射规则生成对应的索引序号，再由对应序号的 RAU 的天线发射 m 阶的 APM 信号，则空间调制系统的频谱效率可以表示为 $N\log_2(N_t M)=N(m_1+m_2)$，其中 m_1 表示天线映射比特的位数，m_2 表示符号调制比特的位数。调制符号为 s_q，$q=1,\cdots,M$，发射调制符号的 SNR 可以表示为 $\mathbb{E}\left\{|s_q|^2\right\}=E_t/N_0$，则第 i 个 RAU 的第 t 根天线传输的信号可以表示为

$$\mathbf{x}_i=\left[0,\cdots,\underbrace{\sqrt{E_t}s_q}_{t_{th}},\cdots,0\right]^{\mathrm{T}} \tag{4.1}$$

经过高铁无线信道的传输之后，高铁接收机和窃听者所配备的天线将会收到信号，则高铁接收机的接收信号 y_b 和窃听者的接收信号 y_e 可以表示为

$$
\begin{cases} y_b = \boldsymbol{g}_{bi}\boldsymbol{x}_i + \sum\limits_{j\neq i, j=1}^{N} \boldsymbol{g}_{bj}\boldsymbol{x}_j + n_b \\ y_e = \boldsymbol{g}_{ei}\boldsymbol{x}_i + \sum\limits_{j\neq i, j=1}^{N} \boldsymbol{g}_{ej}\boldsymbol{x}_j + n_e \end{cases} \tag{4.2}
$$

其中，$\boldsymbol{g}_{bi}$ 和 $\boldsymbol{g}_{ei}$ 分别为激活的空间调制传输天线与高铁接收机和窃听者之间的信道增益；$\mathbf{g}_{bj}$ 和 $\mathbf{g}_{ej}$ 表示剩下未使用空间调制索引信息的 RAU 的信道增益；$\mathbf{x}_j$ 则为其他 RAU 传输的信号，具体的表示将在 4.1.3 节中详细阐述。

4.1.2 混合高铁空间调制信道模型

建立高铁无线通信系统混合信道模型，从大尺度衰落和小尺度衰落两个方面入手。大尺度衰落包含有路径损耗和阴影衰落，其中阴影衰落需要考虑空间相关性对其影响，而路径损耗只与距离和所采取的路径损耗模型有关。可以将大尺度衰落建模为期望成路径损耗、方差为相关阴影衰落，而小尺度则可以用空时相关的莱斯信道模型进行建模，具体建模如下：基于球面电磁波传播模型[166]，在已知车载接收机的接收功率情况下，可以得到处于 l 位置列车的传输功率为

$$
E_{\mathrm{t}} = E_{\mathrm{r}} \frac{l^2 + d_{\mathrm{v}}^2}{\left(4\pi f_{\mathrm{c}} / c\right)^2} \tag{4.3}
$$

其中，E_{r} 是列车车载移动中继接收机的接收功率；d_v 是 RAU 与高铁轨道的垂直距离；f_{c} 为载波频率；c 表示光速。

根据高铁所在位置 l 的不同，将高铁的信道模型表示为

$$
\boldsymbol{G}(l) = \sqrt{\boldsymbol{S}(l)}\boldsymbol{G}_R(l) \tag{4.4}
$$

其中，$\boldsymbol{G}(l) \in \mathbb{C}^{N_{\mathrm{r}} \times N_{\mathrm{t}}}$ 是小尺度衰落信道矩阵；$\boldsymbol{S}(l) = \mathrm{diag}\left(S_1(l), \cdots S_N(l)\right)$，代表的是大尺度衰落矩阵，$N$ 代表的是分布式空间调制系统的 RAU 的个数，如果对应于集中式的空间调制系统，$N=1$，并且 $\boldsymbol{S}(l)$ 矩阵中的元素服从均值为 $\psi(l)$、方差为 σ_s^2 的对数正态分布。为了简化起见，路径损耗系数 $\psi(l)$ 可以通过发射与接收功率比表示：

$$\psi(l)=\frac{E_{\mathrm{r}}}{E_{\mathrm{t}}}=\frac{\left(4\pi f_{\mathrm{c}}/c\right)^2}{l^2+d_{\mathrm{v}}^2} \tag{4.5}$$

另外，处在不同地理位置的传输天线仍然具有相关性，则相关阴影衰落方差因子可以表示为[99]

$$\sigma_s^2(l)=\kappa^{d_{t,k}/100}\sigma_0^2(l) \tag{4.6}$$

其中，$\sigma_0^2(l)$表示处于l位置的列车所对应的第k根天线的初始阴影衰落系数，而$d_{t,k}$表示第t根天线与第k根天线之间的距离，κ表示空间相关系数。

然后，小尺度衰落矩阵$\boldsymbol{G}_R(l)$可以用空时相关的莱斯衰落表示：

$$\boldsymbol{G}_R=\sqrt{\frac{K}{1+K}}+\sqrt{\frac{1}{1+K}}\bar{\boldsymbol{G}} \tag{4.7}$$

其中，K是莱斯因子，$\bar{\boldsymbol{G}}$为空间相关信道，可以用克罗内克积模型表示：

$$\bar{\boldsymbol{G}}=\boldsymbol{R}_{N_{\mathrm{r}}}^{\frac{1}{2}}\breve{\boldsymbol{G}}\boldsymbol{R}_{N_{\mathrm{t}}}^{\frac{1}{2}} \tag{4.8}$$

其中，$\boldsymbol{R}_{N_{\mathrm{r}}}^{\frac{1}{2}}$，$\boldsymbol{R}_{N_{\mathrm{t}}}^{\frac{1}{2}}$分别为接收端和发射端的相关矩阵，矩阵各元素由零阶贝塞尔函数$\left[\boldsymbol{R}_{N_{\mathrm{r}}}^{\frac{1}{2}}\right]_{r,\hat{r}}=J_0\left(2\pi|r-\hat{r}|\varDelta_{\mathrm{r}}\right)$，$\left[\boldsymbol{R}_{N_{\mathrm{t}}}^{\frac{1}{2}}\right]_{t,\hat{t}}=J_0\left(2\pi|t-\hat{t}|\varDelta_{\mathrm{t}}\right)$给出，$r,\hat{r}\in N_{\mathrm{r}}$ $t,\hat{t}\in N_{\mathrm{t}}$，$\varDelta_{\mathrm{t}}$，$\varDelta_{\mathrm{r}}$为归一化发射天线间距以及归一化接收天线间距。高铁信道的时间相关性可以用 Jakes 模型[167]由$\breve{\boldsymbol{G}}$的期望表示：

$$\alpha(\tau)=\mathbb{E}\left[\breve{\boldsymbol{G}}(s)\breve{\boldsymbol{G}}^H(s+\tau)\right]=J_0\left(2\pi f_{\mathrm{d}}\tau\right) \tag{4.9}$$

其中，τ是采样时间，$f_{\mathrm{d}}=f_{\mathrm{c}}v/c$为最大多普勒频移，为了方便研究，可以将时间$s$忽略，将采样时间$\tau$归一化处理。

当信号来到高铁接收机的检测端，基于最大化 SNR 匹配滤波器的输出被采取用来解调信号，这也造成了由多普勒频移带来的 SNR 的损失，其在接收端接收到的 SNR 损失可以表示为

$$L=10\lg\left[\frac{\sin\left(\pi f_D M T_{\mathrm{c}}\right)}{\pi f_D M T_{\mathrm{c}}}\right]^2 \tag{4.10}$$

其中，M表示调制符号的长度；$T_{\mathrm{c}}=0.45\times10^{-6}\ \mathrm{s}$ 表示滤波器的采样频率，

并且要满足采样频率是载波频率的两倍。同时，在信号结果滤波器之后，由最优最大似然检测器进行信号检测，其联合检测可以表示为

$$\left[\hat{i},\hat{t},\hat{q}\right]=\arg\min_{i,t,q}\left(\left\|y-L\boldsymbol{g}_{i,t}\boldsymbol{x}_{i,t,q}\right\|_F^2\right) \tag{4.11}$$

由于索引天线与调制符号间不相关，可以将信号检测分为单独的调制符号检测和单独的索引符号检测，而且索引天线也可以进一步分为 RAU 的检测和 RAU 内天线的检测，先根据路径损耗的不同进行 RAU 的检测，在检测出 RAU 是哪一个后再进行内部天线的检测。需要注意的是，在检测 RAU 及其天线时，由于是索引信息，只与欧式距离有关，可以忽略滤波器与多普勒对其的影响，这在后文抗干扰的方案中有同样的处理。

4.1.3　基于分布式人工噪声的协作抗窃听方案

在 4.1.1 节中，第 i 个 RAU 的第 t 根天线传输的信号为 $\boldsymbol{x}_i$，这是索引天线所发射的有效信号。同一时刻，由一个 CPU 控制的剩下的 RAU 将激活一根天线用来发射 AN 矢量 $\boldsymbol{n}=\boldsymbol{w}z$ 以干扰窃听者，其中，$\boldsymbol{w}\in\mathbb{C}^{(N-1)\times 1}$ 为 AN 的波束成形预编码向量，z 为服从 $\mathcal{CN}\left(0,\sigma_z^2\right)$ 复高斯分布的随机变量，则第 j 个 RAU 的第 k 根天线传输的信号为

$$\boldsymbol{x}_j=\left[0,\cdots,\underbrace{\mathbf{n}(j)}_{t_{th}},\cdots,0\right]^{\mathrm{T}} \tag{4.12}$$

本文将人工噪声矢量设计在经过算法筛选后余下天线的 Bob 信道的零空间上，意味着 $\boldsymbol{h}_{bn}\boldsymbol{w}=0$。设 $\boldsymbol{h}_{bn}\boldsymbol{V}=0$，$\boldsymbol{V}=\boldsymbol{I}_{m-N_{\mathrm{t}}}-\boldsymbol{h}_{bn}^{\mathrm{H}}(\boldsymbol{h}_{bn}\boldsymbol{h}_{bn}^{\mathrm{H}})^{-1}\boldsymbol{h}_{bn}$ 为信道 $\boldsymbol{h}_{bn}$ 合法零空间的投影矩阵，可以保证经过设计的人工噪声波束赋型矢量 $\boldsymbol{w}$ 不对 Bob 产生影响。同时要最大化对 Eve 的干扰，则设计所要满足的条件描述为

$$\begin{aligned}&\max\left|\boldsymbol{g}_{en}\boldsymbol{w}\right|^2\\&\text{s.t.}\ \ \boldsymbol{g}_{bn}\boldsymbol{w}=0\\&\text{s.t.}\ \ \mathrm{tr}(\boldsymbol{w}\boldsymbol{w}^{\mathrm{H}})=(1-\varphi)\cdot P\end{aligned} \tag{4.13}$$

其中，$\boldsymbol{g}_{bn}\in\mathbb{C}^{N_b\times N_{\mathrm{t}}}$，$\boldsymbol{g}_{en}\in\mathbb{C}^{N_{\mathrm{e}}\times N_{\mathrm{t}}}$ 分别表示 Bob 端发射人工噪声的天线与 Eve 和 Bob 间信道系数矩阵；$\mathrm{tr}(\cdot)$ 代表矩阵的轨迹；P 为 FD 接收器发射功率。

$\boldsymbol{V}_\perp = \boldsymbol{I}_{M_t} - \boldsymbol{E}^{\mathrm{H}}\left(\boldsymbol{E}^{\mathrm{H}}\right)\boldsymbol{E}^{-1}\boldsymbol{E}$ 表示在 $\boldsymbol{E}$ 的零空间上的投影矩阵[160]，由于 $\boldsymbol{V}_\perp = \boldsymbol{V}_\perp^{\mathrm{H}}$，$\boldsymbol{V}_\perp\boldsymbol{V}_\perp = \boldsymbol{V}_\perp$，式（4.13）的最优解为 $\boldsymbol{w}^* = \dfrac{\sqrt{P_{\mathrm{RF}}}\boldsymbol{V}_\perp\boldsymbol{F}^{\mathrm{H}}}{\left\|\boldsymbol{V}_\perp\boldsymbol{F}^{\mathrm{H}}\right\|} = \sqrt{P_{\mathrm{RF}}}\boldsymbol{d}$，其中 $\boldsymbol{d} = \dfrac{\boldsymbol{V}_\perp\boldsymbol{F}^{\mathrm{H}}}{\left\|\boldsymbol{V}_\perp\boldsymbol{F}^{\mathrm{H}}\right\|}$。类似文献[160]相关推导过程，可以将接收信号进一步表示为

$$\begin{cases} y_b = \sqrt{\rho P}g_{bt}s_i + n_b \\ y_e = \sqrt{\rho P}g_{et}s_i + \sqrt{(1-\rho)\cdot P}\boldsymbol{g}_{en}\boldsymbol{F}z + n_e \end{cases} \tag{4.14}$$

其中，$\boldsymbol{F} = \dfrac{\boldsymbol{V}\boldsymbol{g}_{en}^{\mathrm{H}}}{\left\|\boldsymbol{V}\boldsymbol{g}_{en}^{\mathrm{H}}\right\|}$，$\boldsymbol{g}_{en} = \left[g_{e1}, \cdots, g_{e(i-1)}, g_{e(i+1)}, \cdots, g_{eN}\right]$，而这些信道的获取需要先根据当前的信道状态信息从所有可能的信道中选取使得性能最好的，天线选择算法详见 4.3 节。

4.2　系统性能分析

在这一节中，考虑相关阴影衰落和强空时相关莱斯衰落混合高铁无线信道下，根据中心极限定理和矩量母函数（Moment Generating Function，MGF）的方法推导了高铁协作分布式空间调制系统安全容量的闭式表达式和误码率的近似闭式表达式。

4.2.1　系统保密速率性能分析

DSSM 中的每个 RAU 只激活一个天线来传输符号。在符号持续时间内，激活分布在不同地理位置的每个 RAU 的单个天线以发射信号。根据互信息链式法则，输入和输出变量间的互信息可以表示为

$$I\left(s_q, h_m^i; y\right) = H\left(y\right) - H\left(y \mid s_q, h_m^i\right) \tag{4.15}$$

其中，$H(y \mid s_q, h_m^i) = \log_2(\pi \mathrm{e} \sigma_b^2)$。互信息 $I\left(s_q, h_m^i; y\right)$ 由 $H(y)$ 的上限决定，即由具有相同方差的复数高斯随机变量的熵决定，因此

$$I\left(s_q,h_m^i;y\right)\leqslant\log_2\left(\pi e\sigma_z^2\right)-\log_2\left(\pi e\sigma_n^2\right)=\log_2\left(1+\frac{\sigma_z^2}{\sigma_n^2}\right)\qquad(4.16)$$

其中，$\sigma_z^2=\mathbb{E}\left\{|z|^2\right\}=\mathbb{E}\left\{\left|g_m^i\right|^2\right\}E_s/N_u$，$z=g_m^i s_q$。由第 3 章关于有限字符的内容可知，由于输入字符是有限的，所以星座调制的能量也可以写成$\left\|\boldsymbol{g}^i\right\|^2/N_t$，$\boldsymbol{g}^i=\left[g_1^i,\cdots,g_m^i,\cdots,g_{N_t}^i\right]$表示信道矩阵$\boldsymbol{G}_R$，则

$$\left\|\boldsymbol{g}^i\right\|^2=\sum_{t=1}^{N_t}\left(\frac{K}{1+K}+\frac{2\sqrt{K}\left|\bar{g}_t^i\right|}{1+K}+\frac{\left|\bar{g}_t^i\right|^2}{1+K}\right)S_i=\frac{S_i}{1+K}\left(N_t K+2S_i\sqrt{K}\left\|\mathbf{g}^i\right\|+\left\|\mathbf{g}^i\right\|^2\right)\qquad(4.17)$$

其中，$\bar{\mathbf{g}}^i=\left[\bar{g}_1^i,\cdots,\bar{g}_m^i,\cdots,\bar{g}_{N_t}^i\right]$是高铁混合信道矩阵的非直视路径部分。根据 Kronecker 积的混合乘积法则$(A\otimes B)\cdot(C\otimes D)=AC\otimes BD$，则

$$\left\|\bar{\boldsymbol{g}}^i\right\|^2=\bar{g}^i\left(\bar{g}^i\right)^{\mathrm{H}}=\left(\breve{g}^i\left(\breve{g}^i\right)^{\mathrm{H}}\right)\otimes\left(R_{N_t}^{1/2}\left(R_{N_t}^{1/2}\right)^{\mathrm{H}}\right)\qquad(4.18)$$

所以，均值方程可以重新写作

$$\left\|\boldsymbol{g}^i\right\|^2=S_i\cdot\left(\frac{N_t K}{1+K}+\sum_{t=1}^{N_t}\sum_{\hat{t}=1}^{N_t}\left(\frac{2\sqrt{K}\left\|h_m^i\right\|\sigma_{t,\hat{t}}}{(1+K)}+\frac{\alpha(\tau)\sigma_{t,\hat{t}}^2}{(1+K)}\right)/\left(N_t\cdot N_t\right)\right)\qquad(4.19)$$

其中，$\breve{\boldsymbol{g}}^i=\left[\breve{g}_1^i,\cdots,\breve{g}_m^i,\cdots,\breve{g}_{N_t}^i\right]$是瑞利矩阵$\breve{\boldsymbol{G}}$的第 i 行。因此，高铁接收机和窃听者的遍历容量以及安全容量可以表示为

$$\begin{cases}C_{bi}=\log_2\left(1+\dfrac{\mathbb{E}\left\{\left\|\mathbf{g}_m^{bi}\right\|^2\right\}E_s}{N_t N_0\sigma_b^2}\right)\\ C_{ei}=\log_2\left(1+\dfrac{\mathbb{E}\left\{\left\|\mathbf{g}_m^{ei}\right\|^2\right\}E_s}{N_t N_0\left(P_n\boldsymbol{g}_{en}\boldsymbol{F}\boldsymbol{F}^{\mathrm{H}}\mathbf{g}_{en}^{\mathrm{H}}+\sigma_e^2\right)}\right)\\ R_s=\dfrac{1}{N}\sum_{i=1}^{N}\left[C_{bi}-C_{ei}\right]^+\end{cases}\qquad(4.20)$$

4.3 联合优化天线选择和功率分配方案

1. 基于最优保密速率的天线选择算法

在推导了高铁场景下系统安全容量的基础上，本文基于最大化安全容量对空间调制索引天线进行选择，提出了一种联合天线选择和功率分配算法 JOSCA，以找出最优的功率分配因子和最优的索引天线组合。JOSCA 算法如表 4.1 所示，设 RAU 的个数为 3，则需要确定最优发射索引天线和最优发射人工噪声天线。首先固定功率分配因子 α ，然后遍历所有的天线组合，能够得到当前功率分配因子下的发射人工噪声最优天线组合，即第二个 RAU 的第 k_2 根天线和第三个 RAU 的第 k_3 根天线。然后基于原本选定的第一个 RAU 用来发射调制符号的索引天线与得到的最优天线组合计算当前天线下最优的功率分配因子，第 i 个 RAU 的遍历 SC 显然是功率分配因子 α 的函数，该函数定义为 $f(\alpha)$ ，由第三章的内容可知， $f(\alpha)$ 为凸函数。最后，通过求导的方式计算 $f(\alpha)$ 的极值，求解的公式与（3.42）一致。

表 4.1 基于最大化安全容量的联合天线选择和功率分配算法

JOSCA 算法
输入：信道系数 $\mathbf{g}_{bi}$ 和 $\mathbf{g}_{ei}$ ； $f(\alpha)$ ； N ； N_t ；
初始化： α ； k_2 ； k_3 ；
For $t=1;t\leqslant N;t++$ do
For $i=1;i\leqslant N_t;i++$ do
For $j=1;j\leqslant N_t;j++$ do
$\boldsymbol{V}=\boldsymbol{I}_{N-1}-\boldsymbol{g}_{bi}^{H}\left(\boldsymbol{g}_{bi}\boldsymbol{g}_{bi}^{H}\right)^{-1}\boldsymbol{g}_{bi}$;
$\boldsymbol{w}=\sqrt{(1-\alpha)E_t}\dfrac{\boldsymbol{V}\boldsymbol{g}_{ei}^{\mathrm{H}}}{\left\Vert\boldsymbol{V}\boldsymbol{g}_{ei}^{\mathrm{H}}\right\Vert}$;
$\lambda=\arg_{\alpha}\left\{\dfrac{\mathrm{d}f(\alpha)}{\mathrm{d}\alpha}=0\right\}$;
If $0<\lambda\leqslant 1 \;\&\&\; f(\lambda)>f(1)$
$\alpha_n(i,j)=\lambda$
Else
$\alpha_n(i,j)=1$
$[k_2,k_3]=\arg\max\limits_{i,j}f(\alpha)$; $\alpha_n=\alpha(k_2,k_3)$;
输出： α_n ； k_2,k_3 ；

2. 基于拉氏乘子法的功率分配方案

通过 JOSCA 算法能够选取出使得系统安全容量达到最优的发射天线和发射功率，根据安全容量的闭式表达式，可以发现，不管发射人工噪声的 RAU 的功率如何进行分配，都不会影响最终的发射天线的选择和发射有效信号功率分配因子的求解，所以可以对发射人工噪声的功率进一步分配以明确冗余的 RAU 分别使用多大的功率。同时，由于系统安全容量不受具体分配的影响，我们可以利用进一步的功率分配来进一步增大合法接受者和窃听者误码率性能的差距。由此，我们在 JOSCA 算法的基础上进一步提出了 LCEA 算法来优化系统的误码率性能。如表 4.2 所示，首先根据 JOSCA 算法得到的发射有效信号的功率分配因子 α 和 RAU 的个数 N，设置拉格朗日乘子法的方程个数为 $N-1$。然后，确立优化目标为协作分布式空间调制系统的欧式距离之和，设立约束条件 $\phi=1-\alpha_{n_1}-\alpha_2-\alpha_3$ 和拉格朗日乘子 λ，然后将约束条件和优化目标代入拉格朗日方程组进行求解，得到冗余 RAU 各自的发射人工噪声的功率分配因子 α_2,α_3。

表 4.2 基于拉格朗日乘子法的人工噪声功率分配因子求解算法

LCEA 算法
输入：根据 JOSCA 得到的 $\alpha_1=\alpha$；
初始化：α；α_2；α_3；$B(\alpha)$；RAU 个数 N；
For $i=1;i\leqslant N;i++$ do
For $i=1;i\leqslant N;i++$ do
$\left\|d_i\right\|^2=\left\|\sqrt{\alpha_i}\boldsymbol{g}_i\boldsymbol{x}-\sqrt{\alpha_{\hat{i}}}\boldsymbol{g}_{\hat{i}}\boldsymbol{x}\right\|^2$；
$B(\alpha)=B(\alpha)+\left\|d_i\right\|^2$；
$\phi=1-\alpha_{n_1}-\alpha_2-\alpha_3$；
$[\alpha_2,\alpha_3]=\arg\begin{cases}\dfrac{\mathrm{d}B(\alpha)}{\mathrm{d}\alpha_2}+\lambda\dfrac{\mathrm{d}\phi}{\mathrm{d}\alpha_2}=0\\\dfrac{\mathrm{d}B(\alpha)}{\mathrm{d}\alpha_3}+\lambda\dfrac{\mathrm{d}\phi}{\mathrm{d}\alpha_3}=0\end{cases}$；
输出：$\alpha_2;\alpha_3$。

4.4 仿真结果和分析

在本节中，通过仿真的方式验证本章前面几节所提出的理论，并详细分析速度、位置、莱斯因子 K 和功率分配因子 α 对安全容量和 BER 性能的影响。此处设置 RAU 数目 N=3，发射天线 N_t=4，接收天线 N_r= 1，无线通信场景的一些其他参数设置为小区半径 r=500 m，规一化天线距离 $\Delta_t = \Delta_r = 0.5$，载波频率设置为 $f_c = 3.5\ \text{GHz}$，阴影衰落相关系数为κ= 0.82[99]。此外，将 σ_b^2 、σ_e^2 、和 σ_s^2 归一化为 1。在比较单个变量时，设置其他变量固定如下：火车的速度 v = 350 km/h，小区的覆盖半径 r = 250 m 和莱斯因子 K = 7 dB。根据文献[99]中所述，莱斯因子这样的设置也意味着主要考虑的是高铁郊区的运营信道环境和高架桥场景下的无线信道环境。

不同功率分配因子在不同 SNR 下，本章所提出的协作分布式安全 SM 与常规 SM 的 SC 的比较如图 4.2 所示。首先，从图中可以看出，无论是在

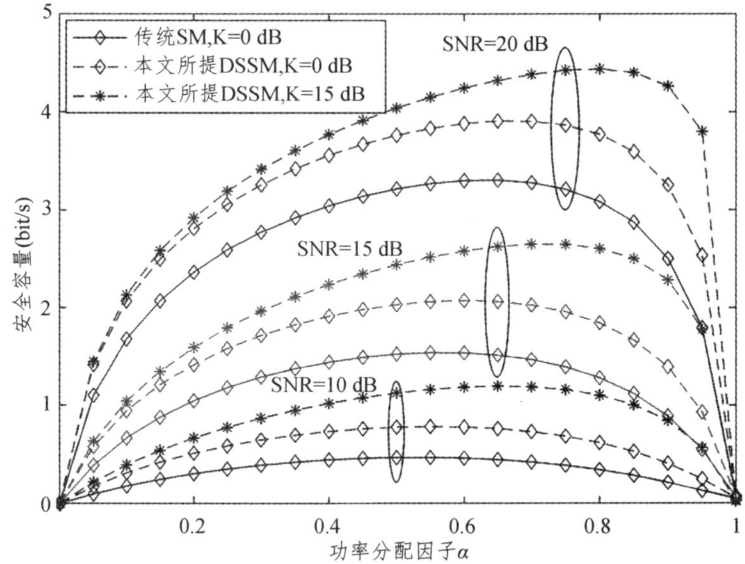

图 4.2　不同功率分配因子下的 DSSM 与传统 SM 信道容量的比较

所提出的 DSSM 系统中还是传统的集中式 SM 系统中，SC 都是一个关于功率分配因子α的凸函数。而且，在相同 SNR 下，较大的莱斯因子 K 可以获得较大的增益，并且由于强 LoS 的影响，最优功率分配因子的值也会发生

变化。随着信噪比的增加，SC 显著增加，而 DSSM 相比于传统集中式 SM，其平均 SC 能够随着 SNR 的变化有更进一步的提升。另外，需要注意的是最佳功率分配因子会随着 SNR 的不同而变化，从图中可以看出，最优功率分配因子在低信噪比区域约为 0.5，在高信噪比区域约为 0.8，这是因为随着有效信号的增强，使得需要分配给有效信号的功率占比变大，人工噪声的作用不如直接提升有效信号直接。而随着信噪比的增加，最优功率分配因子α逐渐趋于稳定，并有趋于最大值 1 的趋势。

图 4.3 所示为所提出的 JOSCA、文献[124]中提出的 SLNR 和 MAX-P-SAN 以及文献[168]中常规 SM 的 SC 比较。由于没有了人工噪声的辅助，传统的 SM 在安全容量上的表现处于较低状态。而与文献[124]中集中式 SM 的 MAX-P-SAN 方法相比，可以看出本章所提基于 JOSCA 的算法具有更好的性能，这是因为在高铁场景下，DSSM 受空间相关性的影响较小，而强时间相关性同时影响现存的集中式天线选择方案，所以相比之下，基于 JOSCA 的 DSSM 系统能够取得一个更好的 SC 性能。并且，通过比较发现当 RAU 的数量 $N=4$ 时能够获得比 3 个 RAU 更好的 SC 性能，同样意味着

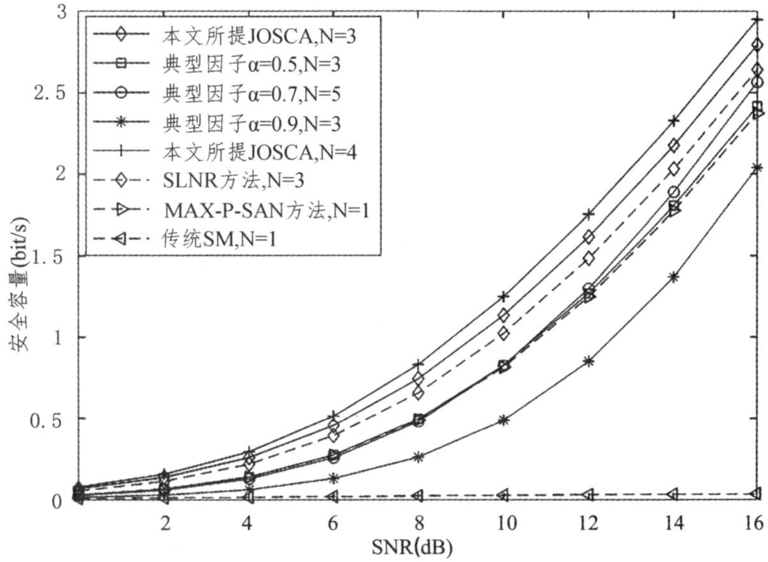

图 4.3　DSSM 与现存其他方法信道容量的比较

DSSM 适合高铁场景。此外，与典型α= 0.5、0.7、0.9 相比，由 JOSCA 计

算的最优α值能使 SC 的性能进一步提高，而将所提出的 JOSCA 方法与 $N=3$ 时的 SLNR 方法进行比较，可以看出所提出的 JOSCA 方法比现有的 SLNR 方法更适合于 DSSM。

在图 4.4 中，详细讨论了列车位置对图 4.4（a）的遍历性 SC 和图 4.4（b）的合作平均 SC 的影响。假设两个 CPU 之间相互协作，通过确定发射功率的值，可以根据列车的位置和轨道与 RAU 的垂直距离得到接收机的信噪比。当 SNR=10 dB 时，CPU1 所控制的 RAU1、RAU2 和 RAU3 的自身 SC 随着列车的推进呈现不同的分布。显然，当列车与 RAU 的距离越近，对应的遍历 SC 值就越大，因为此时列车在发射机与接收机之间的无线传输过程中功率路径损耗最小，也就是说，随着 RAU 与列车距离的增大，由于路径损耗的影响，遍历 SC 会逐渐减小。因此，本章所提 DSSM 系统考虑将一个 CPU 控制的所有 RAU 进行协作传输，得到的平均 SC 将在所形成的虚拟小区中心达到峰值。同时，虚拟小区可以由任意三个 RAU 构成，例如 CPU1 的 RAU2 和 RAU3 可以与 CPU2 的 RAU1 协作组成下一个虚拟小区，随着列车位置的变化，在 CPU1 原本所构成的小区边缘处，最近的三个 RAU 协作传输使得系统平均 SC 的性能能够一直保持在较高水平。

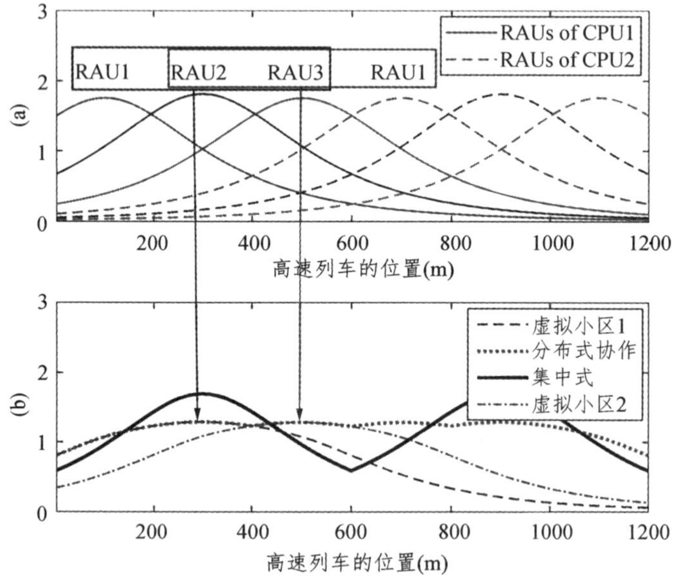

图 4.4　本文所提 DSSM 与集中式传统 SM 的 BER 比较

在图 4.5 中，与文献[168]中的集中式 SM 相比，可以看出，由于阴影衰落和路径损耗的巨大差异所导致的空间增益，所提出的 DSSM 在任何地方都带来了更好的误码率性能，这与 SC 性能不同。然后，随着列车的推进，越近的多个 RAU 可以协同工作，构建虚拟小区 1 和虚拟小区 2。因此，当基于最小误码率的切换点与基于最大 SC 的切换点非常接近时，协作 DSSM 的误码率性能也保持了很高的值，这意味着该 DSSM 不仅保持了 SC 性能，而且在铁路沿线也保持了较高的误码率性能。

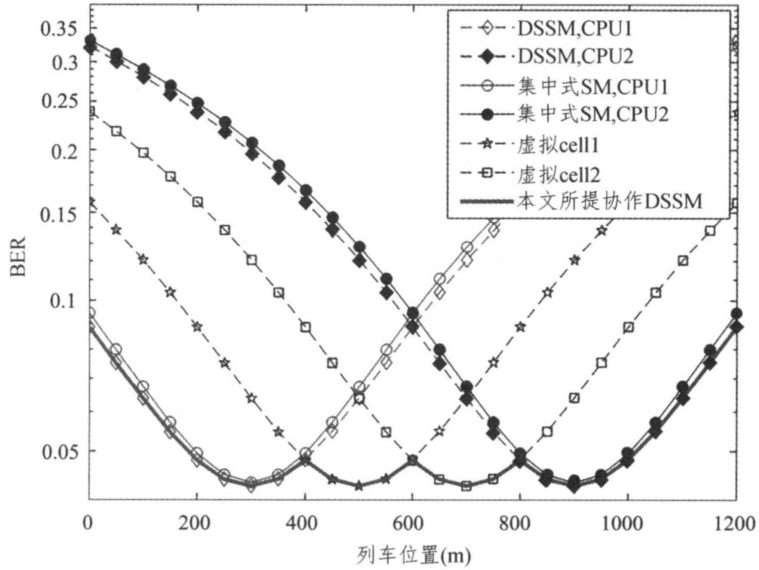

图 4.5　本文所提协作 DSSM 与集中式传统 SM 的信道容量比较

图 4.6 显示了所提出的 LCEA、现有的分布式 SSK(DSSK)算法、ANLNR 算法和 SNR=10 dB 时的共同均匀分配之间的比较。通过对误码率的累积分布函数分析，左侧位置越高的线路误码性能越好，达到较低误码率的概率越高。显然，DSSK 凸性方法使得 Bob 具有最佳的 BER 性能，而本章所提出的 LCEA、ANLNR 凸优化算法和均匀分配算法的性能依次降低。然而，由于功率完全分配给了有效信号而没有考虑人工噪声的辅助，因此 DSSK 凸优化算法中的 Eve 也能够获得跟 Bob 端一样的性能。而比较其他考虑人工噪声的算法，与 ANLNR 凸优化算法和均匀分配算法相比，本文所提出的 LCEA 算法具有更高的 Bob 误码率增益，并保持了对 Eve 的限制。此外，

LCEA 算法是基于所提出的 JOSCA 的计算，这意味着这两种功率分配方案共同优化了 SC 和 BER 的性能。

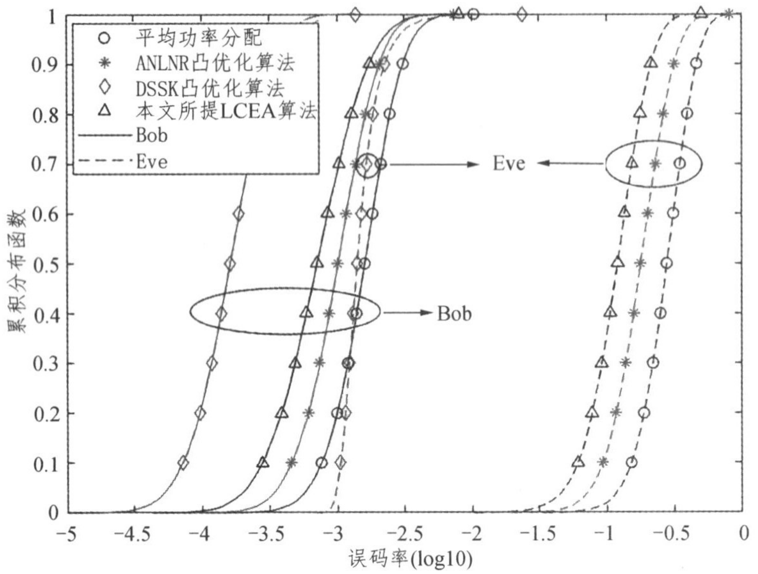

图 4.6 本文所提协作 DSSM 与集中式传统 SM 的信道容量比较

图 4.7 显示了不同莱斯因子 K 和相关阴影衰落方差 σ_s^2 情况下，高铁的移动速度对 DSSM 系统误码率性能的影响。在 DSSM 系统中，来自不同 RAU 的信号在高速移动情况下会带来不同的路径损耗，增加了多普勒频移的影响，从而使得接收端所接收到信号的 SNR 损失增大，这与传统集中式 SM 的结果相差不大。可以看出，考虑到信噪比的损失，莱斯因子 K 的值越高，意味着 LoS 分量越多，信道与信道之间的差异性就会越小，而使得接收端检测准确率降低，从而导致 BER 的增加。而且，考虑莱斯因子 K 相同的情况下，相关阴影衰落系数的方差 σ_s^2 越大，辨识度就越低，因为每个天线对应的通道随路径增加的变化就越大，而这些参数的变化，在 SC 变化中的影响是相反的。

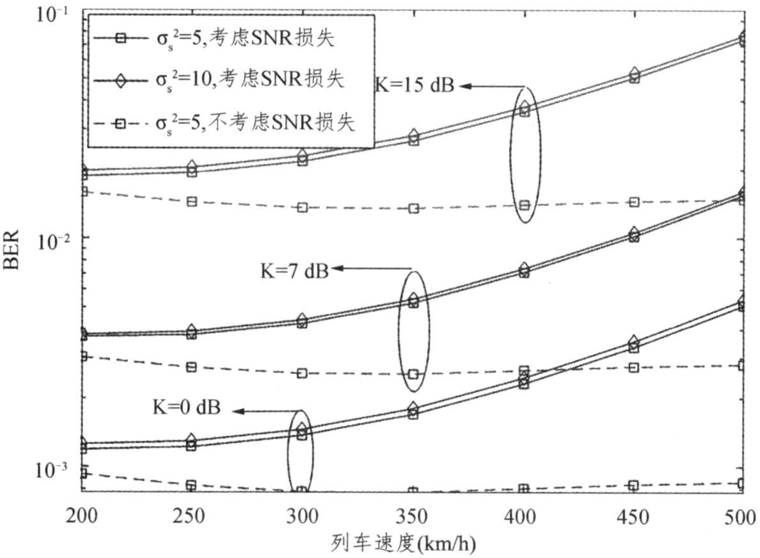

图 4.7　不同 K 和 σ_s^2 条件下速度对 DSSM 误码率性能的影响

从理论上讲，在高铁混合信道中，速度越快，DFS 越大，会对检测时的信噪比损失和时间相关产生影响。由图 4.8 可以看出，列车的高机动性降低了 DSSM 系统 SC 的性能，特别是考虑到 DFS 使得接收端处的 SNR 损耗较大。在检测端的 SNR 损失对系统 SC 性能的影响甚至超过了空时间相关性对其性能的影响。同时，阴影区域障碍物较多使得信号衰减较大，而方差 σ_s^2 越小，多个障碍物之间的阴影衰落相关性就越大，而 SC 损失值也越大。然而，在较大的莱斯因子区域，SC 的性能受 SNR 损失的影响往往更大，这与不同功率分配情况下的仿真结果一致。

如图 4.9 所示，设置莱斯因子 K 从−10 dB 到 15 dB，表示覆盖多个高铁场景，当信噪比分别为 10 dB 和 20 dB 时，研究 SC 和 BER 两个行性能之间的权衡。在高铁场景中，强 LoS 分量意味着障碍物少，散射分量少，前者增强了接收信号，后者降低了多径增益。因此，与 SC 相反，较大的莱斯因子 K 降低了误码率的性能。从图中可以看出，当莱斯因子 K 约为 7 dB 以后，SC 的性能没有提高，而 BER 的性能则随着莱斯因子 K 的增加而大幅度下降。所以，可以很轻易地找到使得 BER 性能和 SC 性能都维持在较高水平的平衡点。而根据实际研究，高铁场景下高架桥周边的莱斯因子值

接近 $K = 7$ dB，这意味着高架桥场景下的 DSSM 可以达到 BER 和 SC 两种性能更好的平衡。

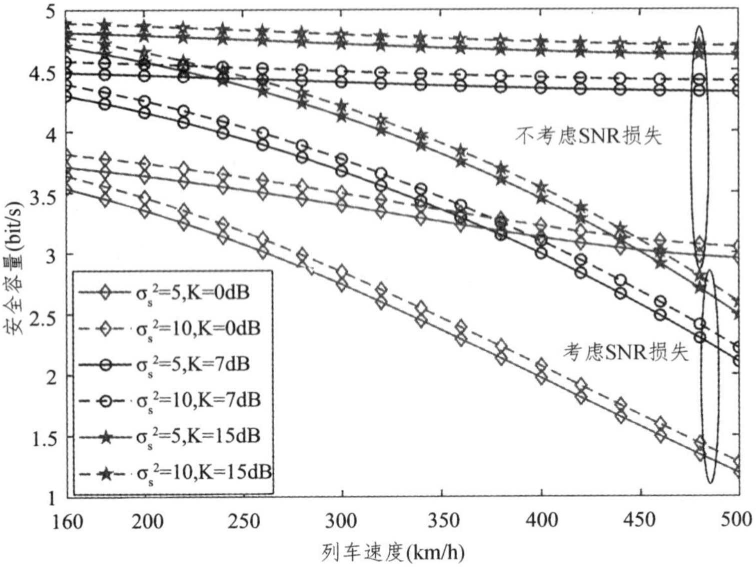

图 4.8　不同 K 和 σ_s^2 条件下速度对 DSSM 安全容量性能的影响

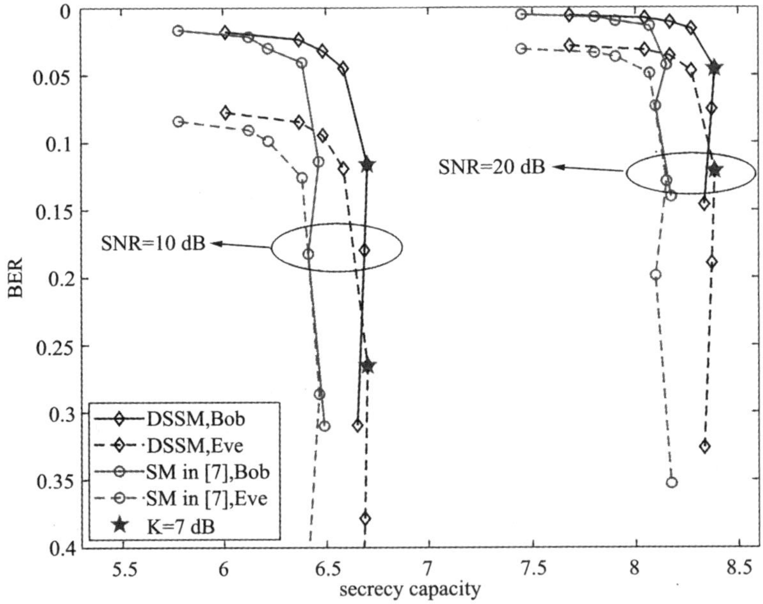

图 4.9　不同莱斯因子和 SNR 条件下 DSSM 与 SM 性能的均衡

4.5 本章小结

本章研究了高铁场景下的分布式空间调制抗窃听方案，并分析了空时相关性对于系统安全容量和误码率的影响。针对基于最优安全容量的联合天线选择和功率分配优化问题，首先提出了一种 JOSCA 算法来进行最佳天线组合的选择，同时提出了一种 LCEA 算法来计算多个 AN 功率分配因子的极值，从而使得 DSSM 方案达到最优系统平均安全容量和较高的误码率。仿真结果表明，与集中式基站相比，本章提出的 DSSM 系统可以把距离列车更近的多个 RAU 组成虚拟小区，保证在小区非中心地区尤其是边缘处的安全容量和误码率也能够维持在高性能，并且能够利用 SM 的特性快速完成虚拟小区间的切换。此外，在不同场景下，由于 LoS 分量的不同，系统平均安全容量和系统误码率之间有一个有趣的平衡，结果表明所提出的 DSSM 系统在 $K = 7$ dB 左右的场景下能够有一个更好的平衡，这与高架桥场景相对应，意味着 DSSM 更适用于高铁高架桥场景下。

第 5 章

理想 CSI 下半双工中继系统的传输性能研究

在大规模 MIMO 中继系统中，大型天线阵列会产生巨大功耗。为了保证绿色可靠的通信环境，本章研究了多用户中继辅助的大规模 MIMO 下行链路的可实现和速率以及能量效率，其中在基站和采用放大转发协议的中继处均配备了低精度 DAC。首先，分别给出了莱斯衰落信道条件下具有理想和非理想 CSI 系统的可实现和速率的闭式表达式。然后，提取通用的功率缩放定律并提出局部最优功率分配方案以提高活跃用户的信道容量。最后，建立系统功耗模型，研究可实现和速率与能量效率之间的权衡。另外，本章为突破因采用高量化精度移相器所带来的系统硬件限制，在完美毫米波信道条件下提出了一种基于有限量化精度移相器的中继混合预编码方案，以最大化中继系统的频谱效率。

5.1　大规模 MIMO 中继系统模型

本节考虑了具有 K 个单天线用户的大规模 MIMO 中继系统下行链路。基站和中继的天线数分别为 N_{B} 、N_{R} ，并且都配备有低精度 DAC。中继工作在半双工模式，且考虑到低延迟通信在大规模 MIMO 中继系统中的重要性，中继采用了放大转发协议。由于障碍物或严重的阴影衰落等因素的影响，假设在基站与用户之间没有直连链路。

5.1.1 信道模型

中继辅助的大规模 MIMO 下行链路系统模型如图 5.1 所示。为了不失一般性，考虑通用的莱斯衰落信道。由于只有 K 个独立的数据流，为了减少中继上激活的射频链引起的电路功耗，选择中继总天线数 N_R 中的 K 根天线来接收信号，因此基站和中继站之间的信道响应矩阵可以表示为 $\boldsymbol{G}\in\mathbb{C}^{K\times N_\mathrm{B}}$。中继站和 K 个用户之间的信道响应表示为 $\boldsymbol{F}\in\mathbb{C}^{K\times N_\mathrm{R}}$。定义 $(\boldsymbol{H},N_a)\in\{(\boldsymbol{G},N_\mathrm{B}),(\boldsymbol{F},N_\mathrm{R})\}$，信道矩阵 $\boldsymbol{H}$ 可以进一步统一表示为 $\boldsymbol{H}=\boldsymbol{D}_h^{1/2}\boldsymbol{H}_s$，其中对角矩阵 $\mathbf{D}_h\in\mathbb{R}^{K\times K}$ 代表大尺度衰落分量，其第 k 个元素为 $\sigma_{h,k}^2$。小尺度衰落矩阵 $\boldsymbol{H}_s\in\mathbb{C}^{K\times N_a}$ 由确定性分量 $\bar{\boldsymbol{H}}$ 和散射分量 $\boldsymbol{H}_w$ 组成，即

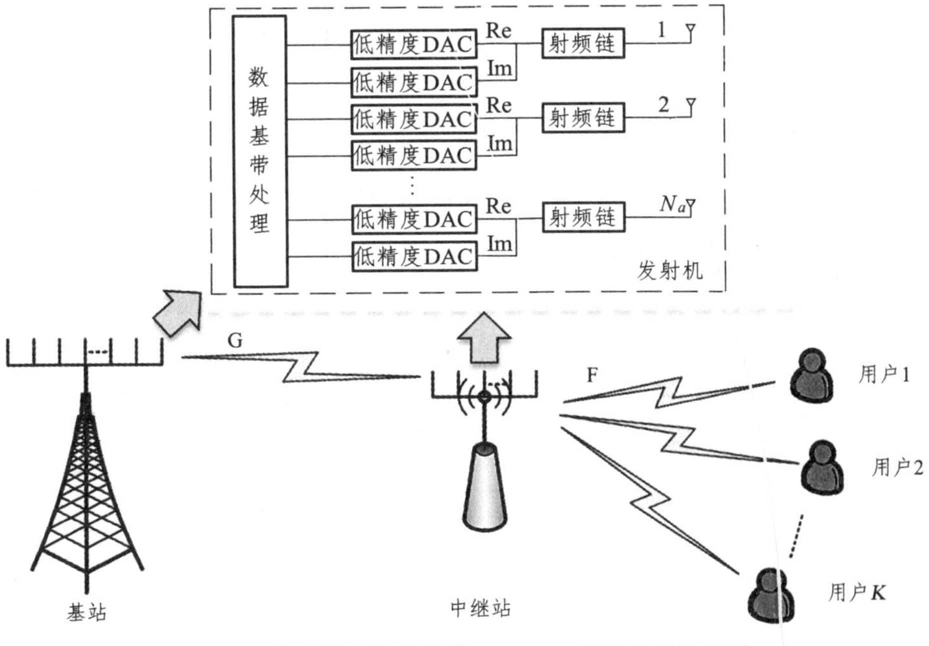

图 5.1　中继辅助的大规模 MIMO 下行链路系统模型

$$\boldsymbol{H}_s=\mathrm{diag}\left\{\sqrt{\frac{\xi_{h,1}}{\xi_{h,1}+1}},\cdots,\sqrt{\frac{\xi_{h,K}}{\xi_{h,K}+1}}\right\}\bar{\boldsymbol{H}}+\mathrm{diag}\left\{\frac{1}{\sqrt{\xi_{h,1}+1}},\cdots,\frac{1}{\sqrt{\xi_{h,K}+1}}\right\}\boldsymbol{H}_w \tag{5.1}$$

其中，$\xi_{h,K}$ 为信道 $\boldsymbol{H}$ 的莱斯因子。散射分量 $\boldsymbol{H}_w$ 的每个元素独立同分布，且其实部和虚部相互独立，均服从均值为零、方差为1/2的高斯分布。矩阵 $\bar{\boldsymbol{H}}$ 的第 m 行 n 列的元素可以表示为 $\left[\bar{\boldsymbol{H}}\right]_{mn} = \exp\left[-j(n-1)(2\pi d/\lambda)\sin\theta_{h,m}\right]$[168]，其中 d、λ、$\theta_{h,m} \in (-\pi/2, \pi/2)$ 分别表示天线间距、波长和离开角（Angle-of-Departure，AoD）。为了方便且不失一般性，设 $d = \lambda/2$。

5.1.2 信号传输过程

从基站到所有用户的通信过程在两个时隙中完成。第一个时隙，高斯信号源 $\boldsymbol{s} \in \mathbb{C}^{K\times1}$ 先经过基站处的预编码矩阵 $\boldsymbol{A} \in \mathbb{C}^{N_B\times K}$ 进行编码，编码后的信号为 $\boldsymbol{x}_B = \boldsymbol{A}\boldsymbol{s}$，其中信号矢量满足 $\mathbb{E}\{\boldsymbol{s}\boldsymbol{s}^{\mathrm{H}}\} = \boldsymbol{I}_K$。对于高斯输入信号，借助 Bussgang 定理，可以将量化后的信号分解为量化器输入的线性函数以及与量化器输入无关的失真项[170]。另外，文献[171]中指出该模型对于大多数 DAC 量化等级都足够准确，因此量化输出信号可以写为

$$\boldsymbol{x}_{\mathrm{B,q}} = Q_{\mathrm{DAC}}(\boldsymbol{x}_{\mathrm{B}}) = \sqrt{1-\rho_1}\,\boldsymbol{x}_{\mathrm{B}} + \boldsymbol{n}_{\mathrm{B,q}} \qquad (5.2)$$

其中 $Q_{\mathrm{DAC}}(\cdot)$ 表示 DAC 量化操作。考虑到非均匀 DAC 量化，失真因子 ρ_1 与量化位数 b_1 有关。量化位数 b_1 小于 5 时，二者之间的关系如表 5.1 所示。

表 5.1 低分辨率 DAC 量化位数与失真因子之间的关系表

量化位数	1	2	3	4	5
失真因子	0.3634	0.1175	0.034 54	0.009 497	0.002 499

量化位数 b_1 大于 5 时，失真因子可以被近似为 $\rho_1 \approx \sqrt{3}\pi \cdot 2^{-2b_1-1}$ [172]。$\boldsymbol{n}_{\mathrm{B,q}} \sim \mathcal{CN}\left(0, \boldsymbol{R}_{\boldsymbol{n}_{\mathrm{B,q}}}\right)$ 表示与 $\boldsymbol{x}_{\mathrm{B}}$ 不相关的高斯量化噪声，其方差矩阵 $\boldsymbol{R}_{\boldsymbol{n}_{\mathrm{B,q}}}$ 可以表示为[171]

$$\boldsymbol{R}_{\boldsymbol{n}_{\mathrm{B,q}}} = \rho_1 \mathrm{diag}\left(\boldsymbol{x}_{\mathrm{B}}\boldsymbol{x}_{\mathrm{B}}^{\mathrm{H}}\right) = \rho_1 \mathrm{diag}\left(\boldsymbol{A}\boldsymbol{A}^{\mathrm{H}}\right) \qquad (5.3)$$

随后，信号通过基站和中继之间的信道矩阵 $\boldsymbol{G}$ 传输至中继，中继接收的信号可以表示为

$$\boldsymbol{r}_{\mathrm{R}} = \sqrt{P_{\mathrm{B}}}\boldsymbol{G}\boldsymbol{x}_{B,q} + \boldsymbol{n}_{\mathrm{R}} = \sqrt{(1-\rho_1)P_{\mathrm{B}}}\boldsymbol{G}\boldsymbol{A}\boldsymbol{s} + \sqrt{P_{\mathrm{B}}}\boldsymbol{G}\boldsymbol{n}_{B,q} + \boldsymbol{n}_{\mathrm{R}} \qquad (5.4)$$

其中 P_{B} 为基站的传输功率，$\mathbf{n}_{\mathrm{R}} \sim \mathcal{CN}\left(0,\sigma_{\mathrm{R}}^{2}\mathbf{I}_{K}\right)$ 为中继站处的加性高斯白噪声。然后，在放大转发协议下，中继对信号 $\boldsymbol{r}_{\mathrm{R}}$ 进行放大，放大后的信号为 $\boldsymbol{y}_{\mathrm{R}}=\beta\boldsymbol{r}_{\mathrm{R}}$。放大因子 β 满足中继的发射功率约束 $\mathbb{E}\left\{\boldsymbol{y}_{\mathrm{R}}\boldsymbol{y}_{\mathrm{R}}^{\mathrm{H}}\right\}=P_{\mathrm{R}}$，其表达式为

$$\beta=\sqrt{\frac{P_{\mathrm{R}}}{\left(1-\rho_{1}\right)P_{\mathrm{B}}\operatorname{tr}\left(\mathbb{E}\left\{\boldsymbol{G}\boldsymbol{A}\boldsymbol{A}^{\mathrm{H}}\boldsymbol{G}^{\mathrm{H}}\right\}\right)+\rho_{1}P_{\mathrm{B}}\operatorname{tr}\left(\mathbb{E}\left\{\boldsymbol{G}\operatorname{diag}\left(\boldsymbol{A}\boldsymbol{A}^{\mathrm{H}}\right)\boldsymbol{G}^{\mathrm{H}}\right\}\right)+\sigma_{\mathrm{R}}^{2}}} \tag{5.5}$$

在第二时隙，中继首先对待发送信号 $\boldsymbol{y}_{\mathrm{R}}$ 进行预编码处理，得到编码后的信号 $\boldsymbol{x}_{\mathrm{R}}=\boldsymbol{W}\boldsymbol{y}_{\mathrm{R}}$，其中 $\boldsymbol{W}\in\mathbb{C}^{N_{\mathrm{R}}\times K}$ 为预编码矩阵。同样，中继对信号 $\boldsymbol{x}_{\mathrm{R}}$ 进行 DAC 量化处理，量化后的信号为 $\boldsymbol{x}_{\mathrm{R,q}}=\mathcal{Q}_{\mathrm{DAC}}\left(\boldsymbol{x}_{\mathrm{R}}\right)=\sqrt{1-\rho_{2}}\boldsymbol{x}_{\mathrm{R}}+\boldsymbol{n}_{\mathrm{R,q}}$。失真因子 ρ_{2} 与量化位数 b_{2} 之间的关系同上。量化噪声 $\boldsymbol{n}_{\mathrm{R,q}}\sim\mathcal{CN}\left(0,\boldsymbol{R}_{\boldsymbol{n}_{\mathrm{R,q}}}\right)$，且方差矩阵 $\boldsymbol{R}_{\boldsymbol{n}_{\mathrm{R,q}}}=\rho_{2}\operatorname{diag}\left(\boldsymbol{x}_{\mathrm{R}}\boldsymbol{x}_{\mathrm{R}}^{\mathrm{H}}\right)$。接着，信号 $\boldsymbol{x}_{\mathrm{R,q}}$ 经过中继与 K 个用户之间的信道 $\mathbf{F}$ 传输至每个用户，于是用户端接收到的信号矢量可以表示为

$$\begin{aligned}\boldsymbol{r}_{\mathrm{U}}&=\boldsymbol{F}\boldsymbol{x}_{\mathrm{R,q}}+\boldsymbol{n}_{\mathrm{U}}\\&=\beta\sqrt{\left(1-\rho_{1}\right)\left(1-\rho_{2}\right)P_{\mathrm{B}}}\boldsymbol{F}\boldsymbol{W}\boldsymbol{G}\boldsymbol{A}\boldsymbol{s}+\beta\sqrt{\left(1-\rho_{2}\right)P_{\mathrm{B}}}\boldsymbol{F}\boldsymbol{W}\boldsymbol{G}\boldsymbol{n}_{\mathrm{B,q}}\\&\quad+\beta\sqrt{1-\rho_{2}}\boldsymbol{F}\boldsymbol{W}\boldsymbol{n}_{\mathrm{R}}+\boldsymbol{F}\boldsymbol{n}_{\mathrm{R,q}}+\boldsymbol{n}_{\mathrm{U}}\end{aligned} \tag{5.6}$$

其中 $\boldsymbol{n}_{\mathrm{U}}\sim\mathcal{CN}\left(0,\sigma_{\mathrm{U}}^{2}\boldsymbol{I}_{K}\right)$ 为用户处的加性高斯白噪声。

5.2 大规模 MIMO 中继系统性能分析

在前面的分析的基础上，本节推导了理想和非理想信道状态信息下可实现和速率的闭式近似表达式。通过一些近似处理，进一步分析了相关参数对可实现和速率的影响。最后，建立了通用功耗模型来研究能量效率。

5.2.1 理想 CSI 下可实现速率与能量效率分析

1. 可实现速率分析

考虑到低复杂度，采用匹配滤波器预编码技术，实现鲁棒性和高渐近性能[172]。于是基站和中继处的预编码矩阵分别为 $\boldsymbol{A}=\boldsymbol{G}^{\mathrm{H}}$、$\boldsymbol{W}=\boldsymbol{F}^{\mathrm{H}}$。根据

式（5.6），第 k 个用户接收到的信号 $\boldsymbol{r}_{\mathrm{U},k}$ 为

$$\boldsymbol{r}_{\mathrm{U},k}=\beta\sqrt{(1-\rho_1)(1-\rho_2)P_{\mathrm{B}}}\boldsymbol{f}_k\boldsymbol{F}^{\mathrm{H}}\boldsymbol{G}\boldsymbol{g}_k^{\mathrm{H}}s_k+\beta\sqrt{(1-\rho_1)(1-\rho_2)P_B}\boldsymbol{f}_k\boldsymbol{F}^{\mathrm{H}}\boldsymbol{G}\sum_{j\neq k}^{K}\boldsymbol{g}_j^{\mathrm{H}}s_j$$
$$+\beta\sqrt{(1-\rho_2)P_{\mathrm{B}}}\boldsymbol{f}_k\boldsymbol{F}^{\mathrm{H}}\boldsymbol{G}\boldsymbol{n}_{\mathrm{B,q}}+\beta\sqrt{1-\rho_2}\boldsymbol{f}_k\boldsymbol{F}^{\mathrm{H}}\boldsymbol{n}_{\mathrm{R}}+\boldsymbol{f}_k\boldsymbol{n}_{\mathrm{R,q}}+\boldsymbol{n}_{\mathrm{U},k} \tag{5.7}$$

其中 $\boldsymbol{f}_k$、$\boldsymbol{g}_k$ 分别为矩阵 $\boldsymbol{F}$、$\boldsymbol{G}$ 的第 k 行。于是，在第 k 个用户处获得的端到端信干噪比 $\gamma_{\mathrm{U},k}$ 可以表示为

$$\gamma_{\mathrm{U},k}=\frac{\beta^2(1-\rho_1)(1-\rho_2)P_BS_{U,k}}{\beta^2(1-\rho_2)\left[(1-\rho_1)P_{\mathrm{B}}I_{\mathrm{U},k}+\rho_1P_{\mathrm{B}}N_{\mathrm{U},k1}+\sigma_{\mathrm{R}}^2N_{\mathrm{U},k2}\right]+N_{\mathrm{U},k3}+\sigma_{\mathrm{U}}^2} \tag{5.8}$$

式中，$S_{\mathrm{U},k}=\left|\boldsymbol{f}_k\boldsymbol{F}^{\mathrm{H}}\boldsymbol{G}\boldsymbol{g}_k^{\mathrm{H}}\right|^2$；$I_{\mathrm{U},k}=\sum_{j\neq k}^{K}\left|\boldsymbol{f}_k\boldsymbol{F}^{\mathrm{H}}\boldsymbol{G}\boldsymbol{g}_j^{\mathrm{H}}\right|^2$；$N_{\mathrm{U},k1}=\boldsymbol{f}_k\boldsymbol{F}^{\mathrm{H}}\boldsymbol{G}\mathrm{diag}\left(\boldsymbol{x}_{\mathrm{B}}\boldsymbol{x}_{\mathrm{B}}^{\mathrm{H}}\right)\boldsymbol{G}^{\mathrm{H}}\boldsymbol{F}\boldsymbol{f}_k^{\mathrm{H}}$；$N_{\mathrm{U},k2}=\left\|\boldsymbol{f}_k\boldsymbol{F}^{\mathrm{H}}\right\|^2$；$N_{\mathrm{U},k3}=\boldsymbol{f}_k\boldsymbol{R}_{\boldsymbol{n}_{\mathrm{R,q}}}\boldsymbol{f}_k^{\mathrm{H}}$。于是，系统的可实现遍历和速率可以表示为

$$R_{\mathrm{U}}=\frac{1}{2}\sum_{k=1}^{K}\mathbb{E}\left\{\log_2\left(1+\gamma_{\mathrm{U},k}\right)\right\} \tag{5.9}$$

定理 5.1：在莱斯衰落信道中具有低分辨率 DAC 的多用户中继辅助大规模 MIMO 下行链路，式（5.9）中的系统可实现和速率可以近似表示为

$$R_{\mathrm{U}}\approx\tilde{R}_{\mathrm{U}}=\frac{1}{2}\sum_{k=1}^{K}\log_2\left(1+\tilde{\gamma}_{\mathrm{U},k}\right) \tag{5.10}$$

其中 $\tilde{\gamma}_{\mathrm{U},k}$ 的表达式为

$$\tilde{\gamma}_{\mathrm{U},k}=\frac{\beta^2(1-\rho_1)(1-\rho_2)P_B\tilde{S}_{U,k}}{\beta^2(1-\rho_2)\left[(1-\rho_1)P_{\mathrm{B}}\tilde{I}_{\mathrm{U},k}+\rho_1P_{\mathrm{B}}\tilde{N}_{\mathrm{U},k1}+\sigma_{\mathrm{R}}^2\tilde{N}_{\mathrm{U},k2}\right]+\tilde{N}_{\mathrm{U},k3}+\sigma_{\mathrm{U}}^2} \tag{5.11}$$

且 $\tilde{S}_{\mathrm{U},k}=N_{\mathrm{B}}N_{\mathrm{R}}\sigma_g^4\sigma_{f,k}^2\left[\left(N_{\mathrm{B}}+\eta_{g,k}\right)\left(N_{\mathrm{R}}+\eta_{f,k}\right)\sigma_{f,k}^2+\sum_{i\neq k}^{K}\mu_{g,ik}\mu_{f,ki}\sigma_{f,i}^2\right]$，

$\tilde{I}_{\mathrm{U},k}=N_{\mathrm{B}}N_{\mathrm{R}}\sigma_g^4\sigma_{f,k}^2\sum_{j\neq k}^{K}\left[\left(N_{\mathrm{B}}+\eta_{g,j}\right)\mu_{f,kj}\sigma_{f,j}^2+\left(N_{\mathrm{R}}+\eta_{f,k}\right)\mu_{g,kj}\sigma_{f,k}^2+\sum_{i\neq j,k}^{K}\mu_{g,ij}\mu_{f,ki}\sigma_{f,i}^2\right]$，

$\tilde{N}_{\mathrm{U},k1}=N_{\mathrm{B}}N_{\mathrm{R}}\sigma_g^4\sigma_{f,k}^2\left[\left(N_{\mathrm{R}}+\eta_{f,k}\right)\left(K+\eta_{g,k}\right)\sigma_{f,k}^2+\sum_{i\neq k}^{K}\left(K+\eta_{g,i}\right)\mu_{f,ki}\sigma_{f,i}^2\right]$，

$$\tilde{N}_{\mathrm{U},k2}=N_{\mathrm{R}}\sigma_{f,k}^{2}\left[\left(N_{\mathrm{R}}+\eta_{f,k}\right)\sigma_{f,k}^{2}+\sum_{i\neq k}^{K}\mu_{f,ki}\sigma_{f,i}^{2}\right],$$

$$\tilde{N}_{\mathrm{U},k3}=\beta^{2}\rho_{2}\left[P_{\mathrm{B}}\left(\left(1-\rho_{1}\right)B_{1}+\rho_{1}B_{2}\right)+\sigma_{\mathrm{R}}^{2}B_{3}\right],$$

$$B_{1}=N_{\mathrm{B}}N_{\mathrm{R}}\sigma_{g}^{4}\sigma_{f,k}^{2}\left[\eta_{f,k}\sigma_{f,k}^{2}\left(N_{\mathrm{B}}+\eta_{g,k}+\sum_{j\neq k}^{K}\mu_{g,kj}\right)+\sum_{i=1}^{K}\left(N_{\mathrm{B}}+\eta_{g,i}+\sum_{j\neq i}^{K}\mu_{g,ij}\right)\sigma_{f,i}^{2}\right],$$

$$B_{2}=N_{\mathrm{B}}N_{\mathrm{R}}\sigma_{g}^{4}\sigma_{f,k}^{2}\left[\left(K+\eta_{g,k}\right)\eta_{f,k}\sigma_{f,k}^{2}+\sum_{i=1}^{K}\left(K+\eta_{g,i}\right)\sigma_{f,i}^{2}\right],$$

$$B_{3}=N_{\mathrm{R}}\sigma_{f,k}^{2}\left(\eta_{f,k}\sigma_{f,k}^{2}+\sum_{i=1}^{K}\sigma_{f,i}^{2}\right).$$

证明：根据参考文献[173]中的定理 3 可得，对于信道矩阵 $\boldsymbol{H}\in\mathbb{C}^{K\times N_a}$，其任意两行内积的期望为

$$\mathrm{E}\left\{\left|\boldsymbol{h}_m\boldsymbol{h}_n^{\mathrm{H}}\right|^2\right\}=\begin{cases}N_a\left(N_a+\eta_{h,m}\right)\sigma_{h,m}^4, & m=n\\ N_a\mu_{h,mn}\sigma_{h,m}^2\sigma_{h,n}^2, & m\neq n\end{cases}\tag{5.12}$$

且 $\eta_{h,m}=2\xi_{h,m}+1/\left(\xi_{h,m}+1\right)^2$，$\mu_{h,mn}=\left(\xi_{h,m}\xi_{h,n}\varphi_{h,mn}^2/N_a+\xi_{h,m}+\xi_{h,n}+1\right)/\left(\xi_{h,m}+1\right)\left(\xi_{h,n}+1\right)$，$\varphi_{h,mn}=\sin\left[N_a\pi\left(\sin\theta_{h,m}-\sin\theta_{h,n}\right)/2\right]/\sin\left[\pi\left(\sin\theta_{h,m}-\sin\theta_{h,n}\right)/2\right]$。根据式(5.1)，矩阵 $\mathbf{H}_s$ 的第 m 行 n 列的元素可以写成

$$\left[\boldsymbol{H}_s\right]_{mn}=\sqrt{\frac{\xi_{h,m}}{\xi_{h,m}+1}}\exp\left[-\mathrm{j}(n-1)\pi\sin\theta_{h,m}\right]+\sqrt{\frac{1}{\xi_{h,m}+1}}\left(s_{mn}+\mathrm{j}t_{mn}\right)\tag{5.13}$$

其中 s_{mn}、t_{mn} 分别为 $\left[\mathbf{H}_{\mathrm{w}}\right]_{mn}$ 的实部和虚部，则有 $\mathbb{E}\left\{\left|s_{mn}\right|^2\right\}=\mathbb{E}\left\{\left|t_{mn}\right|^2\right\}=\frac{1}{2}$。定义 $\omega_{mn}=p_{mn}-\mathrm{j}q_{mn}$，$p_{mn}=\cos\left[(n-1)\pi\sin\theta_{h,m}\right]$，$q_{mn}=\sin\left[(n-1)\pi\sin\theta_{h,m}\right]$，$v_{mn}=s_{mn}+\mathrm{j}t_{mn}$。于是，$\boldsymbol{H}_s$ 中元素与其自身的共轭的乘积为

$$\left[\boldsymbol{H}_s\right]_{mn}\left[\boldsymbol{H}_s\right]_{mn}^*=\frac{1}{\xi_{h,m}+1}\left[\xi_{h,m}+2\sqrt{\xi_{h,m}}\left(p_{mn}s_{mn}-q_{mn}t_{mn}\right)+\left(s_{mn}^2+t_{mn}^2\right)\right]\tag{5.14}$$

因此，根据式（5.14）可知，矩阵 $\boldsymbol{H}$ 的任一元素 h_{mn} 的平方的期望为

$$\mathbb{E}\left\{\left|h_{mn}\right|^2\right\}=\sigma_{h,m}^2\mathbb{E}\left\{\left[\boldsymbol{H}_s\right]_{mn}\left[\boldsymbol{H}_s\right]_{mn}^*\right\}=\sigma_{h,m}^2 \tag{5.15}$$

又根据式（5.13）可得

$$\begin{aligned}\left|\left[\boldsymbol{H}_s\right]_{mn}\right|^4=&\frac{1}{\left(\xi_{h,m}+1\right)^2}\Big[\xi_{h,m}^2+4\xi_{h,m}\left(p_{mn}^2s_{mn}^2+q_{mn}^2t_{mn}^2-2p_{mn}q_{mn}s_{mn}t_{mn}\right)\\&+\left(s_{mn}^4+t_{mn}^4+2s_{mn}^2t_{mn}^2\right)+4\xi_{h,m}\sqrt{\xi_{h,m}}\left(p_{mn}s_{mn}-q_{mn}t_{mn}\right)\\&+2\xi_{h,m}\left(s_{mn}^2+t_{mn}^2\right)+4\sqrt{\xi_{h,m}}\left(p_{mn}s_{mn}-q_{mn}t_{mn}\right)\left(s_{mn}^2+t_{mn}^2\right)\Big]\end{aligned} \tag{5.16}$$

于是$\left|h_{mn}\right|^4$的期望可以很容易求得：

$$\mathbb{E}\left\{\left|h_{mn}\right|^4\right\}=\left(\frac{2\xi_{h,m}+1}{\left(\xi_{h,m}+1\right)^2}+1\right)\sigma_{h,m}^4=\left(\eta_{h,m}+1\right)\sigma_{h,m}^4 \tag{5.17}$$

基于以上结论，由式（5.5）可得放大因子$\beta=\sqrt{P_{\mathrm{R}}\Big/\left[\left(1-\rho_1\right)P_{\mathrm{B}}A_1+\rho_1P_{\mathrm{B}}A_2+\sigma_R^2\right]}$，其中

$$A_1=\operatorname{tr}\left(\mathbb{E}\left\{\boldsymbol{G}\boldsymbol{A}\boldsymbol{A}^{\mathrm{H}}\boldsymbol{G}^{\mathrm{H}}\right\}\right)=N_{\mathrm{B}}\sigma_g^4\sum_{i=1}^{K}\left(N_{\mathrm{B}}+\eta_{g,i}+\sum_{j\neq i}^{K}\mu_{g,ji}\right) \tag{5.18}$$

$$A_2=\operatorname{tr}\left(\mathbb{E}\left\{\boldsymbol{G}\operatorname{diag}\left(\boldsymbol{A}\boldsymbol{A}^{\mathrm{H}}\right)\boldsymbol{G}^{\mathrm{H}}\right\}\right)=N_{\mathrm{B}}\sigma_g^4\sum_{i=1}^{K}\left(K+\eta_{g,i}\right) \tag{5.19}$$

在大规模天线阵列中，有$\mathbb{E}\left\{\log_2\left(1+\frac{X}{Y}\right)\right\}\approx\log_2\left(1+\frac{\mathbb{E}\{X\}}{\mathbb{E}\{Y\}}\right)$[173]。因此，（5.9）可以写成

$$R_{\mathrm{U}}\approx\frac{1}{2}\sum_{k=1}^{K}\log_2\left[1+\frac{\beta^2\left(1-\rho_1\right)\left(1-\rho_2\right)P_{\mathrm{B}}\tilde{S}_{\mathrm{U},k}}{\beta^2\left(1-\rho_2\right)P_{\mathrm{B}}\left[\left(1-\rho_1\right)\tilde{I}_{\mathrm{U},k}+\rho_1\tilde{N}_{\mathrm{U},k1}\right]+\sigma_{\mathrm{R}}^2\tilde{N}_{\mathrm{U},k2}+\tilde{N}_{\mathrm{U},k3}+\sigma_{\mathrm{U}}^2}\right] \tag{5.20}$$

其中有用信号的功率$\tilde{S}_{\mathrm{U},k}$为

$$\tilde{S}_{\mathrm{U},k}=\mathbb{E}\left\{S_{\mathrm{U},k}\right\}=N_{\mathrm{B}}N_{\mathrm{R}}\sigma_g^4\sigma_{f,k}^2\left[\left(N_{\mathrm{B}}+\eta_{g,k}\right)\left(N_{\mathrm{R}}+\eta_{f,k}\right)\sigma_{f,k}^2+\sum_{i\neq k}^{K}\mu_{g,ik}\mu_{f,ki}\sigma_{f,i}^2\right] \tag{5.21}$$

干扰信号功率 $\tilde{I}_{\mathrm{U},k}$ 为

$$\tilde{I}_{\mathrm{U},k}=\mathrm{E}\left\{I_{\mathrm{U},k}\right\}=N_{\mathrm{B}}N_{\mathrm{R}}\sigma_g^4\sigma_{f,k}^2\sum_{j\neq k}^{K}\left[\left(N_{\mathrm{B}}+\eta_{g,j}\right)\mu_{f,kj}\sigma_{f,j}^2+\left(N_{\mathrm{R}}+\eta_{f,k}\right)\mu_{g,kj}\sigma_{f,k}^2+\sum_{i\neq j,k}^{K}\mu_{g,ij}\mu_{f,ki}\sigma_{f,i}^2\right] \tag{5.22}$$

噪声信号功率 $\tilde{N}_{\mathrm{U},k1}$ 为

$$\tilde{N}_{\mathrm{U},k1}=\mathbb{E}\left\{N_{\mathrm{U},k1}\right\}=N_{\mathrm{B}}N_{\mathrm{R}}\sigma_g^4\sigma_{f,k}^2\left[\left(N_{\mathrm{R}}+\eta_{f,k}\right)\left(K+\eta_{g,k}\right)\sigma_{f,k}^2+\sum_{i\neq k}^{K}\left(K+\eta_{g,i}\right)\mu_{f,ki}\sigma_{f,i}^2\right] \tag{5.23}$$

噪声信号功率 $\tilde{N}_{\mathrm{U},k2}$ 为

$$\tilde{N}_{\mathrm{U},k2}=\mathbb{E}\left\{N_{\mathrm{U},k2}\right\}=N_{\mathrm{R}}\sigma_{f,k}^2\left[\left(N_{\mathrm{R}}+\eta_{f,k}\right)\sigma_{f,k}^2+\sum_{i\neq k}^{K}\mu_{f,ki}\sigma_{f,i}^2\right] \tag{5.24}$$

将 $\boldsymbol{R}_{\boldsymbol{n}_{R,q}}$ 的表达式代入 $\tilde{N}_{\mathrm{U},k3}$ 中，可得 $\tilde{N}_{\mathrm{U},k3}=\beta^2\rho_2\left[P_{\mathrm{B}}\left(\left(1-\rho_1\right)B_1+\rho_1B_2\right)+\sigma_{\mathrm{R}}^2B_3\right]$，其中第一个表达式 B_1 可以展开为

$$\begin{aligned}B_1&=\mathbb{E}\left\{\boldsymbol{f}_k\mathrm{diag}\left(\boldsymbol{F}^{\mathrm{H}}\boldsymbol{G}\boldsymbol{G}^{\mathrm{H}}\boldsymbol{G}\boldsymbol{G}^{\mathrm{H}}\boldsymbol{F}\right)\boldsymbol{f}_k^{\mathrm{H}}\right\}\\&=N_{\mathrm{B}}N_{\mathrm{R}}\sigma_g^4\sigma_{f,k}^2\left[\eta_{f,k}\sigma_{f,k}^2\left(N_{\mathrm{B}}+\eta_{g,k}+\sum_{j\neq k}^{K}\mu_{g,kj}\right)+\sum_{i=1}^{K}\left(N_{\mathrm{B}}+\eta_{g,i}+\sum_{j\neq i}^{K}\mu_{g,ij}\right)\sigma_{f,i}^2\right]\end{aligned} \tag{5.25}$$

第二个表达式 B_2 可以展开为

$$\begin{aligned}B_2&=\mathbb{E}\left\{\boldsymbol{f}_k\mathrm{diag}\left(\boldsymbol{F}^{\mathrm{H}}\boldsymbol{G}\mathrm{diag}\left(\boldsymbol{G}^{\mathrm{H}}\boldsymbol{G}\right)\boldsymbol{G}^{\mathrm{H}}\boldsymbol{F}\right)\boldsymbol{f}_k^{\mathrm{H}}\right\}\\&=N_{\mathrm{B}}N_{\mathrm{R}}\sigma_g^4\sigma_{f,k}^2\left[\left(K+\eta_{g,k}\right)\eta_{f,k}\sigma_{f,k}^2+\sum_{i=1}^{K}\left(K+\eta_{g,i}\right)\sigma_{f,i}^2\right]\end{aligned} \tag{5.26}$$

第三个表达式 B_3 可以展开为

$$B_3 = \mathbb{E}\left\{ \boldsymbol{f}_k \mathrm{diag}\left(\boldsymbol{F}^{\mathrm{H}} \boldsymbol{F} \right) \boldsymbol{f}_k^{\mathrm{H}} \right\} = N_{\mathrm{R}} \sigma_{f,k}^2 \left(\eta_{f,k} \sigma_{f,k}^2 + \sum_{i=1}^{K} \sigma_{f,i}^2 \right) \quad (5.27)$$

将以上结果全部代入式（5.9）中即可得定理 5.1。

定理 5.1 是在莱斯衰落信道下得出的，当莱斯因子接近于零时，该信道可被视为瑞利衰落信道。相反，当莱斯因子趋近于零时，有 $\eta_{h,m} = 0$、$\mu_{h,mn} = \varphi_{h,mn}^2 / N_a$，此时信道主要由视距分量确定。为了进一步了解结果，下面对一些特殊情况进行分析，以反映诸如天线数量、DAC 量化位数和发射功率等因素对可实现和速率的影响。

推论 5.1： 当 DAC 量化位数 b_1、b_2 趋近于无穷大时，由基站和中继站处 DAC 量化引起的噪声将会降为零。此时，$\tilde{\gamma}_{\mathrm{U},k}$ 可以近似为

$$\tilde{\gamma}_{\mathrm{U},k} \approx \frac{P_B P_R \tilde{S}_{U,k}}{P_B P_R \tilde{I}_{U,k} + P_R \sigma_R^2 \tilde{N}_{U,k2} + P_B \sigma_U^2 A_1 + \sigma_R^2 \sigma_U^2} \quad (5.28)$$

推论 5.2： 假定 $N_{\mathrm{B}} \gg N_{\mathrm{R}} \gg K \gg 1$、$P_{\mathrm{B}} \gg \sigma_{\mathrm{R}}^2$、$P_{\mathrm{R}} \gg \sigma_{\mathrm{U}}^2$、$\sigma_{f,1}^2 = \cdots = \sigma_{f,K}^2 = \sigma_f^2$，且基站和中继站的天线数成正比，即 $\lambda = N_{\mathrm{B}} / N_{\mathrm{R}}$，$\lambda$ 为常数。此时，$\tilde{\gamma}_{\mathrm{U},k}$ 可以近似为

$$\tilde{\gamma}_{\mathrm{U},k} \approx \frac{N_{\mathrm{B}}}{\sum_{j \neq k}^{K} \left(\lambda \mu_{f,kj} + \mu_{g,kj} \right) + \frac{\rho_1}{1-\rho_1} \left(K + \eta_{g,k} \right) + \frac{\rho_2}{1-\rho_2} \lambda \left(K + \eta_{f,k} \right)} \quad (5.29)$$

显然，式（5.29）表明在大规模天线阵列下，$\tilde{\gamma}_{\mathrm{U},k}$ 主要受天线数量、用户数量和 DAC 量化位数的影响。天线数量的增加可以大幅增加用户速率，而用户数量的增加将导致分配给每个用户的信干噪比降低。

此外，式（5.29）还反映了基站和中继处不同 DAC 量化位数变化所带来的不同影响。若 b_2 保持不变，当基站处的量化位数从 b_1 增加至 b'_1 时，分式 $\frac{\rho_1}{1-\rho_1}$ 降低至 $\frac{\rho'_1}{1-\rho'_1}$，于是式（5.29）中的分母项减少了 $\Delta\left(K+\eta_{g,k}\right)$，其中 $\Delta = \frac{\rho_1}{1-\rho_1} - \frac{\rho'_1}{1-\rho'_1}$。相反，若 b_1 固定不变，对中继处的量化位数做出相同的改变后，式（5.29）中的分母项减少了 $\Delta\lambda\left(K+\eta_{g,k}\right)$，显然 $\Delta\lambda\left(K+\eta_{g,k}\right) > \Delta\left(K+\eta_{g,k}\right)$。这表明了在相同的条件下，增加中继处的 DAC

量化位数能够带来更高的用户速率。

推论 5.3： 固定 DAC 量化位数和基站天线数不变，当发射功率 P_B 和 P_R 接近无穷大时，式（5.11）可以进一步近似为

$$\tilde{\gamma}_{U,k} \approx \frac{\tilde{S}_{U,k}}{\tilde{I}_{U,k} + \frac{\rho_1}{1-\rho_1}\tilde{N}_{U,k1} + \frac{\rho_2}{1-\rho_2}\left(B_1 + \frac{\rho_1}{1-\rho_1}B_2\right)} \tag{5.30}$$

式（5.30）显示了当发射功率连续增加时，可实现和速率并不会无限增长，而是逐渐趋近于一个定值，并且该定值取决于天线数和 DAC 量化位数。这是因为信号间的干扰也会随着发射功率的增加而增加，当发射功率增加到一定值时，系统性能将主要受到干扰的限制。

2. 能量效率分析

显然，随着 DAC 量化精度的提高，系统可实现和速率会得到提升，但相应的硬件成本和功耗也将随之增加。因此，有必要对系统的能量效率进行分析，以找到能量效率与和速率之间的权衡。根据第 2 章的分析，能量效率可以定义为

$$\Theta_{EE} \triangleq \frac{BR_U}{P_{Tot}} \tag{5.31}$$

其中，$B = 20\,\text{MHz}$，表示通信带宽；P_{Tot} 为用于信号处理的基站和中继处射频链的总功耗。在本文提出的系统模型中，总功耗 P_{Tot} 可以表示为

$$P_{Tot} = (N_B + N_R)(P_{mix} + P_{filt}) + 2P_{syn} + N_B(c_1 P_{AGC} + P_{DAC1}) + N_R(c_2 P_{AGC} + P_{DAC2}) \tag{5.32}$$

根据文献[155]和[151]中的分析，式（5.32）中各项可取值为：$P_{mix} = 30.3$ mW，$P_{filt} = 2.5$ mW，$P_{syn} = 50$ mW，$P_{AGC} = 2$ mW。c_i 的取值与 DAC 量化位数 b_i 有关：

$$c_i = \begin{cases} 0 & b_i = 1, \\ 1 & b_i > 1, \end{cases} \quad \text{for } i \in \{1,2\} \tag{5.33}$$

基于文献[174]中提出的估计方法，DAC 电路的总功耗可以表示为

$$P_{\mathrm{DAC},i}=\frac{1}{2}V_{\mathrm{dd}}I_0\left(2^{b_i}-1\right)+b_iC_{\mathrm{p}}\left(2B+f_{\mathrm{cor}}\right)V_{\mathrm{dd}}^2 \tag{5.34}$$

其中V_{dd}为电源，I_0为对应于最低有效位的单位电流源，C_{p}表示每个开关的寄生电容，f_{cor}是$1/f$噪声的转角频率。这些参数可分别设置为$V_{\mathrm{dd}}=3\,\mathrm{V}$、$I_0=10\,\mu\mathrm{A}$、$C_{\mathrm{p}}=1\,\mathrm{pF}$和$f_{\mathrm{cor}}=1\,\mathrm{MHz}$[174]。

接下来将从功率的角度进一步讨论理想 CSI 下可实现和速率的潜力，并提出广义功率缩放定律和功率分配方案以改善传输性能。

3. 广义功率缩放定律

根据式（5.11），当在基站和中继站部署大型天线阵列时，发射功率可以进行相应的缩放。令$P_{\mathrm{B}}=E_{\mathrm{B}}/\left(N_{\mathrm{B}}^m\right)$、$P_{\mathrm{R}}=E_{\mathrm{R}}/\left(N_{\mathrm{R}}^n\right)$，其中$m$和$n$为大于零的常数，$E_{\mathrm{B}}$、$E_{\mathrm{R}}$分别为基站和中继处给定的固定功率，将它们代入式（5.5）和式（5.11）中，当天线数N_{B}趋近于无穷大时，可以得到

$$\lim_{N_{\mathrm{B}}\to\infty}\tilde{\gamma}_{\mathrm{U},k}=\lim_{N_{\mathrm{B}}\to\infty}\frac{\beta^2\left(1-\rho_1\right)\left(1-\rho_2\right)\lambda^{-2}E_{\mathrm{B}}N_{\mathrm{B}}^{4-m}\sigma_g^4\sigma_{f,k}^4}{\beta^2\left(1-\rho_2\right)\lambda^{-2}N_{\mathrm{B}}^2\sigma_{f,k}^4\sigma_{\mathrm{R}}^2+\sigma_{\mathrm{U}}^2} \tag{5.35}$$

同样，放大因子在N_{B}趋近于无穷大时可以近似为

$$\lim_{N_{\mathrm{B}}\to\infty}\beta=\lim_{N_{\mathrm{B}}\to\infty}\sqrt{\frac{E_{\mathrm{R}}\lambda^nN_{\mathrm{B}}^{-n}}{\left(1-\rho_1\right)E_{\mathrm{B}}N_{\mathrm{B}}^{2-m}K\sigma_g^4+\sigma_R^2}} \tag{5.36}$$

将式（5.36）代入（5.35）中可得

$$\lim_{N_{\mathrm{B}}\to\infty}\tilde{\gamma}_{\mathrm{U},k}=\lim_{N_{\mathrm{B}}\to\infty}\frac{\left(1-\rho_1\right)\left(1-\rho_2\right)E_{\mathrm{B}}E_{\mathrm{R}}\lambda^{n-2}N_{\mathrm{B}}^{4-m-n}\sigma_g^4\sigma_{f,k}^4}{\left(1-\rho_2\right)E_{\mathrm{R}}\lambda^{n-2}N_{\mathrm{B}}^{2-n}\sigma_{f,k}^4\sigma_{\mathrm{R}}^2+\left(1-\rho_1\right)E_{\mathrm{B}}N_{\mathrm{B}}^{2-m}K\sigma_g^4\sigma_{\mathrm{U}}^2+\sigma_{\mathrm{R}}^2\sigma_{\mathrm{U}}^2} \tag{5.37}$$

令$C_1=\left(1-\rho_1\right)\left(1-\rho_2\right)E_{\mathrm{B}}E_{\mathrm{R}}\lambda^{n-2}\sigma_g^4\sigma_{f,k}^4$，$C_2=\left(1-\rho_2\right)E_{\mathrm{R}}\lambda^{n-2}\sigma_{f,k}^4\sigma_{\mathrm{R}}^2$，$C_3=\left(1-\rho_1\right)E_{\mathrm{B}}K\sigma_g^4\sigma_{\mathrm{U}}^2$，$C_4=\sigma_{\mathrm{R}}^2\sigma_{\mathrm{U}}^2$，于是式（5.37）可以进一步化简为

$$\lim_{N_{\mathrm{B}}\to\infty}\tilde{\gamma}_{\mathrm{U},k}=\lim_{N_{\mathrm{B}}\to\infty}\frac{C_1}{C_2N_{\mathrm{B}}^{m-2}+C_3N_{\mathrm{B}}^{n-2}+C_4N_{\mathrm{B}}^{m+n-4}} \tag{5.38}$$

下面对m和n进行分情况讨论：

（1）当m、n均小于 2 时，显然$\lim\limits_{N_{\mathrm{B}}\to\infty}\tilde{\gamma}_{\mathrm{U},k}=\infty$；

（2）当$m=2$、$n<2$时，有

$$\lim_{N_B\to\infty}\tilde{\gamma}_{U,k}=\lim_{N_B\to\infty}\frac{C_1}{C_2+(C_3+C_4)N_B^{n-2}}=\frac{C_1}{C_2}=\frac{(1-\rho_1)E_B\sigma_g^4}{\sigma_R^2} \tag{5.39}$$

（3）当 $n=2$、$m<2$ 时，有

$$\lim_{N_B\to\infty}\tilde{\gamma}_{U,k}=\lim_{N_B\to\infty}\frac{C_1}{(C_2+C_4)N_B^{m-2}+C_3}=\frac{C_1}{C_3}=\frac{(1-\rho_2)E_R\sigma_{f,k}^4}{K\sigma_U^2} \tag{5.40}$$

（4）当 $m=n=2$ 时，有

$$\lim_{N_B\to\infty}\tilde{\gamma}_{U,k}=\frac{C_1}{C_2+C_3+C_4}=\frac{(1-\rho_1)(1-\rho_2)E_BE_R\sigma_g^4\sigma_{f,k}^4}{(1-\rho_2)E_R\sigma_{f,k}^4\sigma_R^2+(1-\rho_1)E_BK\sigma_g^4\sigma_U^2+\sigma_R^2\sigma_U^2} \tag{5.41}$$

（5）当 m、n 均大于 2 时，显然 $\lim_{N_B\to\infty}\tilde{\gamma}_{U,k}=0$。

综上，可以得到中继辅助的大规模 MIMO 下行链路的广义功率缩放定律，如定理 5.2 所示。

定理 5.2：令 $P_B=E_B/(N_B^m)$、$P_R=E_R/(N_R^n)$，其中 m 和 n 为大于零的常数，E_B、E_R 分别为基站和中继站处给定的固定功率。当天线数 N_B 趋近于无穷大时，可以得到

$$\lim_{N_B\to\infty}\tilde{\gamma}_{U,k}=\begin{cases}\infty & m<2,n<2\\ \dfrac{(1-\rho_1)E_B\sigma_g^4}{\sigma_R^2} & m=2,n<2\\ \dfrac{(1-\rho_2)E_R\sigma_{f,k}^4}{K\sigma_U^2} & m<2,n=2\\ \dfrac{E_BE_R\sigma_g^4\sigma_{f,k}^4}{\dfrac{E_R\sigma_{f,k}^4\sigma_R^2}{1-\rho_1}+\dfrac{E_BK\sigma_g^4\sigma_U^2}{1-\rho_2}+\dfrac{\sigma_R^2\sigma_U^2}{(1-\rho_1)(1-\rho_2)}} & m=2,n=2\\ 0 & m>2 \text{ or } n>2\end{cases} \tag{5.42}$$

定理 5.2 表明，当发射功率 P_B、P_R 分别以 N_B^m、N_R^n 缩放时，将获得五种不同的结果。只有当 m 和 n 均小于 2 时，$\tilde{\gamma}_{U,k}$ 才会随 N_B 的增加而持续增

加。一旦 m 或 n 的值超过 2，$\tilde{\gamma}_{\mathrm{U},k}$ 将接近零。原因是功率缩放的倍数太高，导致信号发送功率被严重抑制。在其他三种情况下，$\tilde{\gamma}_{\mathrm{U},k}$ 均有上限，且上限值主要受 E_{B} 和 E_{R} 的影响。

4. 局部最优功率分配方案

在多用户系统模型中，可能存在一个或多个非活跃用户占用系统资源并造成资源浪费。为了解决这个问题，本节提出了针对单个活跃用户的局部最优功率分配方案。假设基站和中继的总传输功率保持恒定，即 $P_{\mathrm{B}}+P_{\mathrm{R}}=P_{\mathrm{T}}$。通过合理分配总功率 P_{T}，可以最大化用户信干噪比。定义 $\alpha\in(0,1)$ 为功率分配因子，令 $P_{\mathrm{B}}=\alpha P_{\mathrm{T}}$，则 $P_{\mathrm{R}}=(1-\alpha)P_{\mathrm{T}}$。于是，第 k 个用户获得的信干噪比可以重写为

$$\tilde{\gamma}_{\mathrm{U},k}=\frac{-\alpha^2+\alpha}{-D_1\alpha^2+(D_1+D_2-D_3)\alpha+D_3} \tag{5.43}$$

其中

$$D_1=\frac{1}{\tilde{S}_{\mathrm{U},k}}\left[\tilde{I}_{\mathrm{U},k}+\frac{\rho_1}{1-\rho_1}\tilde{N}_{\mathrm{U},k1}+\frac{\rho_2}{1-\rho_2}B_1+\frac{\rho_1\rho_2}{(1-\rho_1)(1-\rho_2)}B_2\right]$$

$$D_2=\frac{\sigma_{\mathrm{U}}^2}{P_{\mathrm{T}}(1-\rho_2)\tilde{S}_{\mathrm{U},k}}\left[A_1+\frac{\rho_1}{1-\rho_1}A_2+\frac{\sigma_{\mathrm{R}}^2}{P_{\mathrm{T}}(1-\rho_1)}\right]$$

$$D_3=\frac{\sigma_{\mathrm{R}}^2}{P_{\mathrm{T}}(1-\rho_1)\tilde{S}_{\mathrm{U},k}}\left[\tilde{N}_{\mathrm{U},k2}+\frac{\rho_2}{1-\rho_2}B_3+\frac{\sigma_{\mathrm{U}}^2}{P_{\mathrm{T}}(1-\rho_2)}\right]$$

对式（5.43）中 α 求偏导后可得

$$\frac{\partial\tilde{\gamma}_{\mathrm{U},k}}{\partial\alpha}=\frac{-D_2\alpha^2+D_3(\alpha-1)^2}{\left[-D_1\alpha^2+(D_1+D_2-D_3)\alpha+D_3\right]^2} \tag{5.44}$$

令 $\partial\tilde{\gamma}_{\mathrm{U},k}/\partial\alpha=0$，于是最优功率分配因子 α^* 为

$$\alpha^*=\frac{1}{1+\sqrt{\frac{D_2}{D_3}}}=\frac{1}{1+\sqrt{\frac{\sigma_{\mathrm{U}}^2\left[(1-\rho_1)P_{\mathrm{T}}A_1+\rho_1P_{\mathrm{T}}A_2+\sigma_{\mathrm{R}}^2\right]}{\sigma_{\mathrm{R}}^2\left[(1-\rho_2)P_{\mathrm{T}}\tilde{N}_{\mathrm{U},k2}+\rho_2P_{\mathrm{T}}B_3+\sigma_{\mathrm{U}}^2\right]}}} \tag{5.45}$$

推论 5.4： 假定 $N_{\mathrm{B}}\gg N_{\mathrm{R}}\gg K\gg 1$、$P_{\mathrm{B}}\gg\sigma_{\mathrm{R}}^2$、$P_{\mathrm{R}}\gg\sigma_{\mathrm{U}}^2$、$\rho_1=\rho_2=\rho$，则最优功率分配因子 α^* 可以进一步近似为

$$\alpha^{*}\approx\frac{1}{1+\sqrt{\frac{\left[\left(1-\rho\right)N_{\mathrm{B}}+\rho K\right]N_{\mathrm{B}}K\sigma_{g}^{4}\sigma_{\mathrm{U}}^{2}}{\left[\left(1-\rho\right)N_{\mathrm{R}}+\rho K\right]N_{\mathrm{R}}\sigma_{f,k}^{4}\sigma_{\mathrm{R}}^{2}}}}\approx\frac{1}{1+\sqrt{\frac{\lambda^{2}K\sigma_{g}^{4}\sigma_{\mathrm{U}}^{2}}{\sigma_{f,k}^{4}\sigma_{\mathrm{R}}^{2}}}}\tag{5.46}$$

推论 5.4 反映了在具有高信噪比的大型天线阵列中，最佳功率分配因子 α^{*} 不受天线数量和发射功率的影响，此时功率分配变得毫无意义。此外，若基站和中继具有相同的 DAC 量化位数，则 α^{*} 将不受 DAC 量化位数的影响。

5.2.2 非理想 CSI 下可实现速率分析

在实际的多用户中继辅助大规模 MIMO 通信系统场景中，由于配备了低精度 DAC，通常很难获得理想的信道状态信息。因此在本节中，将系统可实现和速率的分析扩展到具有非理想 CSI 的信道环境中。

对于信道矩阵 $\mathbf{H}\in\{\mathbf{F},\mathbf{G}\}$，利用最小均方误差估计后得到的估计矩阵为 $\hat{\boldsymbol{H}}$，令 $\Delta\boldsymbol{H}=\hat{\boldsymbol{H}}-\boldsymbol{H}$ 表示估计误差矩阵。根据最小均方误差的特性，$\hat{\boldsymbol{H}}$ 与 $\Delta\boldsymbol{H}$ 之间相互独立[173]。假设信道存在互易性，则可以通过上行导频训练进行信道估计。根据文献[173]，估计矩阵 $\hat{\boldsymbol{H}}$ 和误差矩阵 $\Delta\boldsymbol{H}$ 的第 m 行 n 列元素的方差分别为 $\hat{\sigma}_{h,m}^{2}=\iota_{h,m}\sigma_{h,m}^{2}$、$\Delta\sigma_{h,m}^{2}=\left(1-\iota_{h,m}\right)\sigma_{h,m}^{2}$，其中 $\iota_{h,m}=\left(\xi_{h,m}+\delta_{h,m}\right)\big/\left(\xi_{h,m}+1\right)$。对于信道矩阵 $\boldsymbol{F}$，$\delta_{f,m}=\tau p_{p}\sigma_{f,m}^{2}\big/\left(\tau p_{p}\sigma_{f,m}^{2}+\sigma_{R}^{2}\right)$，其中 $\tau\geqslant K$ 为导频符号长度，p_{p} 为导频发射功率。而对于信道矩阵 $\mathbf{G}$，由于在上行导频训练时受到基站处 DAC 量化的影响，$\delta_{g}=\left(1-\rho_{2}\right)\tau p_{p}\sigma_{g}^{2}\big/\left[\left(1-\rho_{2}\right)\tau p_{p}\sigma_{g}^{2}+\rho_{2}p_{p}K\sigma_{g}^{2}+\sigma_{\mathrm{B}}^{2}\right]$。在匹配滤波预编码下，预编码矩阵可以表示为 $\boldsymbol{A}=\hat{\boldsymbol{G}}^{\mathrm{H}}$、$\boldsymbol{W}=\hat{\boldsymbol{F}}^{\mathrm{H}}$。对式（5.8）进行类似的分析后，可以得到非理想 CSI 下的系统可实现和速率。

定理 5.3： 莱斯衰落信道条件下，对于具有低精度 DAC 的多用户中继辅助大规模 MIMO 下行链路，系统中可实现和速率可以近似表示为

$$R_{\mathrm{U}}^{\mathrm{IP}}\approx\sum_{k=1}^{K}\log_{2}\left(1+\tilde{\gamma}_{\mathrm{U},k}^{\mathrm{IP}}\right)\tag{5.47}$$

其中 $\tilde{\gamma}_{\mathrm{U},k}^{\mathrm{IP}}$ 的表达式为

$$\tilde{\gamma}_{\mathrm{U},k}^{\mathrm{IP}} = \frac{\beta'^2(1-\rho_1)(1-\rho_2)P_{\mathrm{B}}\tilde{S}_{\mathrm{U},k}^{\mathrm{IP}}}{\beta'^2(1-\rho_2)\left[P_{\mathrm{B}}\left((1-\rho_1)\tilde{I}_{\mathrm{U},k}^{\mathrm{IP}}+\rho_1\tilde{N}_{\mathrm{U},k1}^{\mathrm{IP}}\right)+\sigma_{\mathrm{R}}^2\tilde{N}_{\mathrm{U},k2}^{\mathrm{IP}}\right]+\tilde{N}_{\mathrm{U},k3}^{\mathrm{IP}}+\sigma_{\mathrm{U}}^2} \tag{5.48}$$

$$\tilde{S}_{\mathrm{U},k}^{\mathrm{IP}} = N_{\mathrm{B}}N_{\mathrm{R}}\sigma_g^4\sigma_{f,k}^2\left[\left(N_{\mathrm{B}}\iota_{g,k}^2+\eta'_{g,k}\right)\left(N_{\mathrm{R}}\iota_{f,k}^2+\eta'_{f,k}\right)\sigma_{f,k}^2+\sum_{i\neq k}^{K}\mu'_{g,ik}\mu'_{f,ki}\sigma_{f,i}^2\right],$$

$$\tilde{I}_{\mathrm{U},k}^{\mathrm{IP}} = N_{\mathrm{B}}N_{\mathrm{R}}\sigma_g^4\times\sigma_{f,k}^2$$

$$\left\{\sum_{j\neq k}^{K}\left[\left(N_{\mathrm{B}}\iota_{g,j}^2+\eta'_{g,j}\right)\mu'_{f,kj}\sigma_{f,j}^2+\left(N_{\mathrm{R}}\iota_{f,k}^2+\eta'_{f,k}\right)\mu'_{g,kj}\sigma_{f,k}^2+\sum_{i\neq j,k}^{K}\mu'_{g,ij}\mu'_{f,ki}\sigma_{f,i}^2\right]+\right.$$

$$\sum_{j=1}^{K}\iota_{g,j}\times\left[\left(N_{\mathrm{R}}\iota_{f,k}^2+\eta'_{f,k}\right)\left(1-\iota_{g,k}\right)\sigma_{f,k}^2+\sum_{i\neq k}^{K}\mu'_{f,ki}\left(1-\iota_{g,i}\right)\sigma_{f,i}^2\right]+$$

$$\left.\left(1-\iota_{f,k}\right)\sum_{i=1}^{K}\iota_{f,i}\sigma_{f,i}^2\left[N_{\mathrm{B}}\iota_{g,i}^2+\eta'_{g,i}+\sum_{j\neq i}^{K}\mu'_{g,ij}+\left(1-\iota_{g,i}\right)\sum_{j=1}^{K}\iota_{g,j}\right]\right\},$$

$$\tilde{N}_{\mathrm{U},k1}^{\mathrm{IP}} = N_{\mathrm{B}}N_{\mathrm{R}}\sigma_g^4\sigma_{f,k}^2\left[\left(N_{\mathrm{R}}\iota_{f,k}^2+\eta'_{f,k}\right)\left(\eta'_{g,k}+\sum_{j=1}^{K}\iota_{g,j}\right)\sigma_{f,k}^2+\sum_{i\neq k}^{K}\mu'_{f,ki}\left(\eta'_{g,i}+\right.\right.$$

$$\left.\left.\sum_{j=1}^{K}\iota_{g,j}\right)\sigma_{f,i}^2+\left(1-\iota_{f,k}\right)\sum_{i=1}^{K}\iota_{f,i}\sigma_{f,i}^2\left(\eta'_{g,i}+\sum_{j=1}^{K}\iota_{g,j}\right)\right],$$

$$\tilde{N}_{\mathrm{U},k2}^{\mathrm{IP}} = N_{\mathrm{R}}\sigma_{f,k}^2\left[\left(N_{\mathrm{R}}\iota_{f,k}^2+\eta'_{f,k}\right)\sigma_{f,k}^2+\sum_{i\neq k}^{K}\mu'_{f,ki}\sigma_{f,i}^2+\left(1-\iota_{f,k}\right)\sum_{i=1}^{K}\iota_{f,i}\sigma_{f,i}^2\right],$$

$$\tilde{N}_{\mathrm{U},k3}^{\mathrm{IP}} = \beta'^2\rho_2\left[P_{\mathrm{B}}\left((1-\rho_1)B_4+\rho_1B_5\right)+\sigma_{\mathrm{R}}^2B_6\right],$$

$$B_4 = N_{\mathrm{B}}N_{\mathrm{R}}\times\sigma_g^4\sigma_{f,k}^2\left[\eta'_{f,k}\sigma_{f,k}^2\left(N_{\mathrm{B}}\iota_{g,k}^2+\eta'_{g,k}+\sum_{j\neq k}^{K}\mu'_{g,kj}+\left(1-\iota_{g,k}\right)\sum_{j=1}^{K}\iota_{g,j}\right)+\right.$$

$$\left.\sum_{i=1}^{K}\iota_{f,i}\sigma_{f,i}^2\left(N_B\iota_{g,i}^2+\eta'_{g,i}+\sum_{j\neq i}^{K}\mu'_{g,ij}+\left(1-\iota_{g,i}\right)\sum_{j=1}^{K}\iota_{g,j}\right)\right],$$

$$B_5 = N_{\mathrm{B}}N_{\mathrm{R}}\sigma_g^4\sigma_{f,k}^2\left[\eta'_{f,k}\sigma_{f,k}^2\left(\eta'_{g,k}+\sum_{j=1}^{K}\iota_{g,j}\right)+\sum_{i=1}^{K}\iota_{f,i}\sigma_{f,i}^2\left(\eta'_{g,i}+\sum_{j=1}^{K}\iota_{g,j}\right)\right],$$

$$B_6 = N_{\mathrm{R}}\sigma_{f,k}^2\left(\eta'_{f,k}\sigma_{f,k}^2+\sum_{i=1}^{K}\iota_{f,i}\sigma_{f,i}^2\right)。$$

证明：与理想 CSI 情况下类似，根据文献[173]中的引理 5，矩阵 $\hat{\boldsymbol{H}} \in \mathbb{C}^{K \times N_a}$ 任意两行的内积范数的期望为

$$\mathbb{E}\left\{\left|\hat{\boldsymbol{h}}_m \hat{\boldsymbol{h}}_n^{\mathrm{H}}\right|^2\right\} = \begin{cases} N_a\left(N_a \iota_{h,m}^2 + \eta'_{h,m}\right)\sigma_{h,m}^4, & m = n \\ N_a \mu'_{h,mn}\,\sigma_{h,m}^2 \sigma_{h,n}^2, & m \neq n \end{cases} \tag{5.49}$$

其中 $\eta'_{h,m} = \dfrac{\left(2\xi_{h,m} + \delta_{h,m}\right)\delta_{h,m}}{\left(\xi_{h,m}+1\right)^2}$，$\mu'_{h,mn} = \dfrac{\xi_{h,m}\xi_{h,n}\varphi_{h,mn}^2 / N_a + \xi_{f,m}\delta_{h,n} + \xi_{h,m}\delta_{h,n} + \delta_{h,m}\delta_{h,n}}{\left(\xi_{h,m}+1\right)\left(\xi_{h,n}+1\right)}$。同理，可以得到 $\hat{h}_{mn}$ 四次方的期望为 $\mathbb{E}\left\{\left|\hat{h}_{mn}\right|^4\right\} = \left(\iota_{h,m}^2 + \eta'_{h,m}\right)\sigma_{h,m}^4$。受信道估计误差的影响，非理想 CSI 下第 k 个用户接收到的信号可以重写为

$$\begin{aligned} \mathbf{r}_{\mathrm{U},k}^{\mathrm{IP}} &= \beta'\sqrt{(1-\rho_1)(1-\rho_2)P_{\mathrm{B}}}\,\hat{\boldsymbol{f}}_k \hat{\boldsymbol{F}}^{\mathrm{H}} \hat{\boldsymbol{G}} \hat{\boldsymbol{g}}_k^{\mathrm{H}} s_k - \beta'\sqrt{(1-\rho_1)(1-\rho_2)P_{\mathrm{B}}}\,\hat{\boldsymbol{f}}_k \hat{\boldsymbol{F}}^{\mathrm{H}} \Delta\boldsymbol{G} \hat{\boldsymbol{g}}_k^{\mathrm{H}} s_k \\ &\quad -\beta'\sqrt{(1-\rho_1)(1-\rho_2)P_{\mathrm{B}}}\,\Delta\boldsymbol{f}_k \hat{\boldsymbol{F}}^{\mathrm{H}} \boldsymbol{G} \hat{\boldsymbol{g}}_k^{\mathrm{H}} s_k + \beta'\sqrt{(1-\rho_1)(1-\rho_2)P_{\mathrm{B}}}\,\boldsymbol{f}_k \hat{\boldsymbol{F}}^{\mathrm{H}} \boldsymbol{G} \sum_{j\neq k}^{K} \hat{\boldsymbol{g}}_j^{\mathrm{H}} s_j \\ &\quad +\beta'\sqrt{(1-\rho_2)P_{\mathrm{B}}}\,\boldsymbol{f}_k \hat{\boldsymbol{F}}^{\mathrm{H}} \boldsymbol{G} \hat{\boldsymbol{n}}_{\mathrm{B},q} + \beta'\sqrt{1-\rho_2}\,\boldsymbol{f}_k \hat{\boldsymbol{F}}^{\mathrm{H}} \boldsymbol{n}_{\mathrm{R}} + \boldsymbol{f}_k \hat{\boldsymbol{n}}_{\mathrm{R},q} + \boldsymbol{n}_{\mathrm{U},k} \end{aligned} \tag{5.50}$$

此时放大因子 $\beta' = \sqrt{P_{\mathrm{R}} / \left[(1-\rho_1)P_{\mathrm{B}}A_3 + \rho_1 P_{\mathrm{B}} A_4 + \sigma_{\mathrm{R}}^2\right]}$，其中

$$A_3 = \mathrm{tr}\left(\mathbb{E}\left\{\boldsymbol{G}\hat{\boldsymbol{G}}^{\mathrm{H}}\hat{\boldsymbol{G}}\boldsymbol{G}^{\mathrm{H}}\right\}\right) = N_{\mathrm{B}}\sigma_g^4 \sum_{i=1}^{K}\left[N_{\mathrm{B}}\iota_{g,i}^2 + \eta'_{g,i} + \sum_{j\neq i}^{K}\mu'_{g,ji} + \iota_{g,i}\sum_{j=1}^{K}\left(1-\iota_{g,j}\right)\right] \tag{5.51}$$

$$A_4 = \mathrm{tr}\left(\mathbb{E}\left\{\boldsymbol{G}\mathrm{diag}\left(\hat{\boldsymbol{G}}^{\mathrm{H}}\hat{\boldsymbol{G}}\right)\boldsymbol{G}^{\mathrm{H}}\right\}\right) = N_B \sigma_g^4 \sum_{i=1}^{K}\left(\eta'_{g,i} + \sum_{j=1}^{K}\iota_{g,j}\right) \tag{5.52}$$

第 k 个用户获得的信干噪比为

$$\gamma_{\mathrm{U},k}^{\mathrm{IP}} = \frac{\beta'^2(1-\rho_1)(1-\rho_2)P_{\mathrm{B}}S_{\mathrm{U},k}^{\mathrm{IP}}}{\beta'^2(1-\rho_2)\left[P_{\mathrm{B}}\left((1-\rho_1)I_{\mathrm{U},k}^{\mathrm{IP}} + \rho_1 N_{\mathrm{U},k1}^{\mathrm{IP}}\right) + \sigma_{\mathrm{R}}^2 N_{\mathrm{U},k2}^{\mathrm{IP}}\right] + N_{\mathrm{U},k3}^{\mathrm{IP}} + \sigma_{\mathrm{U}}^2} \tag{5.53}$$

其中 $S_{\mathrm{U},k}^{\mathrm{IP}} = \left|\hat{\boldsymbol{f}}_k \hat{\boldsymbol{F}}^{\mathrm{H}} \hat{\boldsymbol{G}} \hat{\boldsymbol{g}}_k^{\mathrm{H}}\right|^2$，$I_{\mathrm{U},k}^{\mathrm{IP}} = \left\|\hat{\boldsymbol{f}}_k \hat{\boldsymbol{F}}^{\mathrm{H}} \Delta\boldsymbol{G}\hat{\boldsymbol{G}}^{\mathrm{H}}\right\|^2 + \left\|\Delta\boldsymbol{f}_k \hat{\boldsymbol{F}}^{\mathrm{H}} \boldsymbol{G}\hat{\boldsymbol{G}}^{\mathrm{H}}\right\|^2 + \sum_{j\neq k}^{K}\left|\hat{\boldsymbol{f}}_k \hat{\boldsymbol{F}}^{\mathrm{H}} \hat{\boldsymbol{G}} \hat{\boldsymbol{g}}_j^{\mathrm{H}}\right|^2$，

$N_{\mathrm{U},k1}^{\mathrm{IP}} = \boldsymbol{f}_k \hat{\boldsymbol{F}}^{\mathrm{H}} \boldsymbol{G}\mathrm{diag}\left(\hat{\boldsymbol{G}}^{\mathrm{H}}\hat{\boldsymbol{G}}\right)\boldsymbol{G}^{\mathrm{H}} \hat{\boldsymbol{F}} \boldsymbol{f}_k^{\mathrm{H}}$，$N_{\mathrm{U},k2}^{\mathrm{IP}} = \left\|\boldsymbol{f}_k \hat{\boldsymbol{F}}^{\mathrm{H}}\right\|^2$，$N_{\mathrm{U},k3}^{\mathrm{IP}} = \boldsymbol{f}_k \boldsymbol{R}'_{\boldsymbol{n}_{\mathrm{R},q}} \boldsymbol{f}_k^{\mathrm{H}}$，$\boldsymbol{R}_{\hat{\boldsymbol{n}}_{\mathrm{R},q}} =$

$\beta'^2 \rho_2\sigma_{\mathrm{R}}^2 \operatorname{diag}\left(\hat{\boldsymbol{F}}^{\mathrm{H}}\hat{\boldsymbol{F}}\right)+\beta'^2(1-\rho_1)\rho_2 P_{\mathrm{B}} \operatorname{diag}\left(\hat{\boldsymbol{F}}^{\mathrm{H}}\boldsymbol{G}\hat{\boldsymbol{G}}^{\mathrm{H}}\hat{\boldsymbol{G}}\boldsymbol{G}^{\mathrm{H}}\hat{\boldsymbol{F}}\right)+\beta'^2 \rho_1\rho_2 P_{\mathrm{B}} \operatorname{diag}$ $\left(\hat{\boldsymbol{F}}^{\mathrm{H}}\boldsymbol{G}\operatorname{diag}\left(\hat{\boldsymbol{G}}^{\mathrm{H}}\hat{\boldsymbol{G}}\right)\boldsymbol{G}^{\mathrm{H}}\hat{\boldsymbol{F}}\right)$。利用式（5.49）的结果，与理想 CSI 下的推导过程类似，可以很容易地得到非理想 CSI 下系统的可实现和速率的闭式表达式，如定理 5.3 所示。

定理 5.3 给出了非理想 CSI 下可实现和速率的闭式表达式。当莱斯因子接近零时，式（5.47）会降为非理想 CSI 下的瑞利衰落信道情况。然而，当莱斯因子接近无穷大时，$\hat{\sigma}_{h,m}^2=\sigma_{h,m}^2$、$\Delta\sigma_{h,m}^2=0$、$\eta'_{h,m}=0$，且 $\mu'_{h,mn}=\varphi_{h,mn}^2/N_a$。这反映出在其他参数不变的情况下，当莱斯因子足够大时，非理想 CSI 下的可实现和速率将趋于固定值。该结论与理想 CSI 下的可实现和速率值一致，这表明在只有视距分量的信道中，无论 CSI 的质量如何，可实现和速率将趋于相同的固定值。

与推论 5.3 类似，随着传输功率的增加，非理想 CSI 下的可实现和速率将受到信号间干扰的限制。注意到信道估计误差主要受导频传输功率 p_p 和中继 DAC 量化位数 b_2 的影响。若中继采用高精度 DAC 量化，即 $b_2\to\infty$，于是 $\delta_g=\tau p_p\sigma_g^2/\left(\tau p_p\sigma_g^2+\sigma_{\mathrm{B}}^2\right)$，此时影响信道估计误差的主要因素是导频传输功率。当 p_p 接近无穷大时，有 $\delta_{f,m}=\delta_g\approx1$、$\hat{\sigma}_{g,m}^2\approx\sigma_g^2$、$\Delta\sigma_{g,m}^2=0$，于是可以得到如下推论：

推论 5.5: 当导频传输功率 p_p 和中继处 DAC 量化位数 b_2 趋近于无穷大时，式（5.48）可进一步近似为

$$\tilde{\gamma}_{\mathrm{U},k}^{\mathrm{IP}}\approx\frac{\beta'^2(1-\rho_1)P_{\mathrm{B}}\tilde{S}_{\mathrm{U},k}}{\beta'^2\left[P_{\mathrm{B}}\left((1-\rho_1)\tilde{I}_{\mathrm{U},k}^{\mathrm{IP}}+\rho_1\tilde{N}_{\mathrm{U},k1}^{\mathrm{IP}}\right)+\sigma_R^2\tilde{N}_{\mathrm{U},k2}^{\mathrm{IP}}\right]+\sigma_{\mathrm{U}}^2} \tag{5.54}$$

推论 5.5 表明，增加导频传输功率和 DAC 量化位数可以有效提高信道估计的准确度。另外，推论 5.5 的结果是理想 CSI 情况下 $\tilde{\gamma}_{\mathrm{U},k}$ 在 $b_2\to\infty$ 时的特例。

5.2.3 仿真结果与分析

在本节中，验证了具有低精度 DAC 的多用户大规模 MIMO 下行链路可实现和速率以及能量效率的近似分析和蒙特卡罗模拟结果。在仿真中，

设置用户数 $K=10$，噪声功率 $\sigma_{\mathrm{R}}^2=2.2\,\mathrm{dB}$、$\sigma_{\mathrm{U}}^2=1.3\,\mathrm{dB}$。通过文献[175]中的类似分析，两跳信道中的大规模衰落分别建模为 $\sigma_g^2=\left(d_{ref}/d_{BR}\right)^{\nu}$、$\sigma_{f,k}^2=\left(d_{ref}/d_{\mathrm{RU},k}\right)^{\nu}$，其中路径损耗 $\nu=2.4$，参考距离 $d_{ref}=100\,\mathrm{m}$，d_{BR} 表示基站与中继之间的距离，$d_{\mathrm{RU},k}$ 表示中继与第 k 个用户之间的距离。建立以米为单位的笛卡儿坐标系，以基站所在的位置为坐标原点(0, 0)，中继坐标为（500, 0)，用户坐标为{(980, 199), (993, 145), (997, 90), (999, 51), (1 002, 22), (1 000, 0), (998, −34), (994, −83), (989, −136), (979, −187)}。同时，在莱斯衰落信道中，假设 $\xi_{h,k}=\xi$，且到达角（Angle-of-Arrival，AoA）$\theta_{h,m}$ 在区间 $\left(-\pi/2,\pi/2\right)$ 内均匀分布。

图 5.2 显示了在不同 DAC 量化位数下可实现和速率随基站天线数 N_{B} 变化的近似分析和蒙特卡罗仿真曲线。仿真中，假定基站和中继的 DAC 量化位数相同，即 $b_1=b_2=b$。设置 $P_{\mathrm{B}}=28\ \mathrm{dB}$，$P_{\mathrm{R}}=25\ \mathrm{dB}$，$\lambda=1$，莱斯因子 $\xi=10\ \mathrm{dB}$。图中的实线和虚线分别表示莱斯和瑞利衰落信道两种情况，对应于定理 5.1 中的结论。从图中可以看出，近似分析和蒙特卡洛仿真曲线非常接近，证实了结果的准确性。随着基站天线数量的增加，可实现和速率也相应增加。DAC 量化位数越大，和速率就越大，但是增长率会放缓。同时，图 5.2 中显示了 DAC 量化精度的降低是以增加天线数量为代价的。这也从另一个方面表明，在低精度 DAC 中，可以通过增加基站天线数量来改善系统性能。

尽管基站和中继处都配备了低精度 DAC，但由于它们在系统中的作用不同，增加相同级别的 DAC 量化位数将带来不同的性能。推论 5.2 对大规模天线阵列下的这种性能差异进行了定性分析，图 5.3 给出了五组不同的 DAC 量化位数对应的可实现和速率变化曲线。在仿真中，设置 $P_{\mathrm{B}}=28\ \mathrm{dB}$，$P_{\mathrm{R}}=25\ \mathrm{dB}$，$\lambda=5$，$\xi=10\ \mathrm{dB}$。以 $N_{\mathrm{B}}=1500$ 为例，与 $\left(b_1,b_2\right)=\left(1,1\right)$ 相比，$\left(b_1,b_2\right)=\left(1,2\right)$ 带来的和速率的提升约为 $\left(b_1,b_2\right)=\left(2,1\right)$ 时的 6.6 倍。由 $\left(b_1,b_2\right)=\left(1,\infty\right)$ 带来的和速率的提升可以达到 $\left(b_1,b_2\right)=\left(\infty,1\right)$ 的 7.5 倍。因此，从可实现和速率的角度来看，与基站相比，增加中继处的 DAC 量化位数更有价值。

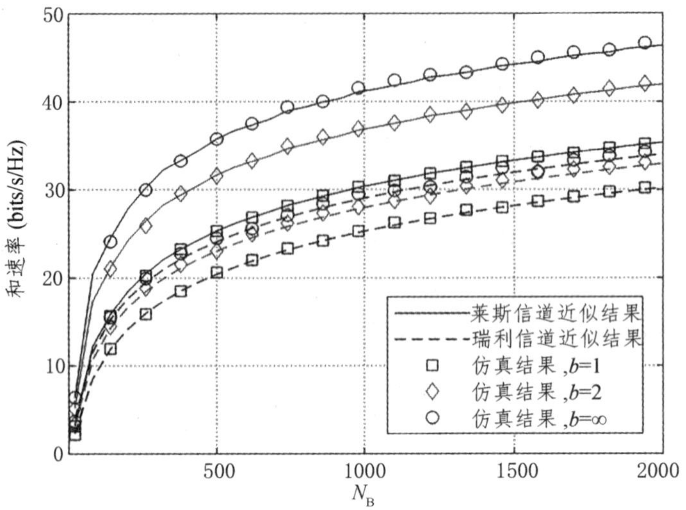

图 5.2　理想 CSI 下不同 DAC 量化位数 b 的和速率与基站天线数 N_B 的变化曲线

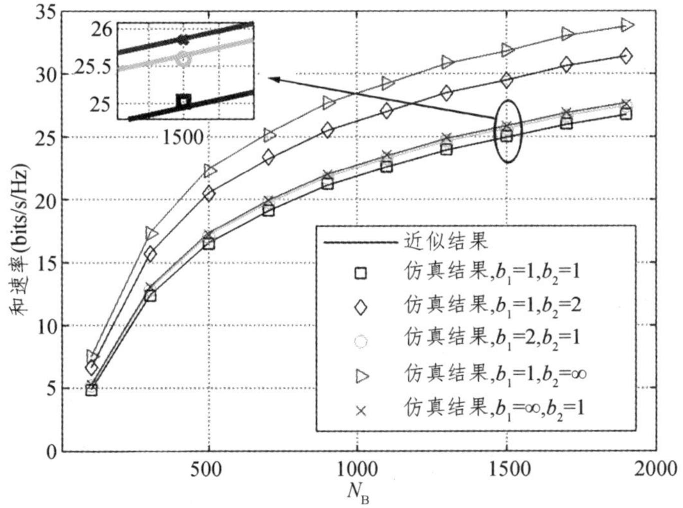

图 5.3　理想 CSI 下不同 DAC 量化位数 b_1 和 b_2 的和速率随基站天线数 N_B 的变化曲线

图 5.4 展示了在理想和非理想 CSI 信道中，不同量化位数 b 下，可实现和速率随发射功率 P_B 变化的近似分析和蒙特卡洛仿真曲线。在仿真中，假

定 $P_B = P_R = 20p_p$，$\tau = K$，$b_1 = b_2 = b$，$N_B = 100$，$\lambda = 1$，莱斯因子 $\xi = 0$ dB。从图中可以看出，当 P_B 较小时，随着发射功率的增加，可实现和速率迅速增加。当发射功率 P_B 继续增加时，与信道中的加性高斯白噪声相比，系统中的量化噪声起主要的限制作用。此时，可实现和速率的增速开始减慢并最终达到饱和点，这与推论 5.3 中的结论一致。另外，从图 5.4 可以看出，提高导频发射功率和 DAC 量化位数可以提高信道估计的精度。

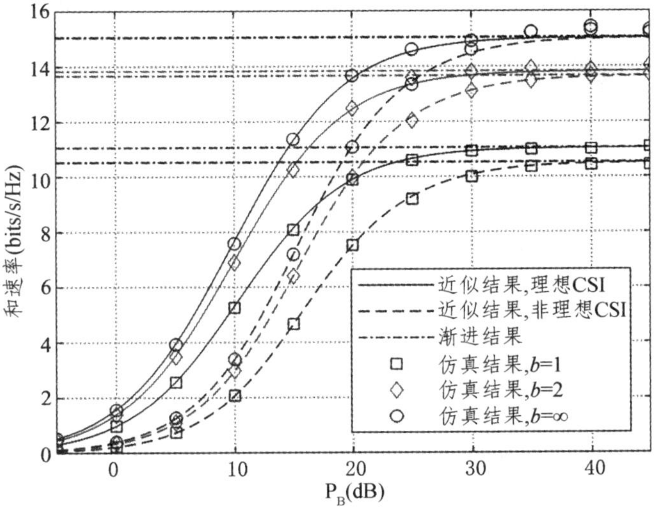

图 5.4　理想和非理想 CSI 下不同 DAC 量化位数 b 的和速率随基站发射功率 P_B 的变化曲线

图 5.5 中展示了在理想和非理想 CSI 信道中，不同 DAC 量化位数 b 下莱斯因子对可实现和速率的影响。仿真设置发射功率 $P_B = 28$ dB，$P_R = 25$ dB，$P_R = 20p_p$，$\tau = K$，$b_1 = b_2 = b$，$N_B = 500$，$\lambda = 5$。图中的渐近下限和上限分别表示莱斯因子为零和无穷大的情况。数值结果表明，在这两种极端情况下，莱斯因子都不是影响系统可实现和速率的主要因素。特别是，当莱斯因子不断增加时，理想 CSI 和非理想 CSI 下可实现和速率将达到相同的定值。此外，图中也显示了莱斯因子对可实现和速率的影响范围有限。

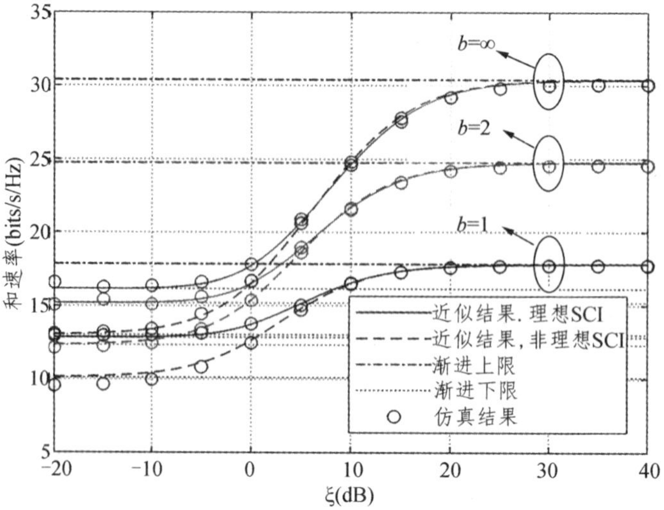

图 5.5　理想和非理想 CSI 下不同 DAC 量化位数 b_1 的和速率随莱斯因子 ξ 的变化曲线

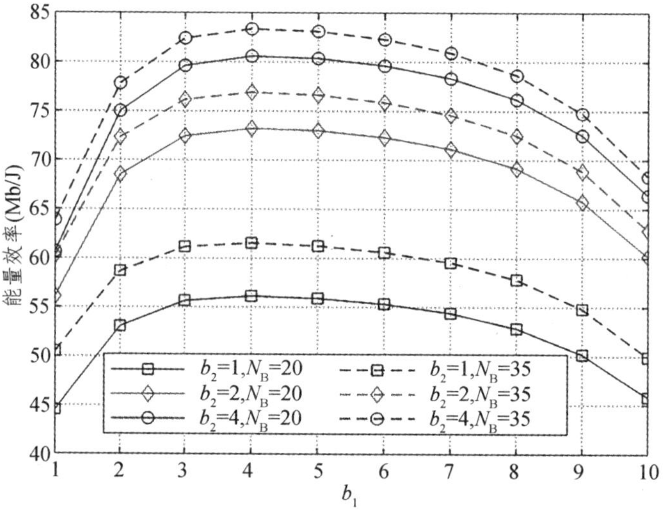

图 5.6　理想 CSI 下不同基站天线数 N_B 和 b_2 的能量效率随 DAC 量化位数 b_1 的变化曲线

在图 5.6 中，比较了理想 CSI 信道中，不同的 b_2 和 N_B 下系统能量效率随 b_1 的变化曲线。仿真中设置 $P_B = 28$ dB，$P_R = 25$ dB，$\lambda = 1$ 和 $\xi = 10$ dB。从图中可以看出，随着 DAC 量化位数的逐渐增加，能量效率先上升后下降，并在 DAC 量化位数为 4 时达到峰值。这是因为 DAC 量化位数对可实现和速率以及功耗有着不同的影响。图 5.2 已经展示出，随着 DAC 量化位数的增加，可实现和速率的增速逐渐变慢。而式（5.32）和式（5.34）显示出系统功耗随 DAC 量化位数的增大呈指数级别增长。具体来说，当 DAC 量化位数从 1 增加到 4 时，可实现和速率的增速要快于系统功耗，因此能量效率呈现上升趋势。当 DAC 量化位数继续增加时，可实现和速率仅略有增加，而功耗却显著增加，因此此时能量效率开始呈现下降趋势。结果表明，适当增加 DAC 量化位数可以改善系统能效，而高精度 DAC 量化不仅不能提高能量效率，反而会造成系统损耗。

为了清晰显示 b_1、b_2 和 N_B 对可实现和速率以及能量效率的影响，图 5.7 在图 5.6 的基础上分析了二者之间的权衡曲线，其中每一条曲线都是由图 5.6 中横坐标 b_1 的值对应的和速率，能量效率构成。从图中可以看出，当 $b_1=4$ 时，系统的能量效率与可实现和速率均达到最大值。随后，随着量化位数的增加，可实现和速率几乎保持不变，而能量效率急剧下降。因此，在本章中提出的大规模 MIMO 中继辅助下行链路中，较低精度的 DAC 量化不仅可以带来可观的能量效率，还可以确保可观的和速率。

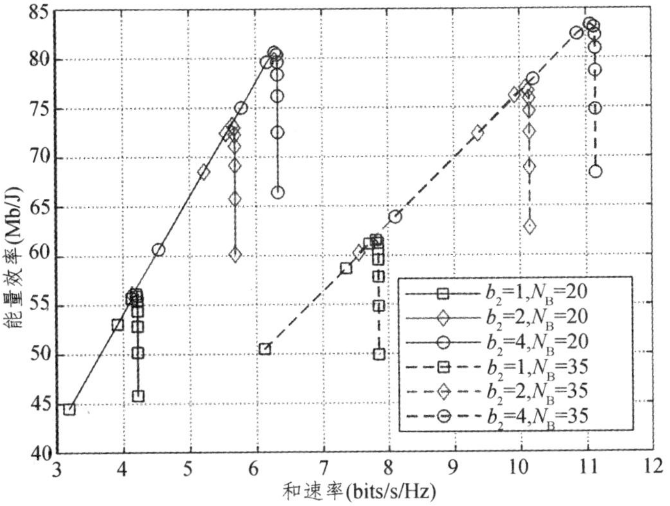

图 5.7 理想 CSI 下不同基站天线数 N_B 和 b_2 的和速率与能量效率之间的权衡曲线

图 5.8 显示了在几组不同的功率缩放水平下，可实现和速率与天线数量间的关系曲线。仿真中设置 $E_B=38$ dB，$E_R=45$ dB，$\lambda=2$，$b_1=b_2=\infty$，

$\xi=0$ dB。根据定理 5.2 中的分析，取(m,n)为（1.5, 1.5）、（2, 1）、（1, 2）、（2, 2）、（2.5, 2.5）五组数据进行验证。显然，近似曲线所示的结果最终都趋近于渐近曲线，这证明了定理 5.2 中结论的准确性。从图中还可以看出，在$m<2$和$n<2$时进行功率缩放，可以获得最佳性能。相反，当$m>2$或$n>2$时，随着N_B的增加，发射功率被严重抑制，导致可实现和速率持续降低，最终衰减为零。在其他三种情况下，可实现和速率都会受到不同程度的抑制。

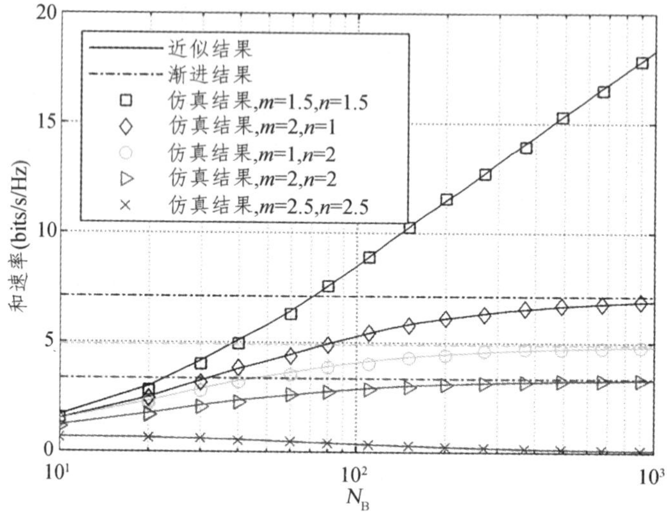

图 5.8　理想 CSI 下不同功率缩放情况的和速率随基站天线数量N_B的变化曲线

图 5.9 验证了局部最优功率分配方案的结论，其中用圆圈标记点的横坐标表示在该情况下由式（5.45）得出的最优功率分配因子。在仿真中，设置总发射功率$P_T=10$ dB，$N_B=250$，$\lambda=1$，$b_1=b_2=b$，$\xi=10$ dB，并设置了两组不同中继位置的结果作对比。从图中可以看出，当d_{BR}不变时，DAC 量化位数b的变化对α^*几乎没有影响，但有助于改善用户获得的信干噪比。在总发射功率较低和其他参数不变的情况下，基站和中继之间的距离d_{BR}对α^*具有很大影响。当中继处于基站和用户间的中间位置，此时$\alpha^*\approx0.25$，即当$P_R\approx3P_B$时可以获得最高的信干噪比。随着基站逐渐接近用户一侧时，获得最高信干噪比所需的中继发射功率P_R开始减少。此外，以$b=\infty$为例，与$d_{BR}=500$ m 相比，$d_{BR}=700$ m 时用户获得的信干噪比增加了约 37%。

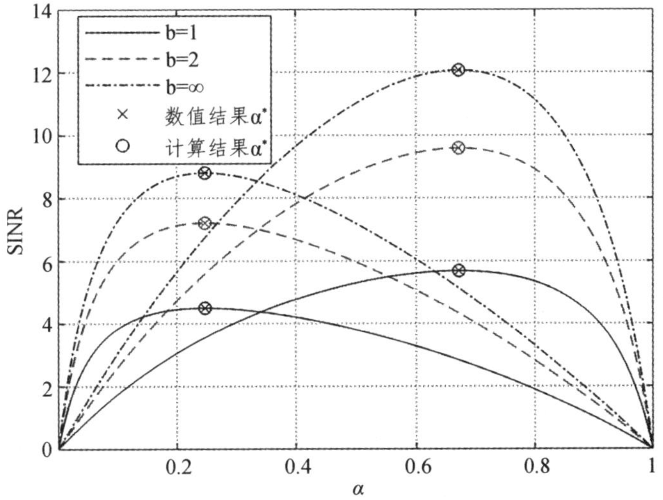

图 5.9　完美 CSI 下的 SINR 随功率分配因子 α 的变化曲线

5.3　毫米波车载中继混合预编码系统结构

5.3.1　信号传输模型

在毫米波中继系统中，全连接的中继混合预编码结构如图 5.10 所示。中继节点相比源节点与目的节点结构更为复杂，其中包括接收模拟预编码器 $\mathbf{G}_{\mathrm{R}}$、基带数字预编码器 $\mathbf{G}_{\mathrm{BB}}$、发送预编码器 $\mathbf{G}_{\mathrm{T}}$，接收端配备 $N_{\mathrm{r}}^{\mathrm{R}}$ 根天线与 $N_{\mathrm{RF}}^{\mathrm{R}}$ 个接收 RF 链，发送端配备 $N_{\mathrm{r}}^{\mathrm{T}}$ 根天线与 $N_{\mathrm{RF}}^{\mathrm{T}}$ 个发送 RF 链。

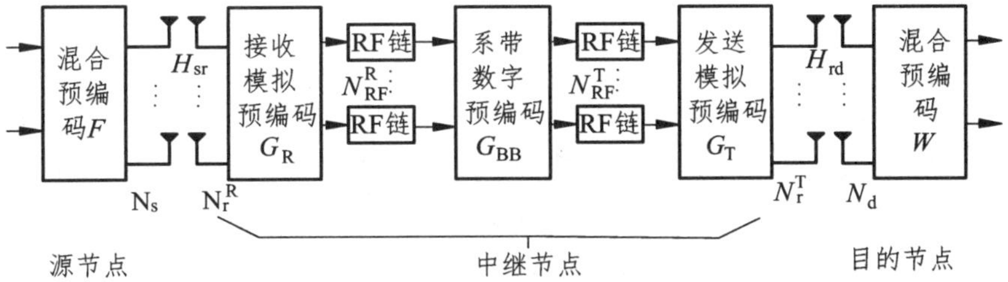

图 5.10　中继节点混合预编码模型

假设基站源节点使用 N_{S} 根天线与 $N_{\mathrm{RF}}^{\mathrm{S}}$ 个 RF 链对 L_{S} 个数据流进行多流传输，且满足 $L_{\mathrm{S}} \leqslant N_{\mathrm{RF}}^{\mathrm{S}} \leqslant N_{\mathrm{S}}$，则数据流通过混合预编码器 $\boldsymbol{F}=\boldsymbol{F}_{\mathrm{RF}}\boldsymbol{F}_{\mathrm{BB}}$（模拟预

编码器 $\boldsymbol{F}_{\mathrm{RF}} \in \mathbb{C}^{N_{\mathrm{S}} \times N_{\mathrm{RF}}^{\mathrm{S}}}$ 、数字预编码器 $\boldsymbol{F}_{\mathrm{BB}} \in \mathbb{C}^{N_{\mathrm{RF}}^{\mathrm{S}} \times N_{\mathrm{RF}}^{\mathrm{S}}}$ ）进行处理后发送，中继端接收到的信号表示为

$$x_{\mathrm{r}} = \sqrt{P_{\mathrm{r}}} \boldsymbol{H}_{\mathrm{sr}} \boldsymbol{F}_{\mathrm{RF}} \boldsymbol{F}_{\mathrm{BB}} \boldsymbol{s} + \boldsymbol{n}_{\mathrm{sr}} = \sqrt{P_{\mathrm{r}}} \boldsymbol{H}_{\mathrm{sr}} \boldsymbol{F} \boldsymbol{s} + \boldsymbol{n}_{\mathrm{sr}} \tag{5.55}$$

其中，$\boldsymbol{s}$ 为发射信号，满足 $\mathbb{E}\{\boldsymbol{s}\boldsymbol{s}^{\mathrm{H}}\} = \boldsymbol{I}_{L_{\mathrm{S}}} / L_{\mathrm{S}}$；$\boldsymbol{H}_{\mathrm{sr}}$ 为源节点到中继节点的毫米波信道矩阵；$\boldsymbol{n}_{\mathrm{sr}}$ 为满足复高斯分布的噪声矩阵，即 $\boldsymbol{n}_{\mathrm{sr}} \in \mathcal{CN}(\boldsymbol{0}, \sigma_{\mathrm{sr}}^2 \boldsymbol{I})$；混合预编码矩阵满足功率约束 $\|\boldsymbol{F}\|_F^2 = L_{\mathrm{S}}$。

中继节点将接收到的信号分别通过接收端模拟预编码器 $\boldsymbol{G}_{\mathrm{R}} \in \mathbb{C}^{N_{\mathrm{r}}^{\mathrm{R}} \times N_{\mathrm{RF}}^{\mathrm{R}}}$ 、基带数字预编码器 $\boldsymbol{G}_{\mathrm{BB}} \in \mathbb{C}^{N_{\mathrm{RF}}^{\mathrm{R}} \times N_{\mathrm{RF}}^{\mathrm{R}}}$ 、发送端模拟预编码器 $\boldsymbol{G}_{\mathrm{T}} \in \mathbb{C}^{N_{\mathrm{t}}^{\mathrm{R}} \times N_{\mathrm{RF}}^{\mathrm{R}}}$ 进行处理，通过发射端天线发送至目的节点，目的节点接收到的信号表示为

$$x_{\mathrm{d}} = \sqrt{P_{\mathrm{d}}} \mathbf{H}_{\mathrm{rd}} \mathbf{G}_{\mathrm{T}} \mathbf{G}_{\mathrm{BB}} \mathbf{G}_{\mathrm{R}}^{\mathrm{H}} x_{\mathrm{r}} + \mathbf{n}_{\mathrm{rd}} = \sqrt{P_{\mathrm{d}}} \mathbf{H}_{\mathrm{rd}} \mathbf{G} x_{\mathrm{r}} + \mathbf{n}_{\mathrm{rd}} \tag{5.56}$$

其中，$\boldsymbol{G} = \boldsymbol{G}_{\mathrm{T}} \boldsymbol{G}_{\mathrm{BB}} \boldsymbol{G}_{\mathrm{R}}^{\mathrm{H}}$ 为中继端混合预编码矩阵；$\boldsymbol{H}_{\mathrm{rd}}$ 为中继端到目的端毫米波信道矩阵；$\boldsymbol{n}_{\mathrm{rd}}$ 为满足复高斯分布的噪声矩阵，即 $\boldsymbol{n}_{\mathrm{rd}} \in \mathcal{CN}\left(\boldsymbol{0}, \sigma_{\mathrm{rd}}^2 \boldsymbol{I}\right)$。

目的节点采用最小均方误差准则接收，其与源节点呈对称结构，即其配置 N_{d} 根天线与 $N_{\mathrm{RF}}^{\mathrm{d}}$ 个 RF 链。用户接收到并且处理后的信号表示为

$$y = \boldsymbol{W}^{\mathrm{H}} x_{\mathrm{d}} \tag{5.57}$$

其中，$\boldsymbol{W} = \boldsymbol{W}_{\mathrm{RF}} \boldsymbol{W}_{\mathrm{BB}}$ 表示目的端混合预编码器，$\boldsymbol{W}_{\mathrm{RF}} \in \mathbb{C}^{N_{\mathrm{d}} \times N_{\mathrm{RF}}^{\mathrm{d}}}$ 为接收模拟预编码器，$\boldsymbol{W}_{\mathrm{BB}} \in \mathbb{C}^{N_{\mathrm{RF}}^{\mathrm{d}} \times N_{\mathrm{RF}}^{\mathrm{d}}}$

5.3.2　完美 CSI 下毫米波信道模型

毫米波信道通常为集群信道，并且具有可由低阶矩阵表示的稀疏结构。本节采用 Saleh–Valenzuela 信道模型[74]，以体现毫米波通信的信道特性，并假设信道条件已经通过提前发送的导频完全获取。源节点至中继节点信道以及中继节点至目的节点信道分别表示为

$$\boldsymbol{H}_{\mathrm{sr}} = \sum_{l=1}^{L_{\mathrm{h}}} \alpha_l \boldsymbol{a}_l^{\mathrm{R}}\left(\theta_l^{\mathrm{R}}\right)\left(\boldsymbol{a}_l^{\mathrm{S}}\left(\theta_l^{\mathrm{S}}\right)\right)^{\mathrm{H}} \tag{5.58}$$

$$\boldsymbol{H}_{\mathrm{rd}} = \sum_{l=1}^{L_{\mathrm{g}}} \gamma_l \boldsymbol{a}_l^{\mathrm{R}}\left(\beta_l^{\mathrm{R}}\right)\left(\boldsymbol{a}_l^{\mathrm{D}}\left(\beta_l^{\mathrm{D}}\right)\right)^{\mathrm{H}} \tag{5.59}$$

其中，L_{h} 与 L_{g} 为上述两信道传播路径数；α_l 与 γ_l 为各自信道传输过程中的增益；$\boldsymbol{a}_l^{\mathrm{R}}$ 、$\boldsymbol{a}_l^{\mathrm{S}}$ 、$\boldsymbol{a}_l^{\mathrm{D}}$ 为各自信道发送与接收方位角。

本节采用均匀平面天线阵列。水平方向具有间距为 d_{x} 的 N 个天线，其阵列响应矢量可以表示为

$$\boldsymbol{a}_{\mathrm{x}}^{\zeta}(\theta)=\frac{1}{\sqrt{N_{\zeta}}}\left[1,\mathrm{e}^{\mathrm{j}\frac{2\pi}{\lambda}d_{\mathrm{x}}\sin(\theta)},\mathrm{e}^{\mathrm{j}\frac{4\pi}{\lambda}d_{\mathrm{x}}\sin(\theta)},\ldots,\mathrm{e}^{\mathrm{j}(N_{\zeta}-1)\frac{2\pi}{\lambda}d_{\mathrm{x}}\sin(\theta)}\right]^{\mathrm{T}} \tag{5.60}$$

垂直方向具有间距为 d_{y} 的 M 个天线，其阵列响应矢量可以表示为

$$\boldsymbol{a}_{\mathrm{y}}^{\zeta}(\theta)=\frac{1}{\sqrt{M_{\zeta}}}\left[1,\mathrm{e}^{\mathrm{j}\frac{2\pi}{\lambda}d_{\mathrm{y}}\sin(\theta)},\mathrm{e}^{\mathrm{j}\frac{4\pi}{\lambda}d_{\mathrm{y}}\sin(\theta)},\ldots,\mathrm{e}^{\mathrm{j}(M_{\zeta}-1)\frac{2\pi}{\lambda}d_{\mathrm{y}}\sin(\theta)}\right]^{\mathrm{T}} \tag{5.61}$$

其中，λ 为波长，$\zeta\in\{\mathrm{S},\mathrm{R},\mathrm{D}\}$ 为各节点集合。

5.4 频谱效率优先的离散车载中继混合预编码设计及性能分析

5.4.1 离散车载中继混合预编码设计

针对中继混合预编码问题，通过联合公式（5.57）与公式（5.58），则毫米波中继大规模 MIMO 系统的频谱效率可以表示为

$$R=\log_2\left|\boldsymbol{I}_{L_{\mathrm{S}}}+\frac{P}{L_{\mathrm{S}}}[\boldsymbol{R}_{\mathrm{s}}]\times[\boldsymbol{R}_{\mathrm{s}}]^{\mathrm{H}}\times\boldsymbol{R}_{\mathrm{n}}^{-1}\right| \tag{5.62}$$

其中，$\boldsymbol{R}_{\mathrm{s}}=\boldsymbol{W}^{\mathrm{H}}\boldsymbol{H}_{\mathrm{rd}}\boldsymbol{G}\boldsymbol{H}_{\mathrm{sr}}\boldsymbol{F}$ 为有效接收信号的协方差矩阵；$\boldsymbol{R}_{\mathrm{n}}$ 为噪声和干扰的协方差矩阵。具体表示为

$$\boldsymbol{R}_{\mathrm{n}}=\sigma^2\left[\left(\boldsymbol{W}^{\mathrm{H}}\boldsymbol{H}_{\mathrm{rd}}\boldsymbol{G}\right)\left(\boldsymbol{W}^{\mathrm{H}}\boldsymbol{H}_{\mathrm{rd}}\boldsymbol{G}\right)^{\mathrm{H}}+\boldsymbol{W}^{\mathrm{H}}\boldsymbol{W}\right] \tag{5.63}$$

为了求得最大化的系统频谱效率，需要对所有的模拟与数字预编码器进行联合设计。模拟预编码器通过使用移相器对相位进行调整，将移相器的值量化为以 $\delta=2\pi/2^B$ 为量化单位的具有 2^B 个有限数量元素的量化集合 $\boldsymbol{\Phi}$。该集合表示为

$$\boldsymbol{\Phi} \triangleq \left\{0,\delta,2\delta,\ldots,\left(2^{B}-1\right)\delta\right\} \tag{5.64}$$

其中，B 为最大量化精度。根据量化移相器的取值，所有模拟预编码器中 m 行 n 列元素的恒模约束转变为

$$\begin{cases} \boldsymbol{Q} \triangleq \left\{1,\mathrm{e}^{\mathrm{j}\delta},\mathrm{e}^{\mathrm{j}2\delta},\ldots,\mathrm{e}^{\mathrm{j}(2^{B}-1)\delta}\right\} \\ \left(\boldsymbol{\Gamma}\right)_{n,m} \in \boldsymbol{Q} \end{cases} \tag{5.65}$$

其中，$\boldsymbol{\Gamma}$ 为所有模拟预编码器的集合。通过使用量化移相器且在系统总功率的约束下，中继混合预编码优化问题可以转化为

$$\begin{aligned} \max_{\boldsymbol{F},\boldsymbol{G},\boldsymbol{W}} \quad & R\left(\boldsymbol{F},\boldsymbol{G},\boldsymbol{W}\right) \\ \text{s.t.} \quad & \operatorname{tr}\left(\boldsymbol{F}\boldsymbol{F}^{\mathrm{H}}\right) \leqslant P_{\mathrm{r}} \\ & \operatorname{tr}\left(\boldsymbol{G}(\boldsymbol{H}_{\mathrm{sr}}\boldsymbol{F}\boldsymbol{F}^{\mathrm{H}}\boldsymbol{H}_{\mathrm{sr}}^{\mathrm{H}}+\sigma_{\mathrm{n}}^{2}\boldsymbol{I}_{N_{\mathrm{d}}})\boldsymbol{G}^{\mathrm{H}}\right) \leqslant P_{\mathrm{R}} \\ & \left(\boldsymbol{F}_{\mathrm{RF}}\right)_{m,n} \in \boldsymbol{Q},\quad \left(\boldsymbol{W}_{\mathrm{RF}}\right)_{m,n} \in \boldsymbol{Q} \\ & \left(\boldsymbol{G}_{\mathrm{T}}\right)_{m,n} \in \boldsymbol{Q},\quad \left(\mathrm{G}_{\mathrm{R}}\right)_{m,n} \in \boldsymbol{Q} \end{aligned} \tag{5.66}$$

为了求得公式（5.66）中的最大化频谱效率，需要设计每个节点的混合预编码器。其中源节点与目的节点的优化问题为传统点对点优化问题，其约束条件仅与其自身节点预编码矩阵有关，而与其他节点的预编码矩阵无关。因此，可以通过迭代算法来对源节点与目的节点的优化问题进行求解，如采用基于几何平均分解算法求得源节点与目的节点的混合预编码矩阵 $\boldsymbol{F}$ 和 $\boldsymbol{W}$ 。故本节将主要针对中继节点的量化进行求解，不对源节点与目的节点进行赘述。

将联合优化问题（5.66）进行解耦，分离各个节点的恒模约束与功率约束，其中分离重构后的中继节点优化问题表示如下：

$$\begin{aligned} \max_{\boldsymbol{G}} \quad & R=\log_{2}\left|\boldsymbol{I}_{L_{\mathrm{S}}}+\frac{P}{L_{\mathrm{S}}}\boldsymbol{R}_{\mathrm{s}}\boldsymbol{R}_{\mathrm{s}}^{\mathrm{H}}\boldsymbol{R}_{\mathrm{n}}^{-1}\right| \\ \text{s.t.} \quad & \operatorname{tr}\left(\boldsymbol{G}(\boldsymbol{H}_{\mathrm{sr}}\boldsymbol{F}\boldsymbol{F}^{\mathrm{H}}\boldsymbol{H}_{\mathrm{sr}}^{\mathrm{H}}+\sigma_{\mathrm{n}}^{2}\boldsymbol{I}_{N_{\mathrm{d}}})\boldsymbol{G}^{\mathrm{H}}\right) \leqslant P_{\mathrm{R}} \\ & \left(\boldsymbol{G}_{\mathrm{T}},\ \boldsymbol{G}_{\mathrm{R}}\right)_{m,n} \in \boldsymbol{Q} \end{aligned} \tag{5.67}$$

其中，目标函数设置为最大化该系统频谱效率，优化约束为中继节点的功率约束与中继节点模拟预编码器的恒模约束。

针对所分解出的中继端混合预编码优化问题，由于该优化问题需要对三个预编码矩阵进行联合优化，并且该优化问题同时具有恒模约束与功率约束的非凸约束条件，因此对混合预编码问题分离非凸约束与功率约束，并基于稀疏近似方法进行求解。暂不考虑模拟预编码器的量化影响，并将优化问题转换为范数最小化问题，即

$$\begin{aligned} \min_{\boldsymbol{G}} \quad & \| \boldsymbol{G}_{\text{opt}} - \boldsymbol{G}_{\text{T}}\boldsymbol{G}_{\text{BB}}\boldsymbol{G}_{\text{R}}^{\text{H}} \|_{\text{F}} \\ \text{s.t.} \quad & \text{tr}\left(\boldsymbol{G}(\boldsymbol{H}_{\text{sr}}\boldsymbol{F}\boldsymbol{F}^{\text{H}}\boldsymbol{H}_{\text{sr}}^{\text{H}} + \sigma_{\text{n}}^2\boldsymbol{I}_{N_{\text{d}}})\boldsymbol{G}^{\text{H}}\right) \leqslant P_{\text{R}} \\ & \boldsymbol{G}_{\text{T}} \in \left\{\boldsymbol{a}_l^{\text{Rr}}, \forall l\right\}, \boldsymbol{G}_{\text{R}} \in \left\{\boldsymbol{a}_l^{\text{Rt}}, \forall l\right\} \end{aligned} \tag{5.68}$$

其中，$\boldsymbol{G}_{\text{opt}}$ 为无约束最佳预编码矩阵；$\boldsymbol{a}_l^{\text{Rt}}$ 与 $\boldsymbol{a}_l^{\text{Rr}}$ 为中继节点发送与接收天线响应矢量。定义信道矩阵 $\boldsymbol{H}_i$ 的奇异值分解为 $\boldsymbol{H}_i = \boldsymbol{U}_i\boldsymbol{\Sigma}_i\boldsymbol{V}_i^{\text{H}}$，其中 $i \in \{\text{sr}, \text{rd}\}$，$\boldsymbol{U}_i$ 为左奇异值酉矩阵，$\boldsymbol{V}_i$ 为右奇异值酉矩阵，$\boldsymbol{\Sigma}_i$ 为单位的对角矩阵。

将无约束的奇异值分解预编码矩阵 $\boldsymbol{G}_{\text{opt}} = \boldsymbol{G}_{\text{T}}^{\text{opt}}\boldsymbol{G}_{\text{R}}^{\text{optH}}$ 作为目标矩阵，其中 $\boldsymbol{G}_{\text{T}}^{\text{opt}}$ 由奇异值分解后的中继到目的端的信道 $\boldsymbol{H}_{\text{rd}}$ 的右奇异向量构成，$\boldsymbol{G}_{\text{R}}^{\text{opt}}$ 由源节点到中继的信道 $\boldsymbol{H}_{\text{sr}}$ 的左奇异值组成。将模拟预编码矩阵带入，其问题可以转化为[176]

$$\begin{aligned} \boldsymbol{G}_{\text{BB}}^{\text{opt}} = \; & \underset{\boldsymbol{G}}{\text{argmin}} \left\| \boldsymbol{G}_{\text{opt}} - \boldsymbol{A}_{\text{T}}\tilde{\boldsymbol{G}}_{\text{BB}}\boldsymbol{A}_{\text{R}}^{\text{H}} \right\|_{\text{F}} \\ \text{s.t.} \quad & \text{tr}\left(\tilde{\boldsymbol{G}}(\boldsymbol{H}_{\text{sr}}\boldsymbol{F}\boldsymbol{F}^{\text{H}}\boldsymbol{H}_{\text{sr}}^{\text{H}} + \sigma_{\text{n}}^2\boldsymbol{I}_{N_{\text{d}}})\tilde{\boldsymbol{G}}^{\text{H}}\right) \leqslant P_{\text{R}} \\ & \left\| \text{diag}\left(\tilde{\boldsymbol{G}}_{\text{BB}}\tilde{\boldsymbol{G}}_{\text{BB}}^{\text{H}}\right) \right\|_0 = N_{\text{RF}}^{\text{R}} \end{aligned} \tag{5.69}$$

其中，$\tilde{\boldsymbol{G}} = \boldsymbol{A}_{\text{T}}\tilde{\boldsymbol{G}}_{\text{BB}}\boldsymbol{A}_{\text{R}}^{\text{H}}$；$\boldsymbol{A}_{\text{T}}$ 与 $\boldsymbol{A}_{\text{R}}$ 为天线阵列响应向量矩阵的辅助矩阵；稀疏约束 $\left\| \text{diag}\left(\tilde{\boldsymbol{G}}_{\text{BB}}\tilde{\boldsymbol{G}}_{\text{BB}}^{\text{H}}\right) \right\|_0 = N_{\text{RF}}^{\text{R}}$ 表示 $\tilde{\boldsymbol{G}}_{\text{BB}}$ 是由 $\boldsymbol{G}_{\text{BB}}$ 组成的具有 N_{RF}^{R} 个非零行的稀疏矩阵。

通过优化公式（5.68）可以求得最佳数字预编码矩阵与最佳模拟预编码矩阵。然而其所求得的模拟预编码矩阵仍然是基于无限量化精度移相器，因此需要对模拟预编码器进行量化。定义量化函数

$$\hat{\tau}_{m,n} = \boldsymbol{Q}\left(\tau_{m,n}\right) = \left(\underset{\zeta \in \{0,1,\ldots,2^B-1\}}{\text{minimize}} \left| \tau_{m,n} - \zeta\delta \right| \right)\delta \tag{5.70}$$

其中，$\hat{\tau}_{m,n}$ 为 $\tau_{m,n}$ 的量化值；量化器 $\boldsymbol{Q}$ 将输入的 $\tau_{m,n}$ 量化为距离量化集合 $\boldsymbol{\Phi}$

最近的一个点后并输出量化值 $\hat{\tau}_{m,n}$ 。将模拟预编码器的每一个元素分别通过量化器，以此得到量化后的模拟预编码矩阵。

与点对点系统不同的是，中继混合预编码稀疏近似问题具有两个天线阵列响应矩阵，并且需要对其进行联合求解。本文所提出的求解算法主要步骤如下：

（1）将接收天线响应矩阵 $\boldsymbol{A}_{\mathrm{R}}$ 中与残差矩阵 $\bar{\boldsymbol{G}}$ 最相关的行 r 赋值于接收模拟预编码矩阵 $\boldsymbol{G}_{\mathrm{R}}$ 。

（2）根据公式（5.70）对获取的接收模拟预编码矩阵 $\boldsymbol{G}_{\mathrm{R}}$ 中每个元素进行量化处理，并重构 $\boldsymbol{G}_{\mathrm{R}}$ 。

（3）将发送天线响应矩阵 $\boldsymbol{A}_{\mathrm{T}}$ 与接收模拟预编码矩阵 $\boldsymbol{G}_{\mathrm{R}}$ 和残差 $\bar{\boldsymbol{G}}$ 共同相关的列 c，赋值于发送模拟预编码矩阵 $\boldsymbol{G}_{\mathrm{T}}$ 。

（4）通过与接收端相同的量化方式对 $\boldsymbol{G}_{\mathrm{T}}$ 进行量化。

（5）根据最小二乘原理对中继数字预编码矩阵求解。

（6）通过计算无约束预编码器与混合预编码器之间归一化距离来对残差进行更新。

（7）对功率约束进行设计。

本算法通过步骤 2、步骤 4 进行迭代求解混合预编码矩阵，其中步骤 2 的时间复杂度为 $T_{\mathrm{r}}=O(2^{\hat{B}_{\mathrm{r}}}N_{\mathrm{r}}^{\mathrm{R}}\hat{N}_{\mathrm{RF}})$，步骤 4 的时间复杂度为 $T_{\mathrm{t}}=O(2^{\hat{B}_{\mathrm{t}}}N_{\mathrm{t}}^{\mathrm{R}}\hat{N}_{\mathrm{RF}})$。通过利用步骤 1 与步骤 3 进行外部迭代，其功能为将模拟预编码矩阵中每一列进行单独投影计算，其复杂度为 $O(\hat{N}_{\mathrm{RF}}\times\max(T_{\mathrm{r}},T_{\mathrm{t}}))$。综合计算步骤 1、步骤 2、步骤 3、步骤 4 的时间复杂度，则系统总的时间复杂度为 $O(2^{\hat{B}}\hat{N}\hat{N}_{\mathrm{RF}}^{2})$，其中，$\hat{B}=\max(\hat{B}_{\mathrm{r}},\hat{B}_{\mathrm{t}})$ 为中继接收端与发送端之间最大量化精度；$\hat{N}=\max(N_{\mathrm{r}}^{\mathrm{R}},N_{\mathrm{t}}^{\mathrm{R}})$ 为中继接收端与中继发送端之间最大天线数。

5.4.2　数值分析结果

为了验证提出的离散中继混合预编码算法的有效性，本节通过使用 MATLAB 对毫米波中继系统的频谱效率进行仿真分析。信道设置参数设置如表 5.2 所示。

表 5.2　系统参数设置

系统参数	仿真值
天线间距 d	0.5λ
信道路径数 L	8
信道中散射体个数 N_{ray}	10
方位角	均匀分布在 $[0,2\pi]$
AOA/AOD 仰角	均匀分布在 $[-2\pi,2\pi]$
噪声均方误差 σ_{sr} 、 σ_{rd}	$\sigma_{sr}=\sigma_{rd}=1$
源节点天线数 N_t	64
目的节点天线数 N_r	36

图 5.11 为在输入不同信噪比的情况下，不同数据流中不同量化精度的中继混合预编码的频谱效率变化曲线，其中中继节点发送端与接收端采用同一量化精度。由图可知，当信息流数一定时，随着量化精度的提高，系统的频谱效率也越来越高，但当量化精度增大到 4 bit 时频谱效率将不会大幅度增长。同时，增加信息流数能够明显提升系统的频谱效率。因此得益于量化预编码算法通过每次迭代对量化所造成的性能损耗进行了补偿，混合预编码器能够采用较低量化精度移相器就能够达到最大化的量化频谱效率。由于中继节点混合预编码器需要同时对中继的接收端和发送端进行量化处理，因此量化后的混合预编码器与不进行量化的混合预编码器的效果有一定差距。

图 5.12 为信息流数与 RF 链个数相同时，中继接收端与中继发送端单独进行量化时频谱效率随 SNR 变化曲线。如图所示，当采用同样量化精度时，量化后的接收端比量化后的发送端对频谱效率影响更大。同时，从单独量化的发送端来看，当量化精度为 1bit 时，其频谱效率与无限精度的混合预编码器具有一定差距；当量化精度为 4bit 时，已经较为接近无限精度的混合预编码器。当对中继节点的混合预编码器进行求解时，需要先对接收端进行量化求解，而发送端是根据量化后的接收端所进行的优化，并且通过迭代求解将量化损耗降为更低，因此后进行量化求解的发送端具有较少的量化损耗。

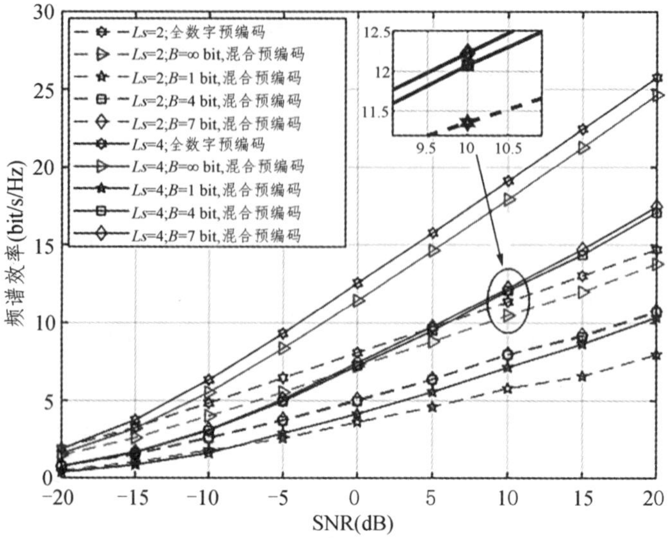

图 5.11　不同数据流下频谱效率随 SNR 变化曲线

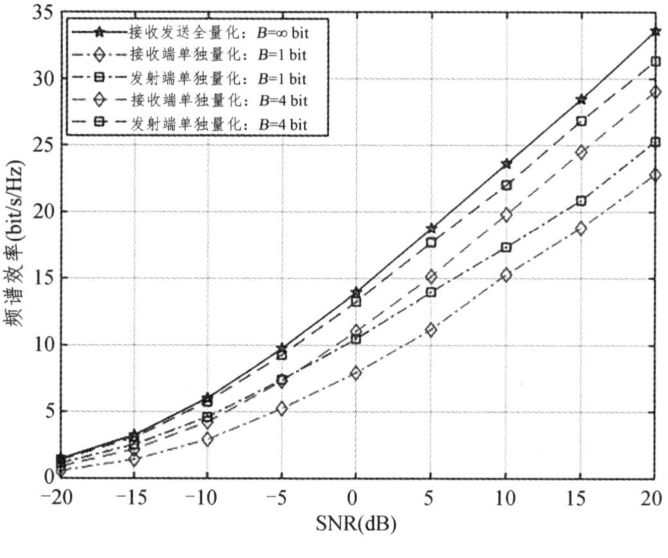

图 5.12　分部量化下的频谱效率随 SNR 变化曲线

图 5.13 所示为在不同量化精度下，使用不同 RF 链的情况下对系统的频谱效率的影响。其中，系统信噪比为 0 dB[35]，数据流 $L_S = 2$，中继接收端与发送端采用同样个数的 RF 链。如图所示，当 RF 链的数量小于 5 时，

不同量化精度的离散化中继预编码的频谱效率都随着 RF 链的增加而增加。同时，当 RF 链的个数由 2 增加到 3 时，系统频谱效率显著增加。此外，当 RF 链增加到一定数量以后，系统的性能逐渐稳定，添加更多的 RF 链不会提高系统的性能，而同时功耗却会增多。

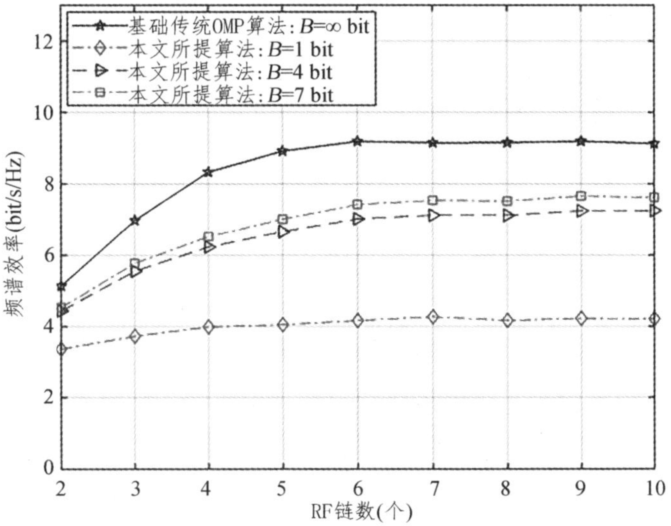

图 5.13　不同量化精度下频谱效率随 RF 链数变化曲线

图 5.14 所示为在不同量化精度下，使用不同天线数的情况对系统的频谱效率的影响。其中数据流 $L_S = 8$，中继发送端与中继接收端采用同样个数的 RF 链与天线。如图所示，当天线的数量小于 50 时，不同量化精度下离散化中继混合预编码的频谱效率都随着天线的增加而快速增长；当天线增加到一定数量以后，系统的性能逐渐稳定。同时，量化精度达到 4 bit 时中继混合预编码的频谱效率接近于使用高量化精度的频谱效率，继续提高量化精度不能显著增加系统频谱效率。因此，当系统无法通过增加量化精度提高性能增益时，可以增加天线数量来对系统性能进行提高。

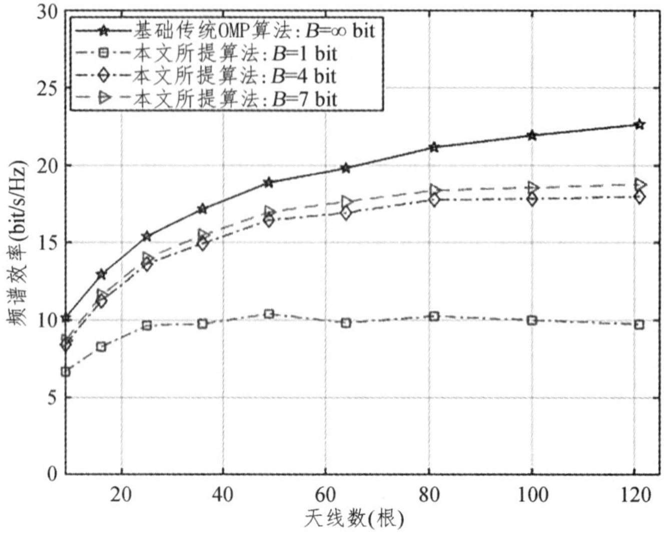

图 5.14　不同量化精度下频谱效率随天线数变化曲线

图 5.15 为不同量化精度下中继混合预编码的能量效率随信噪比的变化曲线。由图可知，具有低量化精度的中继混合预编码具有较高的能量效率，但是随着量化精度的增加，系统能量效率逐渐减小。同时，当信噪比接近 10 dB 时，该系统具有能量效率峰值。

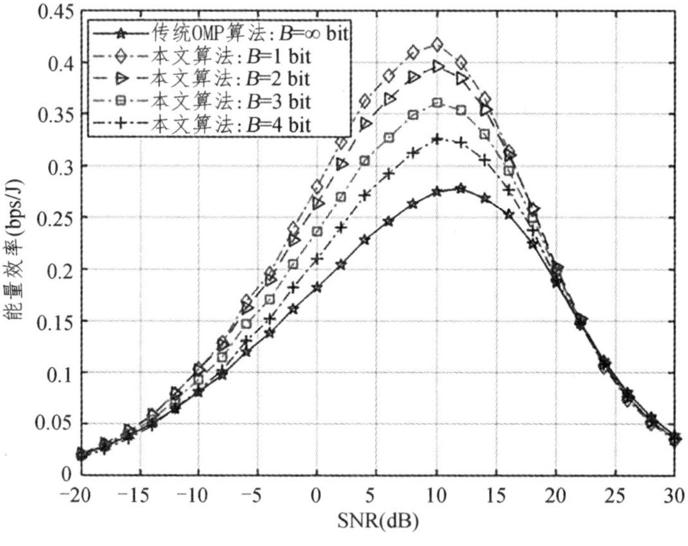

图 5.15　不同量化精度下能量效率随 SNR 变化曲线

图 5.16 为在输入不同信噪比条件下，不同量化精度的中继混合预编码的能量效率与频谱效率均衡变化曲线。如图所示，不同量化精度下混合预编码的能量效率与频谱效率变化趋势相同，量化精度越低的混合预编码具有更高的能量效率，但其频谱效率相对较低。随着频谱效率不断增加，能量效率将达到峰值；但当再小幅度增加频谱效率时，能量效率将大幅度下降。当系统频谱效率增加至 11 bit/s/Hz 时，量化精度为 4 bit 时的中继混合预编码的能量效率接近全精度量化的峰值能量效率；同时其频谱效率也较为接近全精度量化时的频谱效率。因此，当采用较低量化精度移相器时，以牺牲频谱效率的前提下能够获得较大的能量效率。综合考虑中继混合预编码的频谱效率与能量效率，采用较低量化精度的移相器能够使中继混合预编码在具有最大能量效率的同时获得相对较大的频谱效率。

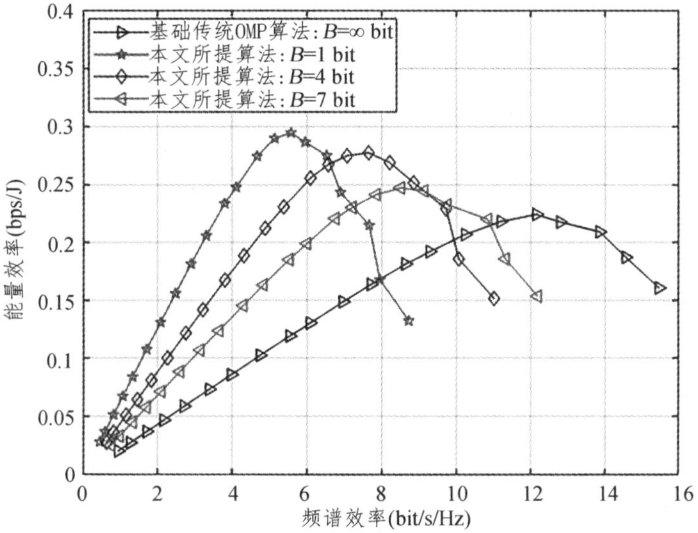

图 5.16　不同量化精度下频谱效率与能量效率均衡变化曲线

5.5　本章小结

本章研究了多用户中继辅助大规模 MIMO 下行链路的系统性能。推导了理想和非理想 CSI 的莱斯衰落信道下，可实现和速率的闭式近似表达式。此外，进一步分析了天线数量、发射功率、DAC 量化位数和莱斯因子对可实现和速率的影响。随后，对系统中的能耗进行建模，并研究了可实现和速率与能量效率之间的权衡。最后，提出了通用的功率缩放定律和针对活跃用户的局部最优功率分配方案。仿真结果表明，本章获得的近似分析结果具有较高的准确性。此外通过提出的功率缩放定律和局部最优功率分配方案可以有效地利用功率资源，并改善系统性能。另外，本章还针对完美毫米波信道环境下中继系统提出了一种基于离散化正交匹配追踪的中继混合预编码算法。首先将中继预编码系统的复杂优化问题解耦为单独节点优化问题，然后使用稀疏近似方法分离优化问题中的非凸约束，最后使用所提出的离散化正交匹配追踪算法对中继节点混合预编码矩阵进行量化求解。仿真结果表明，所提算法能够在使用较低量化精度的条件下达到接近最优化的性能。

第 6 章 非理想 CSI 下全双工双跳车载中继系统的传输性能研究

在高速移动毫米波通信环境中，高速移动过程中所带来的信道估计延迟与切换损耗往往令信道条件不能完美获取。同时，与半双工中继不同，全双工中继通信中会由于近场干扰和器件热噪声等造成额外的干扰和损耗。因此，在非完美毫米波信道环境下实现能效最优的全双工中继混合预编码设计具有极大的挑战性。本章综合考虑联合中继接收端与发送端混合预编码的非凸特性与硬件限制，提出一种具有离散移相器的联合中继混合预编码设计方案，以保证系统的能效均衡。另外，针对存在窃听者的通信系统，本章研究基于非理想信道状态信息的全双工双向中继网络安全性能：假设系统中用户之间没有直连链路，且无法获取 CSI；采用最优中继选择方案，选取最优中继将信号进行解码转发至目的端；根据最大最小原则推导出系统安全容量和保密中断概率（Secrecy Outage Probability, SOP）的表达式，进一步分析影响系统保密性能的主要因素，并对比全双工与半双工系统性能的差异。

6.1 全双工中继混合预编码系统结构

6.1.1 非完美信道下信号传输模型

在非完美毫米波信道下，基于全双工中继转发通信的单向传输系统如图 6.1 所示，其中轨旁源节点部署 N_s 根全连接的天线阵列传输

$L_s \leqslant \min\{N_{RF}^{s}, N_{RF}^{r}, N_{RF}^{d}, N_s, N_r, N_d\}$ 个数据流。

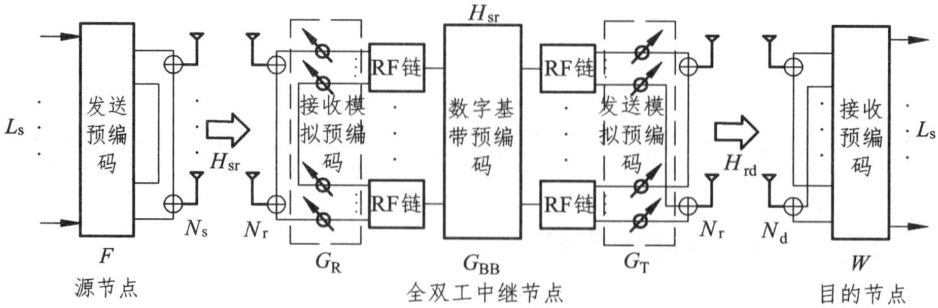

图 6.1　基于全双工中继的毫米波中继混合预编码结构

全双工中继节点采用混合预编码分别进行接收和发送，其中发送端与接收端均采用 N_r 根天线和 N_{RF}^{r} 根 RF 链进行数据转发。为了保证在第 n 个传输过程中能够进行多流传输，假设传输信号 $\boldsymbol{s} \in \mathbb{C}^{L_s}$ 并满足 $\mathbb{E}\{\boldsymbol{s}\boldsymbol{s}^{H}\} = \boldsymbol{I}_{L_s}$。传输信号经由源节点预编码矩阵 $\boldsymbol{F} = \boldsymbol{F}_{RF}\boldsymbol{F}_{BB} \in \mathbb{C}^{N_s \times L_s}$ 进行波束成形处理后发送到中继接收端，则中继节点接收到的第 n 个传输信号表示为

$$\boldsymbol{y}_r(n) = \boldsymbol{H}_{sr}\sqrt{P_s}\boldsymbol{F}\boldsymbol{s}(n) + \boldsymbol{H}_{li}\boldsymbol{x}_r(n) + \boldsymbol{n}_{sr}(n) \tag{6.1}$$

其中，$\boldsymbol{H}_{sr}$ 是源节点到中继节点的毫米波信道矩阵。在发送信号时由于总功率有限，因此轨旁基站源节点受到 $\|\sqrt{P_s}\boldsymbol{F}_{RF}\boldsymbol{F}_{BB}\|_F^2 = P_s$ 的传输功率约束，其中，$\boldsymbol{F}_{RF}$ 是由一组可变精度移相器组成的模拟预编码矩阵，$\boldsymbol{F}_{BB}$ 为数字基带预编码矩阵。$\boldsymbol{H}_{li}$ 为全双工中继节点发送端到接收端的自干扰信道矩阵，$\boldsymbol{n}_{sr} \in \mathbb{C}^{N_r \times 1}$ 为满足 $\mathcal{CN}\left(\boldsymbol{0}, \sigma_r^2\boldsymbol{I}_{N_r}\right)$ 的源节点到中继接收端的加性信道干扰噪声矩阵。

在全双工中继节点，由于信号处理延迟，第 n-1 个数据流中接收的信号矢量 $\boldsymbol{y}_r(n-1)$ 在第一个时隙进行放大处理，并在第二个时隙通过另一个毫米波信道 $\boldsymbol{H}_{rd}$ 转发到目的端。则中继发送的信号 $\boldsymbol{x}_r(n)$ 可以表示为

$$\boldsymbol{x}_r(n) = \sqrt{P_r}\boldsymbol{G}\boldsymbol{y}_r(n-1) \tag{6.2}$$

其中，$\boldsymbol{G} = \boldsymbol{G}_T\boldsymbol{G}_{BB}\boldsymbol{G}_R \in \mathbb{C}^{N^r \times N^r}$ 表示中继节点的混合预编码矩阵，$\boldsymbol{G}_{BB}$ 为数字基带预编码矩阵，$\boldsymbol{G}_T$ 和 $\boldsymbol{G}_R$ 分别表示发送模拟预编码矩阵和接收模拟预编码矩阵。中继节点同样受到传输功率 $\mathbb{E}\left(\|\boldsymbol{x}_r\|_F^2\right) \leqslant P_r$ 的约束，其中 P_r 表示中继节点

的发射功率。

与源节点的结构相同，在目的端同样利用混合组合器 $\boldsymbol{W}=\boldsymbol{W}_{\mathrm{RF}}\boldsymbol{W}_{\mathrm{BB}}\in\mathbb{C}^{N_{\mathrm{d}}\times L_{\mathrm{s}}}$ 接收中继节点发送的信号，其中 $\boldsymbol{W}_{\mathrm{RF}}$ 和 $\boldsymbol{W}_{\mathrm{BB}}$ 分别表示接收端模拟组合矩阵和基带数字组合矩阵。在目标节点处对接收到的信号矢量进行预编码后，信号转变为

$$\boldsymbol{y}(n)=\boldsymbol{W}^{\mathrm{H}}\boldsymbol{H}_{\mathrm{rd}}\boldsymbol{x}_{\mathrm{r}}(n)+\boldsymbol{W}^{\mathrm{H}}\boldsymbol{n}_{\mathrm{rd}}(n) \tag{6.3}$$

其中，$\boldsymbol{n}_{\mathrm{rd}}$ 表示满足 $\mathcal{CN}\left(0,\sigma_{\mathrm{d}}^{2}\boldsymbol{I}_{N_{\mathrm{d}}}\right)$ 的中继发送端至目的端的信道加性高斯噪声矩阵。

通过将式（6.1）和式（6.2）代入式（6.3），信号 $\boldsymbol{y}$ 在目标节点被合并。省略对混合预编码设计影响较小的时间索引 n,则在目的端恢复的传输信号 $\hat{\boldsymbol{y}}$ 可以表示为

$$\hat{\boldsymbol{y}}=\boldsymbol{W}^{\mathrm{H}}\boldsymbol{H}_{\mathrm{rd}}\sqrt{P_{\mathrm{r}}}\boldsymbol{G}\boldsymbol{H}_{\mathrm{sr}}\sqrt{P_{\mathrm{s}}}\boldsymbol{F}\boldsymbol{s}+\boldsymbol{W}^{\mathrm{H}}\boldsymbol{H}_{\mathrm{rd}}\sqrt{P_{\mathrm{r}}}\boldsymbol{G}\boldsymbol{H}_{\mathrm{li}}\boldsymbol{n}_{\mathrm{li}}+\boldsymbol{W}^{\mathrm{H}}\boldsymbol{H}_{\mathrm{rd}}\sqrt{P_{\mathrm{r}}}\boldsymbol{G}\boldsymbol{n}_{\mathrm{sr}}+\boldsymbol{W}^{\mathrm{H}}\boldsymbol{n}_{\mathrm{rd}} \tag{6.4}$$

其中第一项是目的端所接收到的主传输信号，第二项为应用自干扰消除技术后剩余的噪声项，第三项为经过中继放大后的第一段信道噪声，第四项为中继至目的端信道噪声。

6.1.2　非完美毫米波信道模型

在实际通信过程中，源节点至中继与中继至用户节点的信道能够通过对接收机进行导频训练而获取。然而，由于实际信道和估计信道信息之间存在估计误差，因此本节采用高斯-克罗内克模型来模拟信道矩阵分布，则信道矩阵满足 $\boldsymbol{H}_i\sim\mathcal{CN}\left(\widetilde{\boldsymbol{H}}_i,\boldsymbol{\vartheta}_i\otimes\boldsymbol{\varphi}_i\right),i\in(\mathrm{sr},\mathrm{rd})$，其中 $\widetilde{\boldsymbol{H}}_i$ 表示通过信道估计所得到的信道矩阵，$\boldsymbol{\vartheta}_i$ 和 $\boldsymbol{\varphi}_i$ 表示每个信道中接收端与发送端的协方差矩阵。

通过遵循文献[95]中的信道估计和训练算法，可以将实际信道矩阵分解为

$$\boldsymbol{H}_i=\widetilde{\boldsymbol{H}}_i+\boldsymbol{\varphi}_i^{\frac{1}{2}}\Delta_i\boldsymbol{\vartheta}_i^{\frac{1}{2}},i\in(\mathrm{sr},\mathrm{rd}) \tag{6.5}$$

其中，Δ_i 表示具有独立且均匀分布的零均值和单位方差的高斯随机矩阵。

通过使用指数模型，估计误差协方差矩阵表示为 $\boldsymbol{\varphi}_i(m,n)=\varsigma_i^2\varrho^{|m-n|}$ 和 $\boldsymbol{\vartheta}_i(m,n)=\varkappa^{|m-n|}$，其中 ϱ 和 $\varkappa$ 表示相关系数，ς_i^2 是估计误差的协方差。

毫米波信道通常以簇状信道模型为特征并且具有稀疏结构，可以通过低秩矩阵来表征。如第 3 章所述，我们考虑利用窄带 Saleh-Valenzuela 模型体现 mmWave 通信的估计信道特性，则估计信道矩阵表示为

$$\boldsymbol{H}_{\mathrm{sr}}=\sum_{l=1}^{L_{\mathrm{sr}}}\rho_l\boldsymbol{a}_l^{\mathrm{r}}\left(\theta_l^{\mathrm{r}}\right)\left(\boldsymbol{a}_l^{\mathrm{s}}\left(\theta_l^{\mathrm{s}}\right)\right)^{\mathrm{H}} \tag{6.6}$$

$$\boldsymbol{H}_{\mathrm{rd}}=\sum_{l=1}^{L_{\mathrm{rd}}}\gamma_l\boldsymbol{a}_l^{\mathrm{r}}\left(\beta_l^{\mathrm{r}}\right)\left(\boldsymbol{a}_l^{\mathrm{d}}\left(\beta_l^{\mathrm{d}}\right)\right)^{\mathrm{H}} \tag{6.7}$$

其中，$\boldsymbol{a}_l^{\mathrm{r}}\left(\theta_l^{\mathrm{r}}\right)$ 和 $\boldsymbol{a}_l^{\mathrm{s}}\left(\theta_l^{\mathrm{s}}\right)$ 是信道 $\boldsymbol{H}_{\mathrm{sr}}$ 中具有包括多普勒频移在内的传播损耗 ρ_l 的接收端和发射端的阵列响应向量。同理，在信道矩阵 $\boldsymbol{H}_{\mathrm{rd}}$ 中，具有传播损耗 ρ_l 的第一簇波束利用具有角度 β 的天线阵列响应矢量 $\boldsymbol{a}_l^{\mathrm{r}}$ 和 $\boldsymbol{a}_l^{\mathrm{d}}$ 信道在中继端和目的端进行传输。

通常，在全双工中继方案中，自干扰信道的高天线增益和各种邻近簇不能被普通的抑制电路抵消。因此，考虑球面波传播模型表示近场信道 $\boldsymbol{H}_{\mathrm{li}}$ 的视距部分

$$\boldsymbol{H}_{\mathrm{li}}=\kappa_{\mathrm{los}}\mathrm{e}^{-\mathrm{j}2\pi\frac{d_{mn}}{\lambda}}+\boldsymbol{H}_{\mathrm{rr}} \tag{6.8}$$

其中，$\boldsymbol{H}_{\mathrm{rr}}$ 被建模为自干扰反射路径中的毫米波信道模型；κ_{los} 表示直视路径的信道强度系数，$d_{mn}=\sqrt{\left[D_{\mathrm{r}}+(m-1)\frac{\lambda}{2}\right]^2+\left[D_{\mathrm{l}}+(n-1)\frac{\lambda}{2}\right]^2-2\left[D_{\mathrm{r}}+(m-1)\frac{\lambda}{2}\right]\left[D_{\mathrm{l}}+(n-1)\frac{\lambda}{2}\right]\cos\Theta}$ 表示第 m 个接收天线和第 n 个发射天线之间的距离，其中 D_{l} 和 D_{r} 分别表示第一个天线和发射端或接收端所考虑天线的距离。

6.2 能效均衡的离散混合预编码设计

6.2.1 基于最小均方误差的优化目标转换

本章节中，为确保目的端能够更完整地接收传输信号，以最小化目的端接收信号与轨旁源节点发送信号之间的均方误差为目标设计离散中继混合预编码矩阵，则优化目标函数表示为

$$\Upsilon(\boldsymbol{G}_{\mathrm{T}},\boldsymbol{G}_{\mathrm{R}},\boldsymbol{G}_{\mathrm{BB}})=\mathrm{Tr}\left(\mathbb{E}\left[\left(\boldsymbol{s}-\hat{\boldsymbol{y}}\right)\left(\boldsymbol{s}-\hat{\boldsymbol{y}}\right)^{\mathrm{H}}\right]\right) \tag{6.9}$$

其中，中继节点的接收和发送预编码器同时被联合优化以使得系统中接收端具有最小的均方误差。模拟预编码器 $\boldsymbol{G}_{\mathrm{R}}$ 和 $\boldsymbol{G}_{\mathrm{T}}$ 中用于调整信号相位的离散移相器均在量化集合 $\boldsymbol{\Phi}\triangleq\left\{0,\delta,2\delta,\ldots,\left(2^{b}-1\right)\delta\right\}$ 中取值，其中 b 为量化精度，并且量化步长表示为 $\delta=\dfrac{2\pi}{2^{b}}$。因此，模拟预编码矩阵可以通过额外的量化步骤确定权重，表示为

$$\begin{cases}\left(\boldsymbol{\Gamma}\right)_{n,m}\in\hat{Q}\\ \hat{Q}\triangleq\left\{1,\mathrm{e}^{\mathrm{j}\delta},\mathrm{e}^{\mathrm{j}2\delta},\ldots,\mathrm{e}^{\mathrm{j}(2^{b}-1)\delta}\right\}\end{cases} \tag{6.10}$$

其中，$\boldsymbol{\Gamma}$ 表示模拟预编码器 $\boldsymbol{G}_{\mathrm{R}}$ 和 $\boldsymbol{G}_{\mathrm{T}}$ 的集合。因此，为了消除模拟预编码的块对角约束，将常模约束近似为由 $\boldsymbol{G}_{\mathrm{R}}$ 和 $\boldsymbol{G}_{\mathrm{T}}$ 中具有非零元素的量化系数重构的新变量向量，则在总发射功率约束下的混合预编码矩阵设计问题的相应优化可表示为

$$\min_{\boldsymbol{G_T},\boldsymbol{G_R},\boldsymbol{G_{BB}}}\ \Upsilon(\boldsymbol{G}_{\mathrm{T}},\boldsymbol{G}_{\mathrm{R}},\boldsymbol{G}_{\mathrm{BB}}) \tag{6.11a}$$

$$\text{s.t.}\quad \mathbb{E}\left(\left\|\boldsymbol{x}_{\mathrm{r}}\right\|_{\mathrm{F}}^{2}\right)\leqslant P_{\mathrm{r}} \tag{6.11b}$$

$$\begin{cases}|\boldsymbol{G}_{\mathrm{T}}|=1\\ |\boldsymbol{G}_{\mathrm{R}}|=1\end{cases} \tag{6.11c}$$

其中，式（6.11b）表示在发送总功率 P_{r} 下中继节点处的功率约束，式（6.11c）表示模拟预编码矩阵的恒模约束。

另外，为了进一步增强目的端的接收性能，我们考虑在接收端使用无约束的 MMSE 组合器。这种组合器结构实际上相当于最优的全数字接收机，其具体表示为

$$\begin{aligned}\widetilde{\boldsymbol{W}}^{\mathrm{H}}&=\mathbb{E}\left[\boldsymbol{s}\boldsymbol{s}^{\mathrm{H}}\right]\mathbb{E}\left[\boldsymbol{x}_{\mathrm{r}}\boldsymbol{x}_{\mathrm{r}}^{\mathrm{H}}\right]^{-1}\\&=\boldsymbol{F}^{\mathrm{H}}\widetilde{\boldsymbol{H}}_{\mathrm{sr}}^{\mathrm{H}}\boldsymbol{G}^{\mathrm{H}}\widetilde{\boldsymbol{H}}_{\mathrm{rd}}^{\mathrm{H}}\left(\widetilde{\boldsymbol{H}}_{\mathrm{rd}}\boldsymbol{G}\widetilde{\boldsymbol{H}}_{\mathrm{sr}}\boldsymbol{F}\boldsymbol{F}^{\mathrm{H}}\widetilde{\boldsymbol{H}}_{\mathrm{sr}}^{\mathrm{H}}\boldsymbol{G}^{\mathrm{H}}\widetilde{\boldsymbol{H}}_{\mathrm{rd}}^{\mathrm{H}}+\mathrm{tr}\{\boldsymbol{G}\boldsymbol{C}_{\mathrm{r}}\boldsymbol{G}^{\mathrm{H}}\vartheta_{\mathrm{sr}}\}\boldsymbol{\varphi}_{\mathrm{sr}}+\widetilde{\boldsymbol{H}}_{\mathrm{rd}}\boldsymbol{G}\boldsymbol{C}_{\mathrm{li}}\boldsymbol{G}\widetilde{\boldsymbol{H}}_{\mathrm{rd}}^{\mathrm{H}}\right)^{-1}\end{aligned} \tag{6.12}$$

其中

$$\begin{aligned} \boldsymbol{C}_{\mathrm{r}} &= \boldsymbol{H}_{\mathrm{sr}}\boldsymbol{F}\boldsymbol{F}^{\mathrm{H}}\boldsymbol{H}_{\mathrm{sr}}^{\mathrm{H}} + \mathrm{tr}\{\boldsymbol{F}\boldsymbol{F}^{\mathrm{H}}\vartheta_{\mathrm{sr}}\}\boldsymbol{\varphi}_{\mathrm{sr}} + \boldsymbol{C}_{\mathrm{li}}, \\ \boldsymbol{C}_{\mathrm{li}} &= \boldsymbol{H}_{\mathrm{li}}\boldsymbol{H}_{\mathrm{li}}^{\mathrm{H}} + \boldsymbol{I}_{N_{\mathrm{r}}} \end{aligned} \tag{6.13}$$

通过最小化发送和处理的接收信号之间的 MSE，公式（6.12）可以提供比目的地的零空间预编码更好的干扰消除能力。像式（6.12）这样的低复杂度线性组合器更具有普适性，适用于任何一般的初始条件，以提供良好的收敛速度。

在本文中，假设在轨旁源节点处的混合预编码器 $\boldsymbol{F}$ 和在目的地处的混合组合器 $\widetilde{\boldsymbol{W}}$ 已经确定。实际上，源节点或目的端的混合预编码设计类似于点对点 MIMO 系统中的发射机预编码和接收机设计，这可以通过文献[74]中的算法获得。

6.2.2　离散中继节点混合预编码设计

为了避免公式表达过于冗余，将目的地端接收信号 $\hat{\boldsymbol{y}}$ 简写为

$$\hat{\boldsymbol{y}} = \widehat{\boldsymbol{W}}\boldsymbol{G}\boldsymbol{s}_{\mathrm{r}} + \hat{\boldsymbol{n}} \tag{6.14}$$

其中，$\widehat{\boldsymbol{W}} = \tilde{\boldsymbol{W}}^{\mathrm{H}}\tilde{\boldsymbol{H}}_{\mathrm{rd}}$； $\boldsymbol{s}_{\mathrm{r}} = \sqrt{P_{\mathrm{r}}}\boldsymbol{y}_{\mathrm{r}}$，表示没有经过中继预编码的发送信号；$\hat{\boldsymbol{n}} = \tilde{\boldsymbol{W}}^{\mathrm{H}}\boldsymbol{n}_{\mathrm{rd}}$，表示在目的端经过接收合并器 $\widetilde{\boldsymbol{W}}$ 处理的噪声。因此，优化目标方程（6.9）可表示为

$$\Upsilon = \mathrm{tr}\left\{\mathbb{E}\left[\boldsymbol{s}\boldsymbol{s}^{\mathrm{H}}\right] - 2\mathrm{Re}\left\{\widehat{\boldsymbol{W}}\boldsymbol{G}\mathbb{E}\left[\boldsymbol{s}\boldsymbol{s}_{\mathrm{r}}^{\mathrm{H}}\right]\right\} + \widehat{\boldsymbol{W}}\boldsymbol{G}\mathbb{E}\left[\boldsymbol{s}_{\mathrm{r}}\boldsymbol{s}_{\mathrm{r}}^{\mathrm{H}}\right]\boldsymbol{G}^{\mathrm{H}}\widehat{\boldsymbol{W}}^{\mathrm{H}} + \mathbb{E}\left[\hat{\boldsymbol{n}}\hat{\boldsymbol{n}}^{\mathrm{H}}\right]\right\} \tag{6.15}$$

其中，$\mathbb{E}\left[\hat{\boldsymbol{n}}\hat{\boldsymbol{n}}^{\mathrm{H}}\right] = \sigma_{\mathrm{d}}^{2}\,\mathrm{Tr}\left(\tilde{\boldsymbol{W}}\tilde{\boldsymbol{W}}^{\mathrm{H}}\right)\mathbf{I}_{N_{\mathrm{d}}}$。

由于常数模约束（6.11c）和功率约束（6.11b），求解变换后的联合优化目标（6.15）仍然具有挑战性。因此，将优化变量在数学意义上进行解耦，并从原问题（11）中推导出一个特殊子问题进行优化。另外，由于耦合功率约束，为优化变量 $\boldsymbol{G}_{\mathrm{BB}}$ 构造了一个附加优化过程，以确保最终结果满足（6.11b），该优化问题表述如下：

$$\begin{aligned} &\min_{\boldsymbol{G}_{\mathrm{BB}}} \Upsilon(\hat{\boldsymbol{G}}_{\mathrm{T}}, \hat{\boldsymbol{G}}_{\mathrm{R}}, \boldsymbol{G}_{\mathrm{BB}}), \\ &\text{s.t.}\quad \mathbb{E}\left(\left\|\boldsymbol{x}_{\mathrm{r}}\right\|_{\mathrm{F}}^{2}\right) \leqslant P_{\mathrm{r}} \end{aligned} \tag{6.16}$$

其中，$\hat{\boldsymbol{G}}_{\mathrm{T}}$ 和 $\hat{\boldsymbol{G}}_{\mathrm{R}}$ 表示在当前迭代中得到的值，其详细的求解过程将在接下来进行描述。值得注意的是，由于该问题是独立的，并且只作为原问题（6.11）的补充优化，因此它对原问题的求解过程没有影响。接下来，我们将关注问题（6.11）的多预编码矩阵联合优化问题，其中等价目标函数通过以下过程重新制定，以适应基本 ADMM 解决方案框架。不幸的是，虽然目标函数（6.15）通过简单的运算被简化为一个代数和方程，但由于期望多项式具有较高的复杂性，仍然难以处理。因此，为了便于数学处理，定义辅助变量 $\tilde{A}=\mathbb{E}[\boldsymbol{s}\tilde{\boldsymbol{s}}_{\mathrm{r}}^{\mathrm{H}}]\mathbb{E}[\tilde{\boldsymbol{s}}\tilde{\boldsymbol{s}}_{\mathrm{r}}^{\mathrm{H}}]^{-1}$ 和 $\tilde{Z}^2=\mathbb{E}[\tilde{\boldsymbol{s}}\tilde{\boldsymbol{s}}_{\mathrm{r}}^{\mathrm{H}}]$，则 MSE 优化目标函数能够被重写为

$$
\begin{aligned}
\tilde{\Upsilon} &= \mathbb{E}\left(\| \boldsymbol{s}-\widehat{\widetilde{\boldsymbol{W}}}\boldsymbol{G}\tilde{\boldsymbol{s}}_{\mathrm{r}}-\hat{\tilde{\boldsymbol{n}}}\|_{\mathrm{F}}^{2}\right) \\
&= \|\widetilde{\boldsymbol{A}}\widetilde{\boldsymbol{Z}}-\widehat{\widetilde{\boldsymbol{W}}}\boldsymbol{G}\widetilde{\boldsymbol{Z}}\|_{\mathrm{F}}^{2}+\mathbb{E}\left[\boldsymbol{s}\boldsymbol{s}^{\mathrm{H}}\right]-\widetilde{\boldsymbol{A}}\widetilde{\boldsymbol{Z}}^{2}\widetilde{\boldsymbol{A}}^{\mathrm{H}}+\mathbb{E}\left[\hat{\boldsymbol{n}}\hat{\boldsymbol{n}}^{\mathrm{H}}\right]
\end{aligned} \tag{6.17}
$$

其中

$$
\begin{cases}
\widetilde{\boldsymbol{A}} \triangleq \mathbb{E}[\boldsymbol{s}\tilde{\boldsymbol{s}}_{\mathrm{r}}^{\mathrm{H}}]\mathbb{E}[\tilde{\boldsymbol{s}}_{\mathrm{r}}\tilde{\boldsymbol{s}}_{\mathrm{r}}^{\mathrm{H}}]^{-1}=\widetilde{\boldsymbol{H}}_{\mathrm{sr}}\boldsymbol{F}\boldsymbol{F}^{\mathrm{H}}\widetilde{\boldsymbol{H}}_{\mathrm{sr}}^{\mathrm{H}}\left(\boldsymbol{F}^{\mathrm{H}}\widetilde{\boldsymbol{H}}_{\mathrm{sr}}^{\mathrm{H}}+\mathrm{tr}\{\boldsymbol{F}\boldsymbol{F}^{\mathrm{H}}\vartheta_{\mathrm{sr}}\}\boldsymbol{\varphi}_{\mathrm{sr}}+\boldsymbol{H}_{\mathrm{li}}\boldsymbol{H}_{\mathrm{li}}^{\mathrm{H}}+\sigma_{\mathrm{d}}^{2}\boldsymbol{I}_{N_{\mathrm{d}}}\right)^{-1} \\
\widetilde{\boldsymbol{Z}}^{2} \triangleq \mathbb{E}[\tilde{\boldsymbol{s}}_{\mathrm{r}}\tilde{\boldsymbol{s}}_{\mathrm{r}}^{\mathrm{H}}]=\boldsymbol{F}^{\mathrm{H}}\widetilde{\boldsymbol{H}}_{\mathrm{sr}}^{\mathrm{H}}+\mathrm{tr}\{\boldsymbol{F}\boldsymbol{F}^{\mathrm{H}}\vartheta_{\mathrm{sr}}\}\boldsymbol{\varphi}_{\mathrm{sr}}+\boldsymbol{H}_{\mathrm{li}}\boldsymbol{H}_{\mathrm{li}}^{\mathrm{H}}+\sigma_{\mathrm{d}}^{2}\boldsymbol{I}_{N_{\mathrm{d}}}
\end{cases} \tag{6.18}
$$

由于 $\xi=\mathbb{E}\left[\boldsymbol{s}\boldsymbol{s}^{\mathrm{H}}\right]-\widetilde{\boldsymbol{A}}\widetilde{\boldsymbol{Z}}^{2}\widetilde{\boldsymbol{A}}^{\mathrm{H}}+\mathbb{E}\left[\hat{\boldsymbol{n}}\hat{\boldsymbol{n}}^{\mathrm{H}}\right]$ 为常数项，因此在求解最小化优化过程中可以将其忽略。则最小化目标函数可以重新表述为

$$
\begin{aligned}
&\min_{G_{\mathrm{T}},G_{\mathrm{R}},G_{\mathrm{BB}}} \|\widetilde{\boldsymbol{A}}\widetilde{\boldsymbol{Z}}-\widehat{\widetilde{\boldsymbol{W}}}\boldsymbol{G}\widetilde{\boldsymbol{Z}}\|_{\mathrm{F}}^{2}+I_{\hat{Q}^{N_{\mathrm{RF}}^{\mathrm{r}}\times N_{\mathrm{r}}}}\{\boldsymbol{G}_{\mathrm{T}}\}+I_{\hat{Q}^{N_{\mathrm{r}}\times N_{\mathrm{RF}}^{\mathrm{r}}}}\{\boldsymbol{G}_{\mathrm{R}}\} \\
&\text{s.t.} \begin{cases}
\boldsymbol{G}=\boldsymbol{G}_{\mathrm{T}}\boldsymbol{G}_{\mathrm{BB}}\boldsymbol{G}_{\mathrm{r}} \\
|\boldsymbol{G}_{\mathrm{T}}|=1 \\
|\boldsymbol{G}_{\mathrm{R}}|=1
\end{cases}
\end{aligned} \tag{6.19}
$$

其中，$I_{\hat{Q}}\{X\}$ 表示具有恒模约束的量化集 $\hat{Q}$ 的指示函数[62]。定义额外的新中间变量 $\widehat{\boldsymbol{G}}=\boldsymbol{G}_{\mathrm{T}}\boldsymbol{G}_{\mathrm{BB}}\boldsymbol{G}_{\mathrm{R}}$，则该优化问题的增广拉格朗日定义为

$$
\mathfrak{L}_{\tau}=\frac{\alpha}{2}\left\|\widehat{\boldsymbol{G}}+\boldsymbol{\Lambda}/\alpha-\boldsymbol{G}_{\mathrm{T}}\boldsymbol{G}_{\mathrm{BB}}\boldsymbol{G}_{\mathrm{R}}\right\|_{\mathrm{F}}^{2}+\|\boldsymbol{A}\boldsymbol{Z}-\widehat{\boldsymbol{W}}\widehat{\boldsymbol{G}}\boldsymbol{Z}\|_{\mathrm{F}}^{2}+1_{\hat{Q}^{N_{\mathrm{RF}}^{\mathrm{r}}\times N_{\mathrm{r}}}}\{\boldsymbol{G}_{\mathrm{T}}\}+1_{\hat{Q}^{N_{\mathrm{r}}\times N_{\mathrm{RF}}^{\mathrm{r}}}}\{\boldsymbol{G}_{\mathrm{R}}\} \tag{6.20}
$$

其中，Λ 表示拉格朗日乘子矩阵；α 是标量惩罚参数。

按照 ADMM 算法计算过程，迭代步骤如下所示：

$$
\begin{aligned}
\boldsymbol{G}_{\mathrm{R}}^{k} &= \underset{\boldsymbol{G}_{\mathrm{R}}}{\operatorname{argmin}}\, \mathfrak{L}_{\tau}\left(\widehat{\boldsymbol{G}}^{k-1}, \boldsymbol{G}_{\mathrm{R}}, \boldsymbol{G}_{\mathrm{T}}^{k-1}, \boldsymbol{G}_{\mathrm{BB}}^{k-1}, \boldsymbol{\Lambda}^{k-1}\right) \\
\boldsymbol{G}_{\mathrm{T}}^{k} &= \underset{\boldsymbol{G}_{\mathrm{T}}}{\operatorname{argmin}}\, \mathfrak{L}_{\tau}\left(\widehat{\boldsymbol{G}}^{k-1}, \boldsymbol{G}_{\mathrm{R}}^{k}, \boldsymbol{G}_{\mathrm{T}}, \boldsymbol{G}_{\mathrm{BB}}^{k-1}, \boldsymbol{\Lambda}^{k-1}\right) \\
\boldsymbol{G}_{\mathrm{BB}}^{k} &= \underset{\boldsymbol{G}_{\mathrm{BB}}}{\operatorname{argmin}}\, \mathfrak{L}_{\tau}\left(\widehat{\boldsymbol{G}}^{k-1}, \boldsymbol{G}_{\mathrm{R}}^{k}, \boldsymbol{G}_{\mathrm{T}}^{k}, \boldsymbol{G}_{\mathrm{BB}}, \boldsymbol{\Lambda}^{k-1}\right) \\
\widehat{\boldsymbol{G}}^{k} &= \underset{\boldsymbol{G}}{\operatorname{argmin}}\, \mathfrak{L}_{\tau}\left(\widehat{\boldsymbol{G}}, \boldsymbol{G}_{\mathrm{R}}^{k}, \boldsymbol{G}_{\mathrm{T}}^{k}, \boldsymbol{G}_{\mathrm{BB}}^{k}, \boldsymbol{\Lambda}^{k-1}\right)
\end{aligned} \tag{6.21}
$$

其中，k 为迭代索引。

可以观察到，$\boldsymbol{G}_{\mathrm{BB}}^{k}$ 上仅施加功率约束，因此数字预编码矩阵 $\boldsymbol{G}_{\mathrm{BB}}^{k}$ 的优化处理在 $\boldsymbol{G}_{\mathrm{R}}^{k}$ 和 $\boldsymbol{G}_{\mathrm{T}}^{k}$ 之后进行以确保最终解满足功率约束（6.11）。尽管松弛后的非凸迭代问题不能够推导出严格闭合解，但使用投影梯度算法，可以通过具有所需约束集的约束优化问题来获得高度近似解。因此，令各个变量的梯度函数等于零，其中

$$
\begin{cases}
\mathfrak{J}_{\boldsymbol{G}_{\mathrm{R}}} = \dfrac{1}{\alpha}\left(\boldsymbol{\Lambda} + \alpha \widehat{\boldsymbol{G}}^{\mathrm{H}}\right) \boldsymbol{G}_{\mathrm{T}} \boldsymbol{G}_{\mathrm{BB}} \left(\boldsymbol{G}_{\mathrm{BB}}^{\mathrm{H}} \boldsymbol{G}_{\mathrm{T}}^{\mathrm{H}} \boldsymbol{G}_{\mathrm{T}} \boldsymbol{G}_{\mathrm{BB}}\right)^{-1} \\
\breve{\boldsymbol{G}}_{\mathrm{R}}^{m,n} = \mho_{Q}\left\{\mathfrak{J}_{\boldsymbol{G}_{\mathrm{R}}}\right\}
\end{cases} \tag{6.22}
$$

$\boldsymbol{G}_{\mathrm{T}}$ 的计算方法和 $\boldsymbol{G}_{R}$ 相同，它可以计算为

$$
\begin{cases}
\mathfrak{J}_{\boldsymbol{G}_{\mathrm{T}}} = \dfrac{1}{\alpha}\left(\Lambda + \alpha \widehat{\boldsymbol{G}}\right) \boldsymbol{G}_{\mathrm{R}}^{\mathrm{H}} \boldsymbol{G}_{\mathrm{BB}}^{\mathrm{H}} \left(\boldsymbol{G}_{\mathrm{BB}} \boldsymbol{G}_{\mathrm{R}} \boldsymbol{G}_{\mathrm{R}}^{\mathrm{H}} \boldsymbol{G}_{\mathrm{BB}}^{\mathrm{H}}\right)^{-1} \\
\breve{\boldsymbol{G}}_{\mathrm{T}}^{m,n} = \mho_{Q}\left\{\mathfrak{J}_{\boldsymbol{G}_{\mathrm{T}}}\right\}
\end{cases} \tag{6.23}
$$

其中，$\breve{\boldsymbol{G}}_{\mathrm{T}}^{m,n}$ 和 $\breve{\boldsymbol{G}}_{\mathrm{R}}^{m,n}$ 分别是矩阵 $\boldsymbol{G}_{\mathrm{T}}$ 和 $\boldsymbol{G}_{R}$ 的第 m 行第 n 列的元素；$\mho_{Q}\{\cdot\}$ 是集合 Q 的投影。

为了量化在迭代步骤中所更新的模拟预编码矩阵，用有限精度量化集合对 $\boldsymbol{G}_{\mathrm{T}}$ 和 $\boldsymbol{G}_{R}$ 两个单元中所有元素进行了量化，以保证元素的模等于 1。并在迭代过程中添加额外的量化步骤来进行量化处理，该量化步骤被定义为

$$
\hat{\tau}_{m,n} = \left\{ \min_{\zeta \in \{0,1,\ldots,2^{b}-1\}} \left| \tau_{m,n} - \zeta\delta \right| \right\} \delta \tag{6.24}
$$

其中，$\hat{\tau}_{m,n}$ 表示 $\tau_{m,n}$ 经过量化后的值，该量化步骤将输入量化到集合 $\boldsymbol{\Phi}$ 中和量化间隔值之间的最小距离乘以量化步长的最近点。

其次，利用增广拉格朗日函数 $\mathfrak{L}_{\tau}$ 计算数字预编码矩阵 $\boldsymbol{G}_{\mathrm{BB}}$，并采用与模拟预编码矩阵相同的方法求解。近似解 $\mathcal{J}_{\boldsymbol{G}_{\mathrm{BB}}}$ 可计算为

$$\mathcal{J}_{\boldsymbol{G}_{\mathrm{BB}}}=\frac{1}{\alpha}\left(\boldsymbol{G}_{\mathrm{T}}^{\mathrm{H}}\boldsymbol{G}_{\mathrm{T}}\right)^{-1}\boldsymbol{G}_{\mathrm{T}}^{\mathrm{H}}\left(\Lambda+\alpha\widehat{\boldsymbol{G}}\right)\boldsymbol{G}_{\mathrm{R}}\left(\boldsymbol{G}_{\mathrm{R}}^{\mathrm{H}}\boldsymbol{G}_{\mathrm{R}}\right)^{-1} \tag{6.25}$$

为了确保优化结果满足功率约束（6.11b），需要通过求解子优化问题（6.16）来额外计算松弛的数字预编码矩阵 $\breve{\boldsymbol{G}}_{\mathrm{BB}}$，其拉格朗日函数由下式给出：

$$\mathcal{L}_{\mathrm{p}}(\breve{\boldsymbol{G}}_{\mathrm{BB}})=\mathcal{L}_{\tau}+\varepsilon(\mathrm{tr}\{\breve{\boldsymbol{G}}_{\mathrm{T}}\breve{\boldsymbol{G}}_{\mathbf{BB}}\breve{\boldsymbol{G}}_{\mathrm{R}}\boldsymbol{Z}^{2}(\breve{\boldsymbol{G}}_{\mathrm{T}}\breve{\boldsymbol{G}}_{\mathrm{BB}}\breve{\boldsymbol{G}}_{\mathrm{R}})^{\mathrm{H}}\}-P_{\mathrm{r}}) \tag{6.26}$$

其中，$\varepsilon\geqslant 0$ 为拉格朗日乘子。可以看出当 $\varepsilon=0$ 时，通过计算公式（6.26）的零点能够满足功率约束（6.11b）。但当 $\varepsilon\neq 0$ 时，$\breve{\boldsymbol{G}}_{\mathrm{BB}}$ 需要满足下式：

$$\varepsilon(\mathrm{tr}\{\breve{\boldsymbol{G}}_{\mathrm{T}}\breve{\boldsymbol{G}}_{\mathbf{BB}}\breve{\boldsymbol{G}}_{\mathrm{R}}\boldsymbol{Z}^{2}(\breve{\boldsymbol{G}}_{\mathrm{T}}\breve{\boldsymbol{G}}_{\mathrm{BB}}\breve{\boldsymbol{G}}_{\mathrm{R}})^{\mathrm{H}}\}-P_{\mathrm{r}})=0 \tag{6.27}$$

其中 ε 可以通过使用二分法得出。则数字预编码矩阵的近似解为

$$\boldsymbol{G}_{\mathrm{BB}}=\begin{cases}\mathcal{J}_{\boldsymbol{G}_{\mathrm{BB}}}, & \text{如果 } \varepsilon=0,\\ \breve{\boldsymbol{G}}_{\mathrm{BB}}, & \text{其他.}\end{cases} \tag{6.28}$$

接下来令增广拉格朗日方程对辅助变量 $\widehat{\boldsymbol{G}}$ 的导数为 0，则 $\widehat{\boldsymbol{G}}$ 的解析解为

$$(\widetilde{\boldsymbol{W}}\widetilde{\boldsymbol{H}}_{\mathrm{rd}}\widetilde{\boldsymbol{H}}_{\mathrm{rd}}^{\mathrm{H}}\widetilde{\boldsymbol{W}}^{\mathrm{H}}+\mathrm{tr}\{\vartheta_{\mathrm{rd}}\}\boldsymbol{\varphi}_{\mathrm{rd}})\widehat{\boldsymbol{G}}\widetilde{\boldsymbol{Z}}^{2}=2\widetilde{\boldsymbol{H}}_{\mathrm{rd}}^{\mathrm{H}}\widetilde{\boldsymbol{W}}^{\mathrm{H}}\widetilde{\boldsymbol{A}}\widetilde{\boldsymbol{Z}}^{2}-\Lambda+\alpha\boldsymbol{G}_{\mathrm{T}}\boldsymbol{G}_{\mathrm{BB}}\boldsymbol{G}_{\mathrm{R}} \tag{6.29}$$

上式为无约束的离散 Sylvester 方程，可利用如牛顿法[78]的迭代算法进行求解。

接下来将在所有优化变量迭代后更新拉格朗日乘子矩阵 Λ，以确保最终结果是迭代收敛的，更新公式如下：

$$\Lambda^{k}=\Lambda^{k-1}+\alpha\left(\widehat{\boldsymbol{G}}^{k}-\boldsymbol{G}_{\mathrm{T}}^{k}\boldsymbol{G}_{\mathrm{BB}}^{k}\boldsymbol{G}_{\mathrm{R}}^{k}\right) \tag{6.30}$$

本设计的核心是迭代求解（6.21）~（6.30），首先所有向量初始化为随机值，并在每次迭代中计算各个优化变量的拉格朗日函数的梯度，并在迭代完成后计算投影量化约束。因此，基于该思路，具体的算法步骤可以总结如下：

步骤 1：初始化 $\boldsymbol{G}_{\mathrm{T}},\boldsymbol{G}_{\mathrm{BB}},\boldsymbol{G}_{\mathrm{R}},\widehat{\boldsymbol{G}}$ 为随机值，令 $\Lambda=0$，$k=0$，迭代开始；

步骤 2：根据公式（6.22）和公式（6.23）分别计算 $\boldsymbol{G}_{\mathrm{T}}^{k}$ 和 $\boldsymbol{G}_{\mathrm{R}}^{k}$；

步骤 3：根据公式（6.28）计算 $\boldsymbol{G}_{\mathrm{BB}}^{k}$；

步骤 4：根据李雅普诺夫方程计算等式（6.29）从而求解 $\hat{G}^{k}$；

步骤 5：根据公式（6.30）计算拉格朗日乘子 Λ^{k}；

步骤 6：判断是否满足终止条件或迭代索引 k 超出最大允许迭代次数 $K_{\max}$；

步骤 7：根据定义的量化精度量化模拟预编码矩阵 $\boldsymbol{G}_{\mathrm{T}}^{m,n}$ 和 $\boldsymbol{G}_{\mathrm{R}}^{m,n}$；

步骤 8：判断功率约束 $\mathbb{E}\left(\|\boldsymbol{x}_{\mathrm{r}}\|_{\mathrm{F}}^{2}\right)\leqslant P_{\mathrm{r}}$ 是否成立，如不成立对数字预编码矩阵执行标准化操作。

经过步骤 1 至步骤 8 后，利用交替迭代最小化的方法求出最终的最佳数字预编码器与最佳离散化的模拟预编码器。另外，为了保证辅助变量 $\boldsymbol{G}$ 的收敛性和原始约束问题的可行性，我们定义迭代过程的终止准则为

$$\left\|\widehat{\boldsymbol{G}}^{k}-\widehat{\boldsymbol{G}}^{k-1}\right\|_{\mathrm{F}}\leqslant\epsilon_{\mathrm{g}}\ \&\&\left\|\widehat{\boldsymbol{G}}^{k}-\boldsymbol{G}_{\mathrm{T}}^{k}\boldsymbol{G}_{\mathrm{BB}}^{k}\boldsymbol{G}_{\mathrm{R}}^{k\mathrm{H}}\right\|_{\mathrm{F}}\leqslant\epsilon_{\mathrm{r}} \tag{6.31}$$

其中，ϵ_{g} 和 ϵ_{r} 是确定所提出算法准确性的相应公差，通过较小的公差可以得到更精确的最优解，但实际计算过程的复杂度较高。另外，$K_{\max}$ 是为避免因非凸性所导致的循环误差而设置的最大迭代次数。

6.2.3 系统能效均衡分析

在本节中，为了实现能效均衡的混合预编码设计，对非完美毫米波信道下全双工中继系统的能量效率与频谱效率分别研究。系统的频谱效率表示为

$$R_{\mathrm{sum}}=\log_2(1+\widetilde{\mathrm{SINR}})$$

其中，$\widetilde{\mathrm{SINR}}$ 为系统的信干噪比。由于系统中不完全的信道信息，导致在信干噪比计算中具有额外的估计误差噪声，则 SINR 表示为

$$\widetilde{\mathrm{SINR}}=\frac{P}{L_{\mathrm{s}}\sigma^{2}}\boldsymbol{F}^{\mathrm{H}}\widetilde{\boldsymbol{H}}_{\mathrm{sr}}^{\mathrm{H}}\boldsymbol{G}^{\mathrm{H}}\widetilde{\boldsymbol{H}}_{\mathrm{rd}}^{\mathrm{H}}\widetilde{\boldsymbol{W}}\left(\boldsymbol{F}^{\mathrm{H}}\widetilde{\boldsymbol{H}}_{\mathrm{sr}}^{\mathrm{H}}\boldsymbol{G}^{\mathrm{H}}\widetilde{\boldsymbol{H}}_{\mathrm{rd}}^{\mathrm{H}}\widetilde{\boldsymbol{W}}\right)^{\mathrm{H}}\left(\widetilde{\boldsymbol{N}}+\boldsymbol{F}^{\mathrm{H}}\widetilde{\boldsymbol{N}}_{\mathrm{s}}\boldsymbol{F}+\widetilde{\boldsymbol{W}}\widetilde{\boldsymbol{N}}_{\mathrm{n}}\widetilde{\boldsymbol{W}}^{\mathrm{H}}\right)^{-1} \tag{6.32}$$

其中

$$
\begin{aligned}
&\widetilde{\boldsymbol{N}}=\boldsymbol{F}^{\mathrm{H}}\widetilde{\boldsymbol{H}}_{\mathrm{sr}}^{\mathrm{H}}\boldsymbol{G}^{\mathrm{H}}\mathrm{tr}\{\boldsymbol{\varphi}_{\mathrm{rd}}\widetilde{\boldsymbol{W}}\widetilde{\boldsymbol{W}}^{\mathrm{H}}\}\vartheta_{\mathrm{rd}}\boldsymbol{G}\widetilde{\boldsymbol{H}}_{\mathrm{sr}}\mathbf{F}+\widetilde{\boldsymbol{W}}^{\mathrm{H}}\widetilde{\boldsymbol{H}}_{\mathrm{rd}}\boldsymbol{G}\boldsymbol{H}_{\mathrm{li}}\left(\widetilde{\boldsymbol{W}}^{\mathrm{H}}\widetilde{\boldsymbol{H}}_{\mathrm{rd}}\boldsymbol{G}\boldsymbol{H}_{\mathrm{li}}\right)^{\mathrm{H}}\\
&\widetilde{\boldsymbol{N}}_{\mathrm{s}}=\mathrm{tr}\{\boldsymbol{\varphi}_{\mathrm{sr}}\boldsymbol{G}^{\mathrm{H}}\left(\widetilde{\boldsymbol{H}}_{\mathrm{rd}}^{\mathrm{H}}\widetilde{\boldsymbol{W}}\widetilde{\boldsymbol{W}}^{\mathrm{H}}\widetilde{\boldsymbol{H}}_{\mathrm{rd}}+\mathrm{tr}\{\boldsymbol{\varphi}_{\mathrm{rd}}\widetilde{\boldsymbol{W}}\widetilde{\boldsymbol{W}}^{\mathrm{H}}\}\vartheta_{\mathrm{rd}}\right)\boldsymbol{G}\}\vartheta_{\mathrm{sr}}\\
&\widetilde{\boldsymbol{N}}_{\mathrm{n}}=\mathrm{tr}\{\boldsymbol{G}\left(\boldsymbol{H}_{\mathrm{li}}\boldsymbol{H}_{\mathrm{li}}^{\mathrm{H}}+\mathbf{I}_{N_{\mathrm{r}}}\right)\boldsymbol{G}^{\mathrm{H}}\vartheta_{\mathrm{rd}}\}\vartheta_{\mathrm{rd}}
\end{aligned}
\tag{6.33}
$$

另外，$P=P_{\mathrm{r}}P_{\mathrm{s}}$ 表示总传输功率。为了更符合实际，假设全双工中继节点的实际的能耗模型为

$$
P_{\mathrm{total}}=\hat{P}_{\mathrm{r}}+b_{\mathrm{t}}N_{\mathrm{r}}N_{\mathrm{RF}}^{\mathrm{r}}P_{\mathrm{PS}}+b_{\mathrm{r}}N_{\mathrm{r}}N_{\mathrm{RF}}^{\mathrm{r}}P_{\mathrm{PS}}+P_0 \tag{6.34}
$$

其中，P_{PS} 表示单位精度离散移相器的功耗。值得注意的是，本章中我们简化了轨旁源节点和目的端在设计中所产生的影响，因此能耗模型仅考虑中继节点的消耗。该能耗模型中第一项 $\hat{P}_{\mathrm{r}}$ 是中继消耗的总功率，其中包括系统固定功率和发送功率 P_{r}；第二项和第三项分别是移相器网络在发射和接收部分的总功率；最后一项 P_0 表示固定系统的其他非传输功率部分，例如发射机上放大器的功率、基带处理功率和自干扰消除功率等。因此，总能量效率 η 可定义为

$$
\eta=\frac{R_{\mathrm{sum}}}{P_{\mathrm{total}}} \tag{6.35}
$$

进一步定义满足取值区间为 $0\leqslant\omega\leqslant1$ 的赋值变量 ω，构造能量效率和频谱效率之间的联合优化，则联合目标函数可以表示为

$$
T=\max_{b_{\mathrm{t}},b_{\mathrm{r}}\in\{1,\dots,8\}}(1-\omega)\eta+\omega R_{\mathrm{sum}} \tag{6.36}
$$

其中，ω 可以通过利用穷举法在[0，1]范围内进行选择。上述联合优化函数代表了不同偏好下频谱效率和能量效率之间的权衡，例如，当 $\omega=0$ 能够获得最大化的能量效率，而令 $\omega=1$ 则最大化频谱效率。

6.3 仿真与分析

接下来给出了在毫米波中继系统中的仿真结果，以说明所提出的中继混合预编码设计的性能。轨旁源节点、中继节点和目的节点分别配置

$N_s = 144$、$N_r = 64$ 和 $N_d = 36$ 根天线。为简单起见，中继节点的发射器和接收器端使用相同数量的天线和相同数量的 RF 链。天线阵列 D_r 和 D_l 之间的角度 Θ 与距离均为零，以获得最显著的增益并减少其他因素的影响。假设噪声方差等于 1，即 $\sigma_r^2 = \sigma_d^2 = 1$。

图 6.2 比较了所提出的基于 ADMM 的算法和其他迭代算法之间的优化 MSE 性能，其中 RF 链的数目 $N_{RF}^r = 8$。假设信源和目的地采用全数字预编码，该预编码由文献[74]中的算法实现，并选择以最小均方误差为目标的迭代算法进行比较。通过观察可以明显看出，所提出的基于 ADMM 的混合预编码 MSE 性能相比基于 ISA 的混合预编码的 MSE 性能更接近于全数字预编码方案，证明了所提出算法的有效性。此外，在传输更多数据流时，在合理的迭代数目内基于 ADMM 的算法可以实现 MSE 收敛。

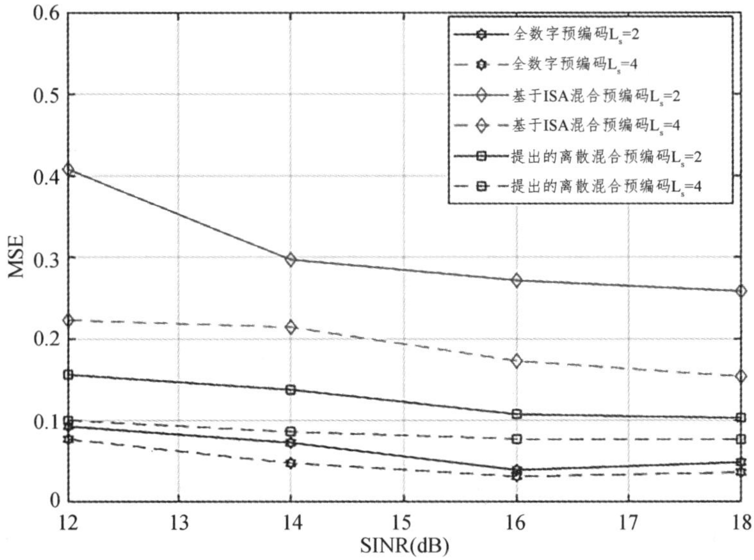

图 6.2　所提算法与其他算法的 MSE 性能比较

由于完美信道为非完美信道下更能展现算法性能的一个特例情况，因此首先对于完美信道下的中继混合预编码设计进行仿真分析。选择基于 SVD 分解的全数字预编码设计作为仿真中比较的上界，并与基于 OMP 的迭代算法和基于 CDM 的算法进行了比较。特别地，后一种算法是针对没有中继节点的系统提出的，因此我们将其扩展到全双工中继系统进行比较。

图 6.3 针对 SINR 比较了具有全分辨率 PSs 的不同预编码算法的 SE 性能。通过观察，基于无限分辨率 PSs 的混合结构的 SE 接近全数字，数据流的增加带来了性能的提升。特别是与基于CDM算法和基于码本选择的OMP算法相比，由 ADMM 算法设计的混合预编码结构可以获得更好的 SE 性能。

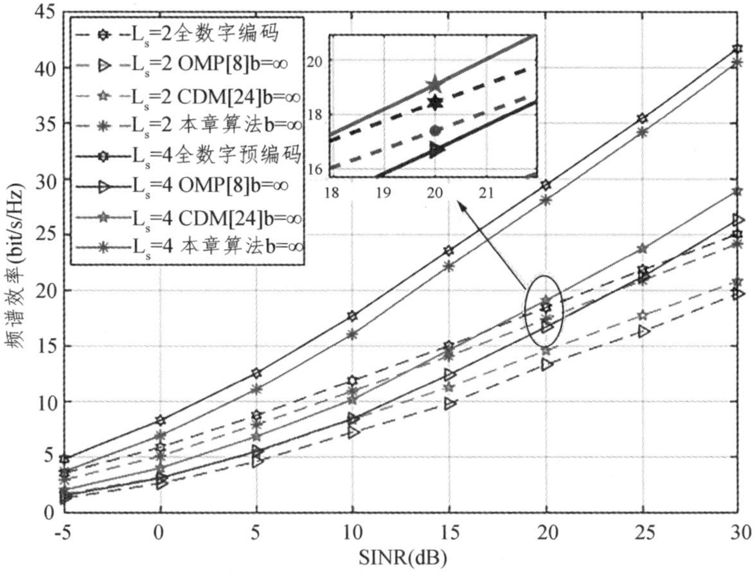

图 6.3　全分辨率移相器下不同中继预编码算法的 SE 性能比较

图 6.4 显示了在不同的量化预编码方案和不同的数据流数目下，PSs 的分辨率对 SE 的影响。可以看出，在实现低分辨率 PSs 时，该算法仍能获得令人满意的性能。值得注意的是，本文提出的中分辨率 PSs 算法与基于 CDM 的同分辨率 PSs 算法相比，具有良好的性能和有效性。此外，采用该算法中结构最简单的单分辨 PSs 算法的性能明显优于其他高分辨率 PSs 算法。

图 6.5 为使用不同数量的数据流 L_s 时，比较中继节点的接收器和发送器使用不同量化比特移相器时的 SE 随 SNR 变化曲线。可以观察到，由于预编码矩阵的求解顺序不同，相同数据流的发射机的低分辨率量化具有更高的性能损失。尤其是在量化接收机的基础上对发射机进行优化，通过迭代求解将量化误差降低到较低的水平，但在后续的变量中仍会增加少量的性能损失。数据流的增加会影响整体性能的提高，包括接收机或发射机，但不会对单边产生具体影响。

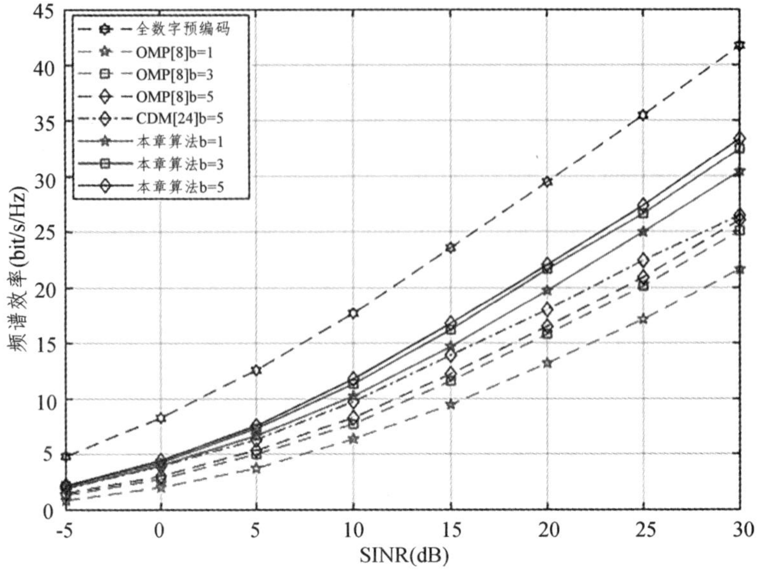

图 6.4　采用不同量化精度移相器的不同算法间 SE 性能比较

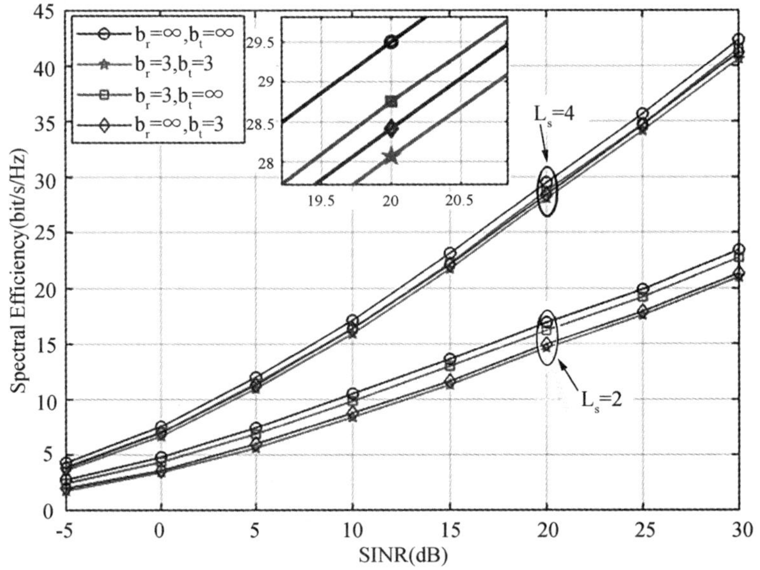

图 6.5　中继接收与发送采用不同量化位时 SE 随 SNR 变化曲线

图 6.6 所示研究了不同分辨率的 PSs 对所提出算法的 SE 值的影响，展示了在 SINR=20 dB 的情况下，整个可能的分辨率范围内的性能。可以发现，

提高 PSs 的分辨率可以减小全分辨率结构和离散分辨率结构之间的 SE 差。当 PSs 的分辨率由单分辨率提高到双分辨率时，SE 值显著增加。然而，当 PSs 具有更大的量化比特（例如 b>5）时，进一步提高 PSs 的分辨率对提高 SE 没有很大帮助。另外，尽管使用了低分辨率 PSs，但是增加数据流的数量可以显著地提高 SE 并降低接收机和发射机的量化损耗。

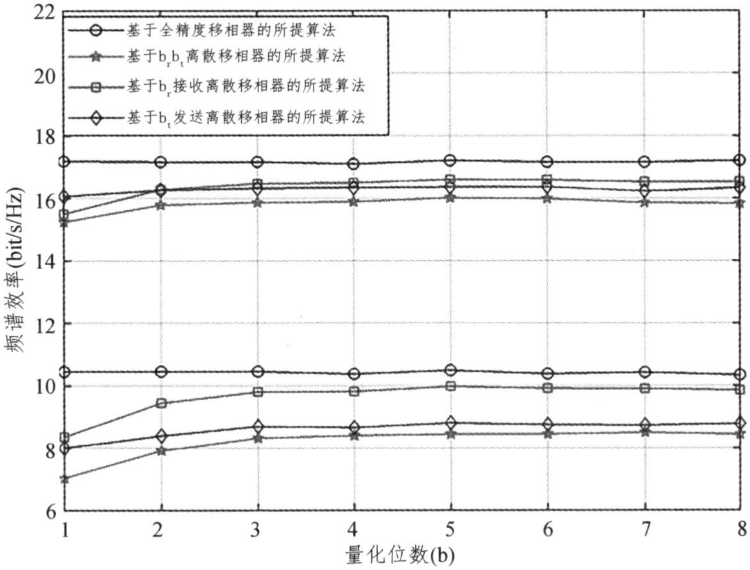

图 6.6　中继接收与发送采用不同量化位时 SE 随量化位数变化曲线

图 6.7 显示了利用不同分辨率 PSs 时的 EE 性能。可以看出，EE 随峰值先增大后减小，其中顶点值出现在约 10 dB 的 SINR 值附近，而不是所选 SINR 范围内的最大值。另外，具有 3 位分辨率 PSs 的体系结构具有更好的 EE，而具有 1 位分辨率 PSs 的体系结构性能较差。这是因为与 3 位分辨率的情况相比，具有 1 位分辨率 PSs 的可实现 SE 的退化是显著的。特别地，由于功耗同步降低，EE 随着量化分辨率的降低而增加，超过 3 比特。这意味着通过选择较低分辨率的 PSs 可以获得更好的 EE。值得注意的是，由于混合结构减少了使用最大功率消耗的射频链，因此具有全精度 PSs 的混合预编码系统仍然比全数字结构具有更好的 EE。

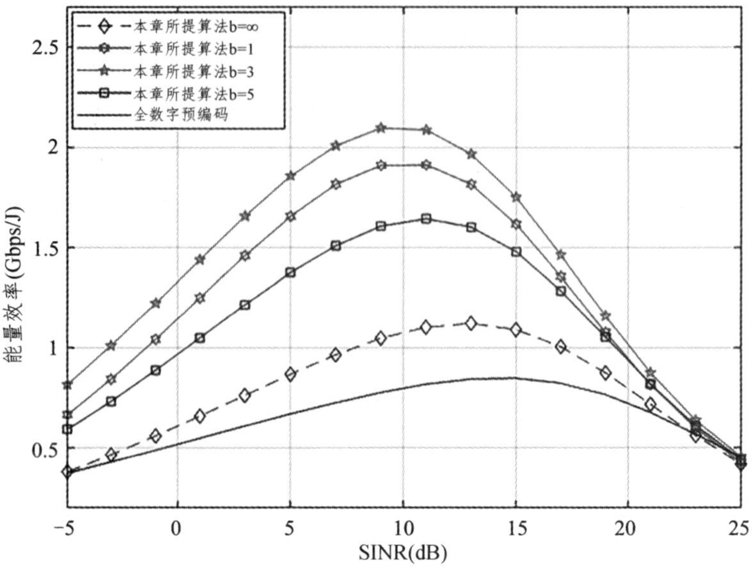

图 6.7　采用不同量化位数移相器时系统 EE 随 SINR 变化曲线

接下来，进一步考虑具有估计误差的非完美信道情况，以验证所提出算法的有效性。其中各个节点的配置与完美信道中的配置相同，并假设 $\varrho_{sr}=\varrho_{rd}=\varrho$，$\varkappa_{sr}=\varkappa_{rd}=\varkappa$ 和 $\varsigma_{sr}=\varsigma_{rd}=\varsigma$。

在图 6.8 中，我们展示了所提出的具有全分辨率 PSs 和量化分辨率 PSs 的 ADMM 算法在不完全 CSI 下的 SE 性能，其中 $\varkappa=0.6$，$\varrho=0.4$，$\varsigma=0.3$ [67]，并同时比较了具有全分辨率 PSs 的 OMP 和 CDM 算法。可以看出，在不同的信噪比条件下，本章所提算法在不同的信噪比下均能获得较好的量化性能。但是，由于在估计误差下的模拟预编码量化运算，非完美 CSI 下的 SE 性能比理想 CSI 下的性能差。因此，当移相器的量化位数不能继续提升时，可以使用更全面的信道参数作为性能改进的重点。

图 6.9 显示了 SE 性能与 ς 的对比，以说明在不同的 PSs 分辨率下，估计误差对系统性能的影响，其中 $\varkappa=0.6$，$\varrho=0.4$。可以清楚地看到，随着估计误差的逐渐增大，系统性能在急剧下降后趋于平稳，性能下降主要集中在小于 0.2 的范围内。这一现象揭示了一个有趣的事实，即当天线数量固定时，较差的信道参数不会导致更高的性能损失。在这种情况下，由于系统结构对估计误差的敏感性逐渐降低，信道估计的优化是低优先级的。

因此，在计算资源有限的情况下，准确地选择需要优化的焦点变量就显得尤为重要。另外，天线尺度的增大进一步降低了系统对估计误差的敏感性。

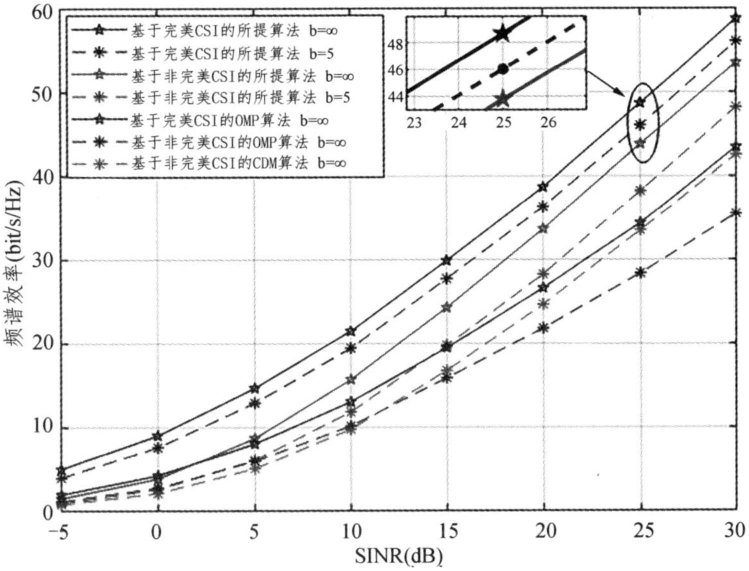

图 6.8　非完美 CSI 下不同算法性能比较曲线

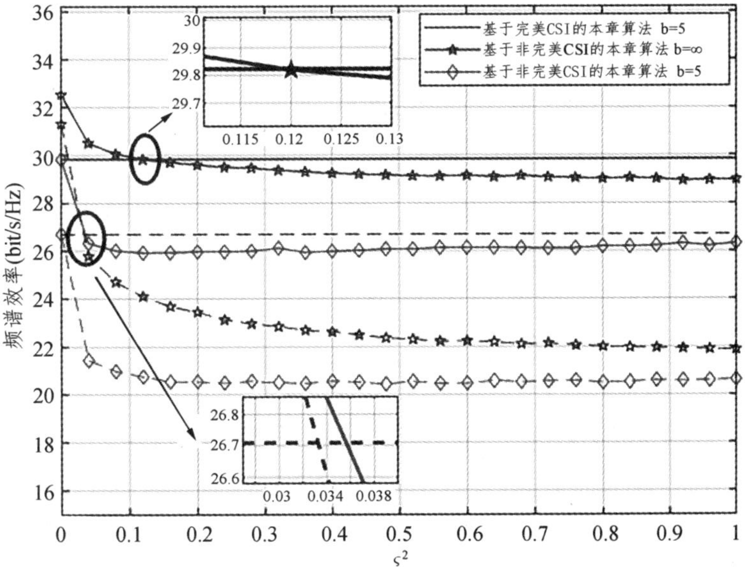

图 6.9　非完美 CSI 下量化 PSs 和全精度 PSs 随估计误差变化曲线

图 6.10 说明了在不完全 CSI 和完全 CSI 下，实现的 SE 和 EE 的权衡，其中移相器的量化精度逐渐提高。从图 6.10 中可以清楚地观察到，对于具有不同发射功率的混合预编码结构，这种折中具有相似的行为，即随着 SE 的增加，EE 逐渐增加到峰值（ $\omega=0$ ），然后迅速降低。此外，量化精度的轻微降低可导致 EE 的极大改善，但当 SE 超过顶点时（例如，$b=3$，$\omega=1$ ）SE 没有显著改善。不幸的是，较低的 EE 仍然是使用高分辨率 PSs 的一个缺点，但是可以通过增加传输功率来补偿。请注意，最佳 EE 性能只能在特定参数下实现，而不是不断增加传输功率。另一方面，在不完全 CSI 条件下，无论 SE 还是 EE，总体性能都与完美条件下的性能有相同的折中趋势，但比完美条件下的性能差。

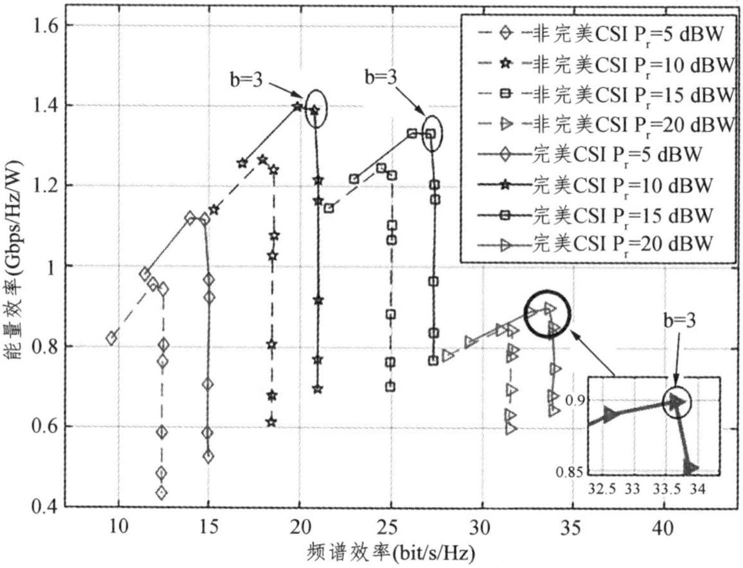

图 6.10　不同 CSI 下 SE 与 EE 间权衡曲线

6.4　非理想 CSI 下全双工双向中继网络模型

全双工双向中继网络的系统模型如图 6.11 所示，该系统由两个合法用户 A、B，一个非法用户窃听者 E 和 N 个中继节点（ $\Omega=\{R_k \mid k=1,2,\cdots,N\}$ ）组成。所有的合法节点都配备两根天线，以保证工作在全双工双向模式。

而窃听者节点只有一根天线，窃取合法用户与中继节点发送的信息。由于障碍物和信号的远距离传输引起的深度衰落的影响，节点 A 和 B 之间的直接链路被阻塞，需要借助中继将信号进行解码转发至目的端。

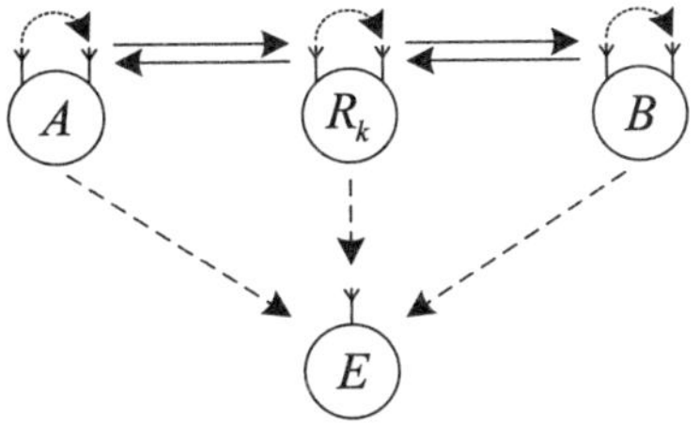

图 6.11　全双工双向中继网络模型

6.4.1　信号传输模型

整个通信过程分为两个阶段，在第一个阶段，发送端将信息广播给 N 个中继节点；在第二个阶段中，系统从 N 个中继中选取一个性能最优的中继节点将信号进行解码转发到目的端。本文考虑小尺度衰落信道，假设通信信道均相互独立且服从瑞利衰落，信道中的噪声均为均值为零的加性高斯白噪声。节点 a 与 b 间（ $a,b \in \{A,B,R_k\}$ ）的平均链路信噪比受信道估计误差 δ_e^2 的影响，其估计信噪比 $\hat{\gamma}_{a,b}$ 、误差信噪比 $\Delta\gamma_{a,b}$ 分别服从参数为 $\left(1-\delta_e^2\bar{\gamma}_{a,b}\right)^{-1}$ 、$\left(\delta_e^2\bar{\gamma}_{a,b}\right)^{-1}$ 的指数分布。假设信道间的相互性是始终存在的，即 $\bar{\gamma}_{a,b}=\bar{\gamma}_{b,a}$ 始终成立。当 $a=b$ 时，$\bar{\gamma}_{a,a}$ 表示全双工设备自身的剩余自干扰。本文考虑最坏的一种情况，假设所有的窃听信道是理想的，即没有信道估计误差。窃听者与用户 A 、第 k 个中继 R_k 、用户 B 之间的信噪比 $\gamma_{A,E}$ 、$\gamma_{R_k,E}$ 、$\gamma_{B,E}$ 分别满足参数为 $1/\gamma_{A,E}$ 、$1/\gamma_{R_k,E}$ 、$1/\gamma_{B,E}$ 的指数分布。令 $(m,m')=\{(A,B),(B,A)\}$ ，节点 m 发送信号，在第 k 个中继处获得的信干噪比可以表示为

$$\Phi_{m,R_k}=\frac{\hat{\gamma}_{m,R_k}}{\Delta\gamma_{m,R_k}+\hat{\gamma}_{m',R_k}+\Delta\gamma_{m',R_k}+\bar{\gamma}_{R_k,R_k}+1} \tag{6.37}$$

中继进行解码转发后，在节点 m' 处获得的信干噪比为

$$\Phi_{R_k,m'}=\frac{\hat{\gamma}_{R_k,m'}}{\Delta\gamma_{R_k,m'}+\bar{\gamma}_{m',m'}+1} \tag{6.38}$$

6.4.2 安全信道容量分析

为了获得更好的系统安全性能，本文采用最优中继选择方案，在通信过程中，系统选择性能最优的中继进行解码转发。当用户 A 发送信息时，中继获得的链路安全信道容量为

$$C_{A,R_k}=\log_2\left(\frac{1+\Phi_{A,R_k}}{1+\gamma_{A,E}}\right)=\log_2\left(X_1\right) \tag{6.39}$$

用户 B 接收到来自中继的信号所获得的链路安全信道容量为

$$C_{R_k,B}=\log_2\left(\frac{1+\Phi_{R_k,B}}{1+\gamma_{R_k,E}}\right)=\log_2\left(X_2\right) \tag{6.40}$$

则 $A\to B$ 传输方向的安全信道容量为 C_{A,R_k} 和 $C_{R_k,B}$ 中的最小值，即

$$C_{A,B}=\min\left\{C_{A,R_k},C_{R_k,B}\right\} \tag{6.41}$$

同理，$B\to A$ 传输方向的安全信道容量 $C_{B,A}$ 可表示为

$$C_{B,A}=\min\left\{C_{B,R_k},C_{R_k,A}\right\} \tag{6.42}$$

其中，$C_{B,R_k}=\log_2\left[\left(1+\Phi_{B,R_k}\right)/\left(1+\gamma_{B,E}\right)\right]=\log_2\left(X_3\right)$，$C_{R_k,B}=\log_2\left[\left(1+\Phi_{R_k,B}\right)/\left(1+\gamma_{R_k,E}\right)\right]$ $=\log_2\left(X_2\right)$。

根据最大最小原则[48]，系统的安全信道容量可表示为

$$C_{\mathrm{sec}}=\max_{R_k\in\Omega}\min\left\{C_{A,B},C_{B,A}\right\} \tag{6.43}$$

6.5 非理想 CSI 下全双工双向中继网络性能分析

6.5.1 保密中断概率与监听概率分析

保密中断概率是安全信道容量的另一种表达形式，它是从速率和信噪比两个参量来分析网络的性能。保密中断概率定义为当前信道链路的容量无法满足系统所要求的门限用户速率。假设系统的门限速率值为 r，则 SOP 可表示为

$$P_{\text{out}}(x)=\Pr\{C_{\text{sec}}<r\} \tag{6.44}$$

其中 $x=2^r$，表示中继选择系统的阈值。根据式（6.44）可得最优中继选择方案下系统 SOP 的表达式为

$$\begin{aligned}P_{\text{out}}(x)=&\sum_{l=0}^{N}\binom{N}{l}\left(-\frac{1}{\overline{\gamma}_{A,E}\overline{\gamma}_{B,E}}\right)^{l}\left(\frac{\left(1-\delta_{\mathrm{e}}^{2}\right)^{3}\overline{\gamma}_{A,R_k}\overline{\gamma}_{B,R_k}}{x\delta_{\mathrm{e}}^{2}\overline{\gamma}_{R_k,E}}\right)^{2l}\\&\times\exp\left[-\frac{l(x-1)}{1-\delta_{\mathrm{e}}^{2}}\left(\frac{\overline{\gamma}_{B,B}+1}{\overline{\gamma}_{R_k,B}}+\frac{\overline{\gamma}_{A,A}+1}{\overline{\gamma}_{R_k,A}}+\frac{\overline{\gamma}_{R_k,R_k}+1}{\overline{\gamma}_{A,R_k}}+\frac{\overline{\gamma}_{R_k,R_k}+1}{\overline{\gamma}_{B,R_k}}\right)\right]\\&\times\exp\left[l\mu_{B,R_k}(x)\beta(x)\right]\cdot\mathrm{Ei}^{l}\left[-\mu_{B,R_k}(x)\beta(x)\right]\\&\times\exp\left[l\mu_{A,R_k}(x)\beta(x)\right]\cdot\mathrm{Ei}^{l}\left[-\mu_{A,R_k}(x)\beta(x)\right]\\&\times\left[K_{11}\zeta_{A,R_k}(x)+K_{12}\eta_{A,B,R_k}(x)+K_{13}\sigma_{A,B,R_k}(x)\right]^{l}\\&\times\left[K_{21}\zeta_{B,R_k}(x)+K_{22}\eta_{B,A,R_k}(x)+K_{23}\sigma_{B,A,R_k}(x)\right]^{l}\end{aligned} \tag{6.45}$$

证明：取 $Z_1=\min\{X_1,X_2\}$、$Z_2=\min\{X_3,X_4\}$，式（6.44）可进一步写为

$$\begin{aligned}P_{\text{out}}(x)&=\Pr\left\{\max_{R_k\in\Omega}\min\{\log_2(Z_1),\log_2(Z_2)\}<r\right\}\\&=\left[1-\int_0^{\infty}\int_0^{\infty}f_{\gamma_{A,E}}(y)\left(1-F_{X_1|\gamma_{A,E}}(x)\right)\left(1-F_{X_2}(x)\right)\right.\\&\qquad\left.\times f_{\gamma_{B,E}}(z)\left(1-F_{X_3|\gamma_{B,E}}(x)\right)\left(1-F_{X_4}(x)\right)\mathrm{d}y\mathrm{d}z\right]^{N}\end{aligned} \tag{6.46}$$

由关系式 $X_1=\left(1+\Phi_{A,R_k}\right)/\left(1+\gamma_{A,E}\right)$ 可得，在 $\gamma_{A,E}$ 的约束下，X_1 的累积分布函数为

$$F_{X_1|\gamma_{A,E}}(x)=F_{\Phi_{A,R_k}}\left[x\left(1+\gamma_{A,E}\right)-1\right] \tag{6.47}$$

其中，信干噪比 Φ_{A,R_k} 的累计分布函数可由式（6.37）得

$$\begin{aligned}F_{\Phi_{A,R_k}}(x)=&1-\frac{1-\delta_{\mathrm{e}}^{2}}{x\delta_{\mathrm{e}}^{2}+\left(1-\delta_{\mathrm{e}}^{2}\right)}\cdot\frac{\overline{\gamma}_{A,R_k}}{x\overline{\gamma}_{B,R_k}+\overline{\gamma}_{A,R_k}}\\&\times\frac{\left(1-\delta_{\mathrm{e}}^{2}\right)\overline{\gamma}_{A,R_k}}{x\delta_{\mathrm{e}}^{2}\overline{\gamma}_{B,R_k}+\left(1-\delta_{\mathrm{e}}^{2}\right)\overline{\gamma}_{A,R_k}}\cdot\exp\left[-\frac{x\left(\overline{\gamma}_{R_k,R_k}+1\right)}{\left(1-\delta_{\mathrm{e}}^{2}\right)\overline{\gamma}_{A,R_k}}\right]\end{aligned} \tag{6.48}$$

将式（6.48）代入式（6.47）中即为 X_1 的累积分布函数表达式。同理，$\Phi_{R_k,B}$ 的累积分布函数可由式（6.38）推出

$$F_{\Phi_{R_k,B}}(x)=1-\frac{1-\delta_e^2}{x\delta_e^2+\left(1-\delta_e^2\right)}\cdot\exp\left[-\frac{x\left(\overline{\gamma}_{B,B}+1\right)}{\left(1-\delta_e^2\right)\overline{\gamma}_{R_k,B}}\right] \tag{6.49}$$

则根据关系式 $X_2=\left(1+\Phi_{R_k,B}\right)/\left(1+\gamma_{R_k,E}\right)$ 可得 X_2 的累积分布函数为

$$\begin{aligned}F_{X_2}(x)&=\int_0^\infty F_{\Phi_{R_k,B}}\left[x(1+y)-1\right]f_{\gamma_{R_k,E}}(y)\mathrm{d}y\\&=1+\frac{1-\delta_e^2}{x\delta_e^2\overline{\gamma}_{R_k,E}}\cdot\exp\left[-\frac{(x-1)\left(\overline{\gamma}_{B,B}+1\right)}{\left(1-\delta_e^2\right)\overline{\gamma}_{R_k,B}}\right]\cdot\exp\left(\mu_{B,R_k}(x)\beta(x)\right)\cdot\mathrm{Ei}\left(-\mu_{B,R_k}(x)\beta(x)\right)\end{aligned} \tag{6.50}$$

式（6.50）可由参考文献[177]中式 3.352.4 得出，式中 $\mu_{B,R_k}(x)=\frac{1}{\overline{\gamma}_{R_k,E}}+\frac{x\left(\overline{\gamma}_{B,B}+1\right)}{\left(1-\delta_e^2\right)\overline{\gamma}_{R_k,B}}$，$\beta(x)=\frac{x-1}{x}+\frac{1-\delta_e^2}{x\delta_e^2}$，函数 $\mathrm{Ei}(-x)=-\int_x^\infty\frac{\exp(-t)}{t}\mathrm{d}t$。类似可以求出 $F_{X_3|\gamma_{B,E}}(x)$ 和 $F_{X_4}(x)$ 的函数表达式，并代入到式（6.46）中可得

$$\begin{aligned}P_{\mathrm{out}}(x)=&\sum_{l=0}^{N}\binom{N}{l}\left(-\frac{1}{\overline{\gamma}_{A,E}\overline{\gamma}_{B,E}}\right)^l\left(\frac{1-\delta_e^2}{x\delta_e^2\overline{\gamma}_{R_k,E}}\right)^{2l}\exp\left[l\mu_{B,R_k}(x)\beta(x)\right]\cdot\mathrm{Ei}^l\left[-\mu_{B,R_k}(x)\beta(x)\right]\\&\times\exp\left[l\mu_{A,R_k}(x)\beta(x)\right]\mathrm{Ei}^l\left[-\mu_{A,R_k}(x)\beta(x)\right]\exp\left[-\frac{l(x-1)}{1-\delta_e^2}\left(\frac{\overline{\gamma}_{B,B}+1}{\overline{\gamma}_{R_k,B}}+\frac{\overline{\gamma}_{A,A}+1}{\overline{\gamma}_{R_k,A}}\right)\right]I_1^lI_2^l\end{aligned} \tag{6.51}$$

其中，$\mu_{A,R_k}(x)=\frac{1}{\overline{\gamma}_{R_k,E}}+\frac{x\left(\overline{\gamma}_{A,A}+1\right)}{\left(1-\delta_e^2\right)\overline{\gamma}_{R_k,A}}$。取 $i=1,2$，$i=1$ 时，$(m,m')=(A,B)$；$i=2$ 时，$(m,m')=(B,A)$。则 I_1、I_2 可统一表示为

$$I_i=K_m\cdot\exp\left[-\frac{(x-1)\left(\overline{\gamma}_{R_k,R_k}+1\right)}{\left(1-\delta_e^2\right)\overline{\gamma}_{m,R_k}}\right]\cdot\left[K_{i1}\zeta_{m,R_k}(x)+K_{i2}\eta_{m,m',R_k}(x)+K_{i3}\sigma_{m,m',R_k}(x)\right] \tag{6.52}$$

其中，$K_m=\left[\left(1-\delta_{\mathrm{e}}^2\right)\overline{\gamma}_{m,R_k}\right]^2$，$I_i$ 表达式中的系数 K_{i1}、K_{i2}、K_{i3} 分别为

$$\begin{cases} K_{i1}=\dfrac{1}{-x\overline{\gamma}_{m',R_k}\beta(x)+(x-1)\overline{\gamma}_{m',R_k}+\overline{\gamma}_{m,R_k}} \\ \qquad\times\dfrac{1}{-x\delta_{\mathrm{e}}^2\overline{\gamma}_{m',R_k}\beta(x)+(x-1)\delta_{\mathrm{e}}^2\overline{\gamma}_{m',R_k}+\left(1-\delta_{\mathrm{e}}^2\right)\overline{\gamma}_{m,R_k}} \\ K_{i2}=\dfrac{1}{-x\delta_{\mathrm{e}}^2\omega_{m,m',R_k}(x)+(x-1)\delta_{\mathrm{e}}^2+\left(1-\delta_{\mathrm{e}}^2\right)} \\ \qquad\times\dfrac{1}{-x\delta_{\mathrm{e}}^2\overline{\gamma}_{m',R_k}\omega_{m,m',R_k}(x)+(x-1)\delta_{\mathrm{e}}^2\overline{\gamma}_{m',R_k}+\left(1-\delta_{\mathrm{e}}^2\right)\overline{\gamma}_{m,R_k}} \\ K_{i3}=\dfrac{1}{-x\delta_{\mathrm{e}}^2\tau_{m,m',R_k}(x)+(x-1)\delta_{\mathrm{e}}^2+\left(1-\delta_{\mathrm{e}}^2\right)} \\ \qquad\times\dfrac{1}{-x\overline{\gamma}_{m',R_k}\tau_{m,m',R_k}(x)+(x-1)\overline{\gamma}_{m',R_k}+\overline{\gamma}_{m,R_k}} \end{cases} \quad (6.53)$$

函数 $\zeta_{m,R_k}(x)$、$\eta_{m,m',R_k}(x)$、$\sigma_{m,m',R_k}(x)$ 的表达式为

$$\begin{cases} \zeta_{m,R_k}(x)=-\dfrac{1}{x\delta_{\mathrm{e}}^2}\cdot\exp\left[\upsilon_{m,R_k}(x)\beta(x)\right]\cdot\mathrm{Ei}\left[-\upsilon_{m,R_k}(x)\beta(x)\right] \\ \eta_{m,m',R_k}(x)=-\dfrac{\exp\left[\upsilon_{m,R_k}(x)\omega_{m,m',R_k}(x)\right]\cdot\mathrm{Ei}\left[-\upsilon_{m,R_k}(x)\omega_{m,m',R_k}(x)\right]}{x\overline{\gamma}_{m',R_k}} \\ \sigma_{m,m',R_k}(x)=-\dfrac{\exp\left[\upsilon_{m,R_k}(x)\tau_{m,m',R_k}(x)\right]\cdot\mathrm{Ei}\left[-\upsilon_{m,R_k}(x)\tau_{m,m',R_k}(x)\right]}{x\delta_e^2\overline{\gamma}_{m',R_k}} \end{cases} \quad (6.54)$$

式中 $\upsilon_{m,R_k}(x)=\dfrac{1}{\overline{\gamma}_{m,E}}+\dfrac{x\left(\overline{\gamma}_{R_k,R_k}+1\right)}{\left(1-\delta_{\mathrm{e}}^2\right)\overline{\gamma}_{m,R_k}}$，$\omega_{m,m',R_k}(x)=\dfrac{x-1}{x}+\dfrac{\overline{\gamma}_{m,R_k}}{x\overline{\gamma}_{m',R_k}}$，$\tau_{m,m',R_k}(x)=\dfrac{x-1}{x}+\dfrac{1-\delta_{\mathrm{e}}^2}{\delta_{\mathrm{e}}^2}\times\dfrac{\overline{\gamma}_{m,R_k}}{x\overline{\gamma}_{m',R_k}}$。

推论 6.1：当中继处于节点 A 与 B 的中间位置时，有 $\overline{\gamma}_{A,R_k}=\overline{\gamma}_{B,R_k}$，此时式（6.52）中 $K_m=\left(1-\delta_{\mathrm{e}}^2\right)^2/x$，且系数 K_{i1}、K_{i2}、K_{i3} 应改写成

$$\begin{cases} K_{i1} = \dfrac{1}{x\delta_{\mathrm{e}}^2} \cdot \dfrac{-1}{\left[-\beta(x)+1\right]^2} \\ K_{i2} = \dfrac{1}{-\beta(x)+1} \\ K_{i3} = \dfrac{1}{\left[-x\delta_e^2 + (x-1)\delta_e^2 + \left(1-\delta_e^2\right)\right]^2} \end{cases} \tag{6.55}$$

函数 $\eta_{m,m',R_k}(x)$、$\sigma_{m,m',R_k}(x)$ 应改写成

$$\begin{cases} \eta_{m,m',R_k}(x) = \dfrac{1}{\left(x\delta_{\mathrm{e}}^2\right)^2} \upsilon_{m,R_k}(x) \cdot \exp\left[\upsilon_{m,R_k}(x)\beta(x)\right] \cdot \mathrm{Ei}\left[-\upsilon_{m,R_k}(x)\beta(x)\right] \\ \qquad + \dfrac{1}{x\delta_{\mathrm{e}}^2\left[(x-1)\delta_{\mathrm{e}}^2 + \left(1-\delta_{\mathrm{e}}^2\right)\right]} \\ \sigma_{m,m',R_k}(x) = -\exp\left[\upsilon_{m,R_k}(x)\right] \cdot \mathrm{Ei}\left[-\upsilon_{m,R_k}(x)\right] \end{cases} \tag{6.56}$$

推论 6.2： 当 δ_{e}^2 较小甚至趋近于零时，形如式（6.45）的表达式如 $-\exp\left[\mu_{B,R_k}(x)\beta(x)\right] \times \mathrm{Ei}\left[-\mu_{B,R_k}(x)\beta(x)\right]$ 等，由于 $\lim\limits_{\delta_{\mathrm{e}}^2 \to 0} f\left(\delta_{\mathrm{e}}^2\right) \to \infty$，此时需要对这些项进行近似处理：

$$\lim_{\delta_{\mathrm{e}}^2 \to 0}\left\{-\exp\left[f\left(\delta_{\mathrm{e}}^2\right)\right] \cdot \mathrm{Ei}\left[-f\left(\delta_{\mathrm{e}}^2\right)\right]\right\} \approx \frac{1}{f\left(\delta_{\mathrm{e}}^2\right)} \tag{6.57}$$

以上即为在本文的系统模型下，系统 SOP 的表达式。$\delta_{\mathrm{e}}^2 = 0$ 时信道模型为理想信道状态信息，此时系统 SOP 表达式可参考文献[48]。监听概率反映了窃听者窃听合法用户信息的能力。当系统安全信道容量低于零时，监听事件发生，则监听概率可表示为

$$P_{\mathrm{int}} = \Pr\left\{C_{\mathrm{sec}} < 0\right\} \tag{6.58}$$

根据监听概率的定义，令 SOP 表达式中的门限速率值 $r = 0$ 即可得监听概率的表达式。

6.5.2 仿真结果与分析

根据以上推导结果，利用 MATLAB 仿真得到保密中断概率和监听概率与信噪比的关系图，并通过与蒙特卡洛仿真进行对比，验证结果的正确性。仿真中取门限速率值 $r = 0.5\,\text{bit/s/Hz}$，设剩余自干扰 $\overline{\gamma}_{A,A} = \overline{\gamma}_{B,B} = \overline{\gamma}_{R_k,R_k} = \overline{\gamma}_{LI}$，窃听链路的平均信噪比 $\overline{\gamma}_{A,E} = \overline{\gamma}_{B,E} = \overline{\gamma}_{R_k,E} = \overline{\gamma}_E$。根据中继所处位置不同，取 $\overline{\gamma}_{A,R_k} / \overline{\gamma}_{B,R_k} = q$，$q > 1$、$q < 1$ 分别表示中继处于靠近节点 A、B 的位置，当 $q = 1$ 时表示中继恰好位于节点 A 与 B 的中间位置。

图 6.12 是系统 SOP 随中继位置变化的曲线。仿真中设置中继数目 $N = 5$、信噪比 $\overline{\gamma}_{A,R_k} = 10\ \text{dB}$、剩余自干扰 $\overline{\gamma}_{LI} = 0\,\text{dB}$、窃听信噪比 $\overline{\gamma}_E = -10\,\text{dB}$、信道估计误差 $\delta_e^2 = 0.1$。从图中可以看出，当 $\overline{\gamma}_{A,R_k}$ 与 $\overline{\gamma}_{B,R_k}$ 的比值 q 为 1，即中继位于节点 A、B 中间位置时，此时系统 SOP 最小。中继位置越靠近 A 或 B 一侧，系统安全性能也就越差。同时，在该双向中继网络中，全双工系统的性能要优于半双工，并随着 $q \to 1$，全双工系统的优势越来越大。

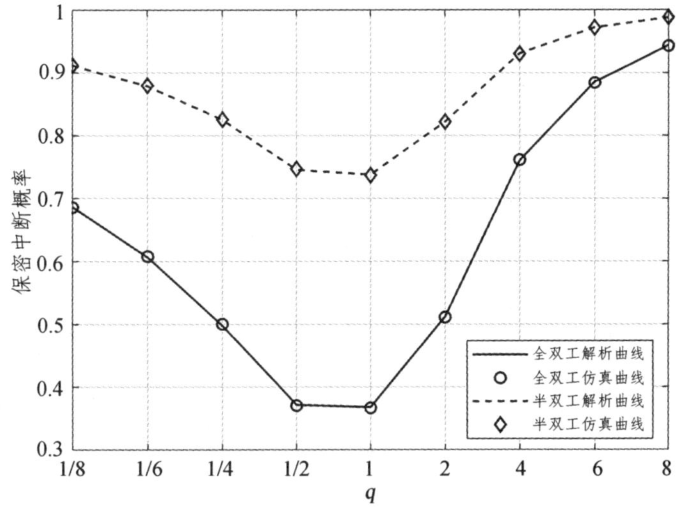

图 6.12　中继位置对保密中断概率的影响曲线

图 6.13 是信道估计误差 δ_e^2 分别为 0.1、0.01、0 时，系统 SOP 随着信噪比 $\overline{\gamma}_{A,R_k}$ 变化的曲线。仿真中设置中继数目 $N = 5$、窃听信噪比 $\overline{\gamma}_E = -10\,\text{dB}$、剩余自干扰 $\overline{\gamma}_{LI} = -5\ \text{dB}$，并取 $q = 1/2$，即中继位于靠近节点 B 的位置。从

图中可以看出，随着信道估计误差的增大，SOP 逐渐增大，相应地系统性能逐渐变差。在信噪比 $\overline{\gamma}_{A,R_k}$ 较低时，这种变化尤为明显。当 $\overline{\gamma}_{A,R_k}$ 增大到一定值时，SOP 趋近于稳定，信道估计误差不再是影响系统性能的主要因素。在同一条件下全双工系统的安全性能明显优于半双工系统。

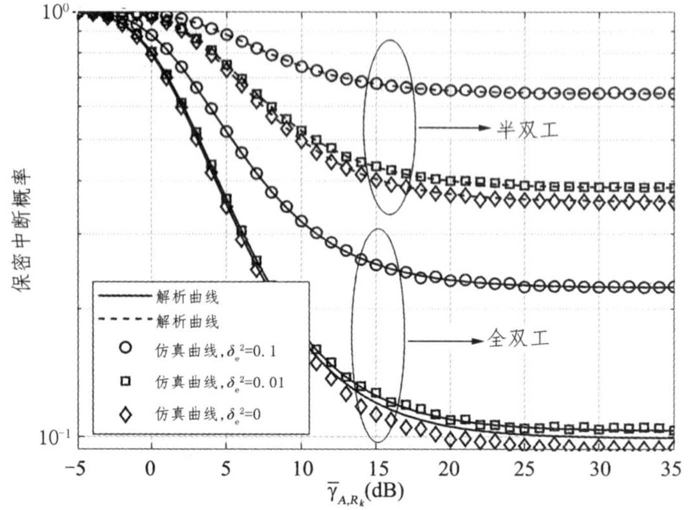

图 6.13 信道估计误差对保密中断概率的影响曲线

图 6.14 是中继数目 N 取 1、3、5 时，系统 SOP 随着信噪比 $\overline{\gamma}_{A,R_k}$ 变化的曲线。仿真中设置 $q=1/2$、窃听信噪比 $\overline{\gamma}_E=-10$ dB、剩余自干扰 $\overline{\gamma}_{LI}=-5$ dB、信道估计误差 $\delta_e^2=0.1$。当 $N=1$ 时即为单中继系统。从图中可以看出，系统 SOP 随着信噪比的增加而减少，中继数目越多，系统 SOP 下降越明显。当信噪比增加到一定值时，系统 SOP 逐渐趋于稳定。在高信噪比处，$N=5$ 时的保密中断概率是 $N=3$ 时的 50%左右，是单中继系统的 27%左右。由此可见，在传输信噪比无法满足要求的情况下，适当增加中继数目可以有效地提高系统的安全性能。

图 6.15 是窃听信噪比 $\overline{\gamma}_E$ 在 0 dB、−5 dB、−10 dB 三种情况下，监听概率随着信噪比 $\overline{\gamma}_{A,R_k}$ 变化的曲线。仿真中设置 $q=1/2$、中继数目 $N=5$、剩余自干扰 $\overline{\gamma}_{LI}=0$ dB、信道估计误差 $\delta_e^2=0.1$。从图中可以看出，随着 $\overline{\gamma}_E$ 的下降，监听概率大幅下降，系统的安全性能明显上升。由于半双工系统中没有剩余自干扰的影响，在低到中信噪比处，同一条件下半双工系统的监听

概率要低于全双工系统的监听概率。同时这种影响随着信噪比的提升逐渐消失。仿真结果表明可以通过适当提高传输信噪比来抑制窃听者对系统安全性能的影响。

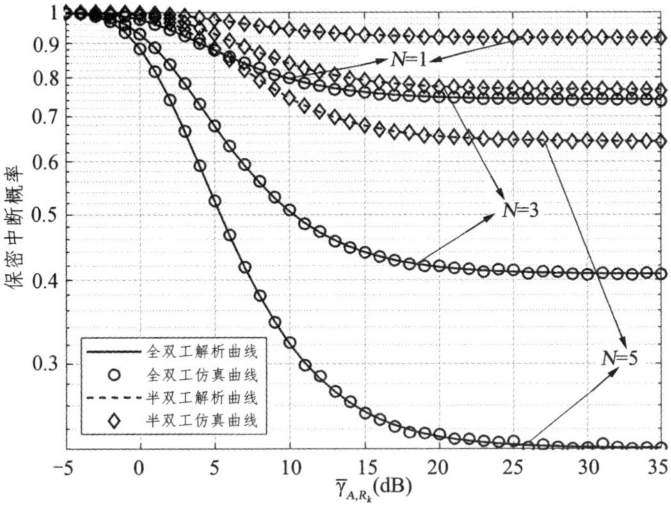

图 6.14　中继数目对保密中断概率的影响曲线

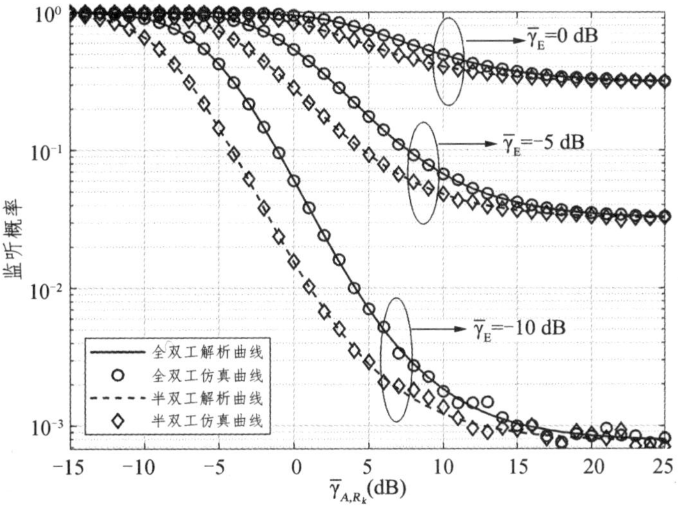

图 6.15　窃听链路信噪比对监听概率的影响曲线

图 6.16 是剩余自干扰 $\overline{\gamma}_{LI}$ 分别为−5 dB、0 dB、5 dB 时，监听概率随着信噪比 $\overline{\gamma}_{A,R_k}$ 变化的曲线。仿真中设置 $q=1/2$ 、中继数目 $N=5$ 、窃听信噪比

$\bar{\gamma}_E = -10\,\text{dB}$、信道估计误差 $\delta_e^2 = 0.1$。从图中可以看出，系统的监听概率随着剩余自干扰 $\bar{\gamma}_{LI}$ 的降低而降低，而半双工系统中剩余自干扰为零，因此半双工系统的监听概率总是低于全双工系统的监听概率。随着信噪比 $\bar{\gamma}_{A,R_k}$ 的逐渐增加，剩余自干扰带来的影响逐渐减弱。当 $\bar{\gamma}_{A,R_k}$ 增加到一定值时，半双工与全双工系统的监听概率几乎保持一致，此时剩余自干扰不再是影响系统安全性能的主要因素。

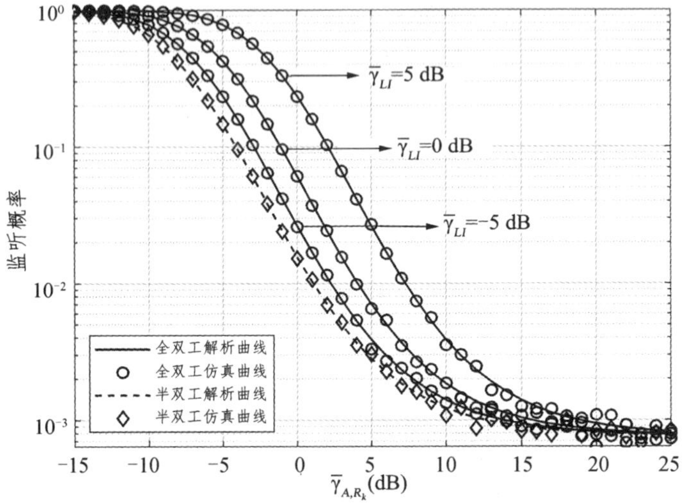

图 6.16　剩余自干扰对监听概率的影响曲线

6.6　本章小结

本章针对非完美毫米波信道，研究了一种基于离散 PSs 的全双工中继系统的混合预编码设计。为了降低设计过程中具有多优化变量的期望多项式的复杂度，推导了不完全 CSI 情况下 MSE 优化问题的简化形式方程，然后提出了一种基于 ADMM 和量化步长的松弛算法来获得上述优化方程的耦合近似解，在给定的终止准则和必要条件下保证解析解的最优性。而且，考虑到任意量化的要求，本章研究了不完全 CSI 下 SE 和 EE 的折中。数值模拟结果表明，与在全分辨率或全数字结构的情况下，该算法可以在 SE 和 EE 之间提供更好的折中。另外，本章还研究了基于非理想信道状态信息的全双工双向中继网络的安全性能，系统模型中存在两个合法用户、多个中继节点和一个窃听用户。先对最优中继选择方案下对系统保密性能进行分析，推导出了系统保密中断概率的表达式。然后对所提模型进行仿真，并通过蒙特卡洛仿真验证结果的准确性。仿真结果表明，影响系统保密性能的主要因素有中继位置、信道估计误差、中继数目、窃听链路信噪比和剩余自干扰等，适当地增加中继数目或者提高信噪比可以获得更好的系统性能。

第7章

智能反射表面辅助高铁空间调制系统

在高铁场景下，车载终端接收信号容易受到未知干扰，并且受多普勒频移的影响较为严重。在传统的大规模 MIMO 协作通信系统中，中继同样需要部署大量天线单元以保证可靠的通信质量，因此会消耗大量资源。由此，研究高铁基于 IRS 辅助 SM 系统的方案具有现实意义。本章分别考虑智能表面的两种放置方式，首先考虑将其放置在轨旁基站与基站之间，基于列车位置通过 IRS 对 SM 有效信号进行相位调整，补偿多普勒频移的同时，研究车载终端与干扰源的相对距离对于使用 IRS 抑制干扰信号的影响。然后，考虑智能反射表面代替传统中继直接服务多用户，对系统功耗进行建模，研究可实现速率与能量效率之间的权衡。最后，对发射功率进行规划，进一步提高系统性能。

7.1 轨旁 IRS 辅助的高铁空间调制自适应传输方案

7.1.1 IRS-SM 系统模型

考虑高铁场景下，基于 IRS 辅助的空间调制下行传输系统。如图 7.1 所示，将基站或者无线接入点（Access Point，AP）置于高铁轨旁，其作为发射端配备有 N_t 根发射天线，传输的数据 s 采用 M 阶 QAM 调制，满足 $\mathbb{E}\left(|s|^2\right)=E_s$，$E_s$ 为传输数据符号的功率。同时，在距离基站 10 m 的高铁轨旁布置一个 IRS 或者将 IRS 附在高铁车窗之上，其装备有 N 个能够调整反射波相位的可重构天线单元。轨旁布置和车窗放置的区别在于智能表面相对于车载终端是静止还是移动，即需要考虑 IRS 反射的传播路径在第一段

还是第二段受高速移动性的影响。

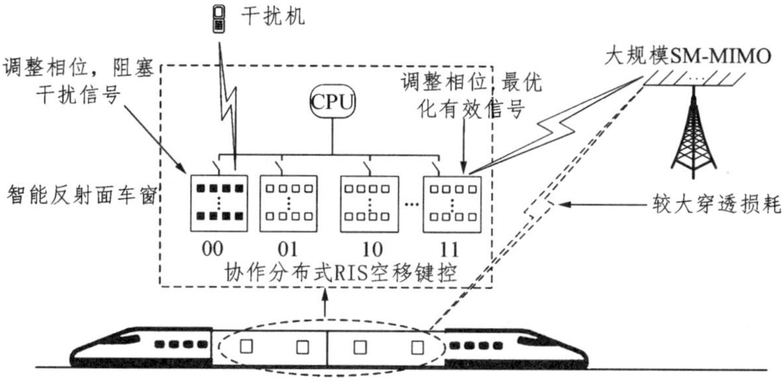

图 7.1 智能表面辅助的高铁空间调制系统图

将调制载波信号从基站端发射至车载接收端有两条路径，分别为基站端直接传至高铁车载接收端，其信道服从空时相关的莱斯分布，与第 4 章中所用的衰落一致；另外一条路径为经过 IRS 反射之后到达车载接收端，可以分为两段，第一段为莱斯衰落，第二段需要将空时相关性、IRS 反射相位等综合考虑。其可以分为直视路径 LoS 和非视距路径 NLoS，NLoS 信号经过智能表面的反射后与 LoS 信号同时到达车载接收端。车载接收端配备有 a 根天线，其中 N_r 根作为空间调制接收天线，其接收端接收到的信号可以表示为

$$y=\sqrt{P}\left(h_1\boldsymbol{\Psi}g_1+g_2\right)x+n \tag{7.1}$$

其中，P 为发射信号功率；h_1 与 g_2 分别为基站端到 IRS 与基站端到高铁之间的信道系数，由于 IRS 相对基站位置固定，可以认为 h_1 是普通莱斯信道，而 g_2 可以表示为公式（4.7）的空时相关莱斯信道；g_1 为 IRS 与高铁之间的瑞利信道；$\boldsymbol{\Psi}$ 为 $N\times N$ 相移矩阵且 $\boldsymbol{\Psi}=\mathrm{diag}\{\theta\}$，其中，$\theta=\left[\mathrm{e}^{\mathrm{j}\theta_1},\mathrm{e}^{\mathrm{j}\theta_2},\ldots\mathrm{e}^{\mathrm{j}\theta_N}\right]$，$\theta_i\in[0,2\pi)$ 代表第 i 个反射单元的相移角度，x 为具有单位能量的归一化发射信号，n 为均值为 0、方差为 N_0 的复高斯随机变量。

设基站发射端发射波长为 λ 的调制载波给速度为 v 的高铁，通过基于几何方法的随机建模[39]，可以将上述高铁混合信道简化为到达角为 $\varepsilon_{\mathrm{LoS}}\in[0,\pi)$ 的直视路径 g_{LoS} 和经过 IRS 反射到达角为 $\varepsilon_{\mathrm{NLoS}}\in[0,\pi)$ 的散射多径 g_{NLoS}^{i}，则

高铁信道可以表示为

$$g = g_{\mathrm{LoS}} + \sum_{i=1}^{N} g_{\mathrm{NLoS}}^{i} = \sqrt{\frac{K_2}{1+K_2}} \mathrm{e}^{-\mathrm{j}2\pi f_D \cos(\varepsilon_{\mathrm{LoS}})} + h_1 \sqrt{\frac{1}{(1+K_2)N}} \sum_{i=1}^{N} \mathrm{e}^{\mathrm{j}\varphi_i - \mathrm{j}2\pi f_D \cos(\varepsilon_{\mathrm{NLoS}}^{i})} \tag{7.2}$$

其中，$f_D = \dfrac{v}{\lambda}$ 为接收端最大多普勒频移；$\varphi_i = \Delta\varphi_i - \theta_i$ 对应 IRS 单元重构之后的相位，$\Delta\varphi_i$ 为经过天线选择后 IRS 动态优化的调整相位。

7.1.2 IRS-SM 系统的抗干扰传输

此处考虑存在主动干扰机时，针对列车高速移动所带来的多普勒频移和高铁抗干扰能力不足的问题。一方面，本文利用索引映射的特性保证部分信息不受主动干扰的影响；另一方面，利用 IRS 感知有效信号和干扰信号的信道状态信息，通过相位调整的方式优化有效信号，阻塞干扰信号。

利用空间调制索引映射的特性，可以根据信道特征携带一些信息，而这些信息比特的判断正确率取决于信道之间的差异性。由于信道本身与信号相对独立，ML 检测器进行信号检测的时候可以分别对天线索引和调制信号检测，天线索引部分信息取决于欧式距离，其可以表示为

$$d_{\mathrm{E}} = \left\| \mathbf{h} - \hat{\mathbf{h}} \right\|^2 \tag{7.3}$$

当远端有主动干扰机进行干扰的时候，并不会改变信道状态，所以也不会改变天线索引部分的欧氏距离，从而使得这部分信息不受主动干扰机的影响。

另外，利用 IRS 的部分天线进行信道感知，从而分别获得来自轨旁基站端和来自远端干扰机的信道状态信息。当表面积对于无限大的 IRS，两个用户几乎可以完美经 MF 过程后分离，互不干扰。然而，在实际部署中，每一个的表面是有限的。因此，有必要研究一个有限的 IRS 单元的干扰抑制能力。根据文献[178]，Eve 和高铁接收机可以看作是基站和 IRS 范围内的两个用户，则 Eve 对高铁接收机的干扰可以表示为

$$\mu_{k,l} = \iint\limits_{-L/2\leqslant x,y\leqslant L/2} s_{x_k,y_k}(x,y)s^*_{x_l,y_l}(x,y)\,\mathrm{d}x\,\mathrm{d}y \tag{7.4}$$

其中，$s_{x_k,y_k}(x,y)$ 表示处于距离 IRS 为 η_k 的第 k 个用户的有效信道，不考虑 IRS 位置高度的影响，其表达式为

$$s_{x_k,y_k}(x,y) = \frac{1}{2\sqrt{\pi}\eta_k^{\frac{3}{4}}}\exp\left(-\frac{2\pi \mathrm{j}\sqrt{\eta_k}}{\lambda}\right) \tag{7.5}$$

将公式（7.5）代入公式（7.4）中，可以得到

$$\mu_{k,l} = \iint\limits_{-L/2\leqslant x,y\leqslant L/2} \frac{1}{4\pi(\eta_k\eta_l)^{\frac{3}{4}}}\exp(\frac{2\pi \mathrm{j}\left(\sqrt{\eta_k}-\sqrt{\eta_l}\right)}{\lambda})\,\mathrm{d}x\,\mathrm{d}y \tag{7.6}$$

可以看到，在一定条件下，当 IRS 的长度 L 足够长，则 λ 足够小。此时用户间的干扰只取决于用户之间的相对距离，而与位置无关，相对距离可以表示为

$$d = \sqrt{(x_k - x_l)^2 + (y_k - y_l)^2} \tag{7.7}$$

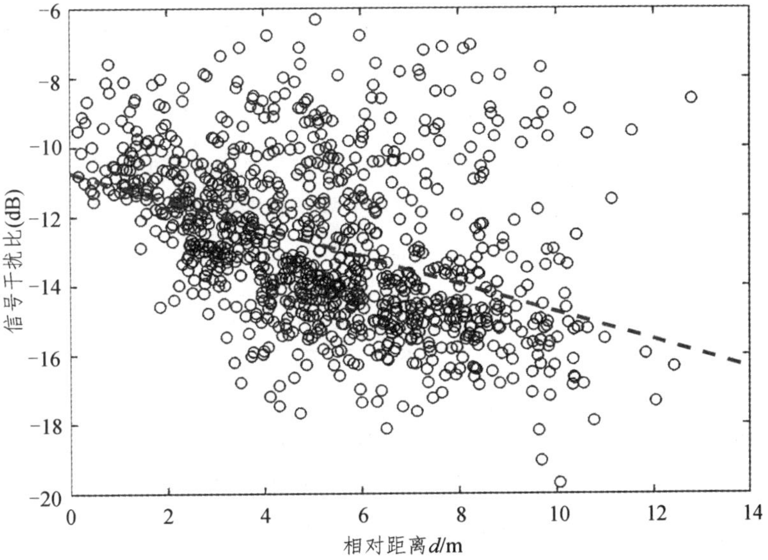

图 7.2　IRS 优化车载终端时未知干扰对信号的影响随相对距离的变化图

随着距离的增大，在 IRS 辅助通信的情况下，Eve 对高铁接收机的干扰便会逐渐降低，如图 7.2 所示，当干扰源相对 IRS 辅助接收机的距离超过一定值（超过-20 dB 即信号为干扰信号的 100 倍）时，干扰可以认为被抑制至忽略不计，则此时 SINR 的最大值又可以简化为 SNR 的最大值。

7.1.3　基于列车位置的 IRS 相位调整

在高铁场景下，利用导频反馈信号得到当前的信道状态信息。基于最大化信干噪比 SINR（Signal to Interference-Noise-Ratio）调整 $\Delta\varphi_i=\theta_i$ 从而使得 IRS 对列车接收端的信道容量和误码率性能进行提升，SINR 的表达式为

$$\gamma_{\max}=\frac{\left|\sum_{i=1}^{N}g_{\mathrm{NLoS}}^{i}\mathrm{e}^{\mathrm{j}\Delta\varphi_i}\right|^2E_s}{I_0+N_0} \tag{7.8}$$

其中，I_0 为未知干扰源所产生的干扰。从列车接收机的 a 根天线选取 N_{r}（取值为 2 的整数次幂）根天线用于接收空间调制，产生组合数为 $\begin{pmatrix}a\\N_{\mathrm{r}}\end{pmatrix}$ 的预选值，形成预选集。根据 IRS 相位调整之后的 SNR，计算预选集对应的 SNR 之和。基于最大化接收 SNR 之和，从预选集中选取最好的 N_{r} 根天线的组合构成空间调制接收端。

根据列车当前的相对位置，包括列车与基站的距离 d_{LoS} 和基站到 IRS 再到列车的距离 d_{NLoS}^{i} 确定当前列车接收机的最大多普勒频移。基于接收复包络调整相位 φ_i 从而减小多普勒频移对多径衰落的影响，接收复包络可以表示为

$$r_i=\frac{\lambda}{4\pi}\left(\frac{\mathrm{e}^{-\mathrm{j}2\pi f_D\cos(\varepsilon_{\mathrm{LoS}})}}{d_{\mathrm{LoS}}}+\frac{\mathrm{e}^{-\mathrm{j}2\pi f_D\cos\left(\varepsilon_{\mathrm{NLoS}}^{i}\right)+\varphi_i}}{d_{\mathrm{NLoS}}^{i}}\right) \tag{7.9}$$

根据公式（7.9）不难看出，由于列车与基站和 IRS 的相对位置改变会带来不同的到达角，其会影响最大多普勒频移的相位优化。由此，将复包络按相对位置分为三种，分别为列车在基站和 IRS 的左方，列车在基站和 IRS 之间，列车在基站和 IRS 的右方，到达角的取值范围为

$$\begin{cases} \varepsilon_{\mathrm{LoS}},\varepsilon_{\mathrm{NLoS}}^{i}\in\left[\dfrac{\pi}{2},\pi\right) & ,l\leqslant 100 \\ \varepsilon_{\mathrm{LoS}}\in\left[0,\dfrac{\pi}{2}\right),\varepsilon_{\mathrm{NLoS}}^{i}\in\left[\dfrac{\pi}{2},\pi\right) & ,100<l\leqslant 1100 \\ \varepsilon_{\mathrm{LoS}},\varepsilon_{\mathrm{NLoS}}^{i}\in\left[0,\dfrac{\pi}{2}\right) & ,l>1100 \end{cases} \tag{7.10}$$

根据列车的相对位置，判断列车接收机到达角的范围，基于最大复包络，进一步调整 IRS 相位与最大多普勒频移和到达角的关系。然后，在选取空间调制接收天线的基础上，根据当前调制信息对应的接收天线索引，通过迭代法从 IRS 的 N 个天线单元中选取使得索引天线的接收信号达到最大接收复包络的 N_{s} 个反射天线单元。

7.1.4 基于深度神经网络的自适应天线选择方案

这一小节将基于深度神经网络算法对 IRS-SM 的联合天线选择问题进行优化。首先，通过分析 IRS-SM 的联合天线选择问题，确定输入 DNN 模型的参数和所要得到的输出参数。然后，提出一种基于空时相关系数的特征选取方式替代传统的信道特征，并对天线选择方案做分解，以使得 DNN 模型能够有更好的拟合效果。最后，对产生的数据集进行优化预处理，并设置对应的 DNN 全连接训练模型。

1. 天线选择联合优化问题分析

为了进一步提升高铁 IRS-SM 的 BER 性能，欧式距离往往是优化的重要一环。对于一个给定的信道矩阵 $\boldsymbol{H}$，对应的欧式距离可以表示为

$$d_{\min}\left(\boldsymbol{H}\right)=\min\left\|\boldsymbol{H}\left(\boldsymbol{x}-\hat{\boldsymbol{x}}\right)\right\|_{F}^{2} \tag{7.11}$$

其中，括号内的值表示信号与估计信号的差值形成的信号对矢量。联合的优化问题便是从天线集合中选取使得欧式距离最大的天线集合，优化问题可以表示为

$$\hat{u}=\underset{u\in\{1,\cdots,U\}}{\arg\max}\left\{d_{\min}\left(\boldsymbol{H}\right)\right\} \tag{7.12}$$

在这些设计中，关于 IRS 天线单元的激活选择和接收空间调制索引天线的选择是相互独立的。由于 IRS 的天线单元数过多，而且要对其具体的天线是否激活做出判断，则有很多的组合情况（此处计算组合情况），同时，还需要将接收空间调制索引天线联合选出来，因为这关系到视距路径与非视距路径的联合最大化问题。但是要需求全局最优解需要通过遍历的搜索，找到所有可能的等效信道矩阵和所有不同的误差向量，这必然会导致高复杂性和反馈负载。然而，负载减少在实际通信系统中的适用性是有限的。代替直接解决的问题（7.11）通过使用优化驱动决定，将它们转换为深度神经网络分类问题，在最优解可以通过低数据驱动的预测，而不是繁琐的计算。

估计 IRS-SM 中天线集合的对应映射，将问题转化为考虑 IRS 天线单元选择和接收空间调制索引天线选择这两者的联合优化问题。设 IRS-RSM 联合天线选择集合为 $U=|S|$，用 $\boldsymbol{r}_m$ 表示第 m 个预测向量的最优表示为

$$\boldsymbol{r}_m = \mathbb{I}(\hat{u}=1),\mathbb{I}(\hat{u}=2),\cdots,\mathbb{I}(\hat{u}=U) \tag{7.13}$$

其中，$\mathbb{I}(\cdot)$表示映射函数。所以，被选择的预测向量对应的元素将会是 1，其他元素则为 0，这就意味着只有一个映射被选择。监督学习分类器和 DNN 的目标都是基于可获得的训练数据来预测这个向量。

2. 基于空时相关性的特征选取与方案优化

设计监督学习分类器和 DNN 算法应该包含两个角度，分别为训练预处理和学习系统搭建。训练预处理的过程包含有训练数据生成、特征矢量提取、关键性能指标设计和标签化这四个步骤。

（1）训练数据生成：与文献[128]和文献[129]类似，信道状态信息是影响高铁无线通信系统最重要的数据。将系统的两段无线信道合为一段进行处理，第一段为由基站发向 IRS 的信道 g_{LoS}，第二段为由 IRS 发向高速列车的信道 g_{NLoS}^{i}，根据公式（7.2）进行训练数据的生成，其中，需要对不同速度 v，不同场景 K，不同发射信号功率（即 SNR）下进行假设，其他关于角度的数据根据分布随机生成。

（2）特征矢量提取：在生成了相关的数据之后，我们需要提取相关的特征，并将这些特征作为输入集送入 DNN 构建模型。由前文的高铁无线信道分析，可以知道高铁信道状态特征主要由以下几个特征决定，尤其是空

时相关性，可以用期望表示

$$\boldsymbol{f}_m=\left\{\mathbb{E}\left[\left(\breve{\boldsymbol{G}}_1\right)^{\mathrm{H}}\breve{\boldsymbol{G}}_1\right],\ \mathbb{E}\left[\left(\breve{\boldsymbol{G}}_2\right)^{\mathrm{H}}\breve{\boldsymbol{G}}_2\right],\cdots,\mathbb{E}\left[\left(\breve{\boldsymbol{G}}_u\right)^{\mathrm{H}}\breve{\boldsymbol{G}}_u\right]\right\} \tag{7.14}$$

其中，G 为总的无线信道，如果根据第二章的内容，信道特征中的大尺度衰落主要与当前的位置有关系，而小尺度衰落需要考虑时间相关性，可以转化为与速度和频率相关的时间相关系数，这些都会影响到最终的天线选取结果和相位优化方式。

（3）关键性能指标设计：关键性能指标是用来区分训练样本的性能矩阵。为了进一步提升高铁无线通信系统的保密速率和 BER，将系统的接收 SNR 作为主要 KPI。

（4）标签化：在 DNN 模型中，需要对训练的结果标签化，这样才能有清晰的分类结果，以便模型进行更好地学习和类别区分。

另外，由于分类器的复杂度和数据集问题，需要对其进行优化。首先，由于需要将 IRS 的天线与空间调制接收天线进行联合选取，所以组合数十分庞大，因此，先对所有的组合数进行预处理。由于 IRS 天线单元与接收空间调制索引天线之间是独立的，所以可以通过使用交替优化的方法，固定接收空间调制索引天线，对 IRS 天线单元进行优化选取和相位调整，选取之后再对接收空间调制索引天线进行选取。

接下来，输入输出数据集的设置将会影响 DNN 模型做出判别，因为 DNN 所做的决策都是在隐藏层，所以可以被认为是黑箱模型，而只有通过输出的结果直接分析输入数据的好坏，那么输入数据就不能带有明显的倾向，需要对输入数据集进行均衡操作。一方面，数据均衡需要输入的数据集之间没有强相关性数据均衡需要对每一类的数据尽量做到平衡，尤其是得到同一个标签的样本最好接近，不然会造成训练处的结果靠近样本多的标签，所以需要对数据进行均衡化，使得标签与标签之间保持相对独立。另一方面，在输出层将天线组合作为标签的情况下，减小标签的分类可以增大标签类别之间的辨识度。在本文中，将 IRS 天线单元原先的组合数标签集转化为激活的天线数标签集，得到激活的天线数输出之后再进行遍历，这样就可以减小模型训练的时间复杂度以及提升模型分类的准确率。

3. 深度神经网络训练

首先，搭建 DNN 算法的总体框架，如图 7.3 所示，除了输入层和输出层以外，设所提出的 DNN 采用了 Q 个隐藏层，每个隐藏层都设有相同的神经元 N，采取线性整流函数（Rectified Linear Unit，ReLU）作为神经元的激活函数[126]。将从训练集 $\boldsymbol{G}$ 提取的特征向量 $\boldsymbol{f}_s$ 和分类标签 B_s 成对作为输入第一层可以获得对应的输出为

$$t_s^1 = \max(W^1 t_s^0 + b^1, 0) \tag{7.15}$$

其中，$W^1 \in R^{N\times 1}$ 为第一层的训练权重，$b^1 \in R^{N\times 1}$ 为第一层的训练偏置，$t_s^0 = \boldsymbol{f}_s$ 为输入层。

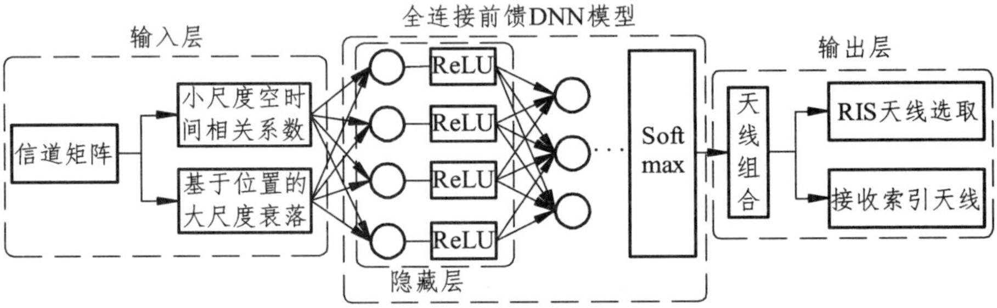

图 7.3　前馈 DNN 全连接训练模型

那么，对于第 $q(1<q<Q)$ 层来说，我们可以利用 $q-1$ 层的输出向量来改善其输入的特征矢量，并产生输出如下：

$$t_s^q = \max(W^q t_s^{q-1} + b^q, 0) \tag{7.16}$$

其中，$W^q \in R^{N\times N}$ 为第 q 层的训练权重，$b^q \in R^{N\times 1}$ 为第 q 层的训练偏置。

最后，对于最后一层，在 $[0,1]$ 区间内采用柔性最大值传输函数来表征输出矢量的元素，其结果可以表示为

$$t_s^Q = \mathrm{soft}\max(W^Q t_s^{Q-1} + b^Q, 0) \tag{7.17}$$

通过迭代公式（7.15）到公式（7.17）的过程，基于最小交叉熵损失和函数不断训练各层的权重与偏置值，函数表示如下：

$$Q(W^q, b^q) = \frac{1}{S}\sum_{s=1}^{S}\sum_{m=1}^{M}\hat{t}_s^Q(m)\log(t_s^Q(m)) \tag{7.18}$$

其中，$\hat{t}_s^Q(m)$ 为根据分类标签所期望得到的值，那么对于一个新的测试集 $\boldsymbol{G}_{\text{new}}$ 来说，就是将其特征向量 $\boldsymbol{f}_{\text{new}}$ 提取出来，重复上述步骤，并求解能够获得最大 t_s^Q 的 m 值。

当使用第一个 $Q-1$ 层增强 DNN 模型的拟合时，可以看作是对原始特征的细化特征提取。相比之下，最后一层被用来生成类标签。在本文中，我们采用 ReLU 函数作为神经元的激活函数以保证稀疏性和减少梯度消失的可能性，这有利于更快地学习天线组合分类问题。此外，如公式（7.18）所示，本章利用对数损失函数来衡量 DNN 分类模型的性能，因为当目标预测向量为公式（7.13）中所示的单热点向量时，便可以提高收敛速度。为了有效确定 DNN 多分类器中的参数 $\{W^l,\ b^l\}$，$l=1,\cdots,Q$，通过简单的共轭梯度和随机梯度下降的方法将对应参数进行高效的迭代。

7.2 系统性能分析

7.2.1 系统信道容量性能分析

系统遍历容量上限可以表示为

$$C=\mathbb{E}\left\{\log_2\left(1+\gamma_{\max}\right)\right\} \tag{7.19}$$

其中，$\gamma_{\max}$ 为经过最优相位调整过后 SNR。根据 Jensen 不等式，我们可以得到其容量上限表达式为

$$C\leqslant C_{\text{up}}=\log_2\left(1+\mathbb{E}\{\gamma_{\max}\}\right) \tag{7.20}$$

由公式（7.8）计算出 $\mathbb{E}\{\gamma_{\max}\}$，使用二项式展开定理，可得

$$\mathbb{E}\{\gamma_{\max}\}=\frac{P}{N_0}\left[\mathbb{E}\left\{\left(\sum_{i=1}^{N}\left|h_{2,i}\right|\left|h_{1,i}\right|\right)^2\right\}+\mathbb{E}\left\{|g|^2\right\}+2\mathbb{E}\left\{\sum_{i=1}^{N}\left|h_{2,i}\right|\left|h_{1,i}\right||g|\right\}\right] \tag{7.21}$$

其整体期望值可以由各部分期望值相加得到，下面将求解各部分期望值：

对于公式（7.21）中莱斯变量 $\left|h_{l,i}\right|$，其期望值可以表示为

$$\begin{cases}\mathbb{E}\left\{\left|h_{l,i}\right|\right\}=\sqrt{\dfrac{\pi}{4d_l^{\alpha_l}(K_l+1)}}\mathrm{L}_{1/2}\left(-K_l\right)\\[2ex]\mathbb{E}\left\{\left|h_{l,i}\right|^2\right\}=\dfrac{1}{d_l^{\alpha_l}}\end{cases} \tag{7.22}$$

其中，$\mathrm{L}_{1/2}(\cdot)$ 表示 Lagureer 多项式[179]；$d_l^{\alpha_l}$ 为第 l 条路径的路径损耗；α_l 是其路径损耗系数；对于瑞利分量 $|g|$，其期望值可以表示为

$$\begin{cases} \mathbb{E}\{|g|\} = \sqrt{\dfrac{\pi}{2d_3^{\alpha_3}}} \\ \mathbb{E}\{|g|^2\} = \dfrac{1}{d_3^{\alpha_3}} \end{cases} \tag{7.23}$$

考虑到 h_1 与 h_2 的相互独立性，则可得式（7.21）中第一项分量期望值为

$$\mathbb{E}\left\{\left(\sum_{i=1}^{N}|h_{2,i}||h_{1,i}|\right)^2\right\} = \frac{N}{d_1^{\alpha_1}d_2^{\alpha_2}} + \frac{N(N-1)\pi^2}{16d_1^{\alpha_1}d_2^{\alpha_2}(K_1+1)(K_2+1)}\mathrm{L}_{1/2}^2(-K_l)\mathrm{L}_{1/2}^2(-K_l) \tag{7.24}$$

其中，第二项分量期望值由公式（7.23）所得，而第三项分量期望值可以表示为

$$2\mathbb{E}\left\{\sum_{i=1}^{N}|h_{2,i}||h_{1,i}||g|\right\} = \sqrt{\frac{\pi^3N^2}{8d_1^{\alpha_1}d_2^{\alpha_2}d_3^{\alpha_3}(K_1+1)(K_2+1)}}\mathrm{L}_{1/2}(-K_1)\mathrm{L}_{1/2}(-K_2) \tag{7.25}$$

综上，将三部分分量值相加，则最大遍历系统容量可以表示为

$$C_{\max} = \log_2\left\{1+\frac{P}{N_0}\left[\begin{array}{l} \dfrac{1}{d_3^{\alpha_3}} + \dfrac{N}{d_1^{\alpha_1}d_2^{\alpha_2}} \\ +\dfrac{N(N-1)\pi^2}{16d_1^{\alpha_1}d_2^{\alpha_2}(K_1+1)(K_2+1)}\mathrm{L}_{1/2}^2(-K_l)\mathrm{L}_{1/2}^2(-K_l) \\ +\sqrt{\dfrac{\pi^3N^2}{8d_1^{\alpha_1}d_2^{\alpha_2}d_3^{\alpha_3}(K_1+1)(K_2+1)}}\mathrm{L}_{1/2}(-K_1)\mathrm{L}_{1/2}(-K_2) \end{array}\right]\right\} \tag{7.26}$$

7.2.2 系统误码率性能分析

精确的理论误码率难以获得，考虑先推导出对天线指标 m 和传输数据符号 x 联合检测的成对差错概率 PEP，以此得到误码率的上界。

对 IRS_SM 系统进行 ML 检测，误比特率 P_b 的联合上界为

$$P_b \leqslant \frac{1}{MM_r}\sum_{m}\sum_{\hat{m}}\sum_{x}\sum_{\hat{x}}\frac{\overline{P}(m,x\to\hat{m},\hat{x})d(m,x\to\hat{m},\hat{x})}{\log_2(MM_r)} \tag{7.27}$$

式中，$P(m,x\to\hat{m},\hat{x})$ 表示对天线指标 m 和传输数据符号 x 联合检测的成对差错概率；$d(m,x\to\hat{m},\hat{x})$ 表示对应的成对错误事件的错误比特数。

对于 Bob，其 $P(m,x\to\hat{m},\hat{x})$ 为

$$\begin{aligned}
P(m,x\to\hat{m},\hat{x}) &= P(\sum_{q=1}^{M_r}\left|r_{bq}-P_aG_qx\right|^2 > \sum_{l=1}^{M_r}\left|r_{bq}-P_a\hat{G}_qx\right|^2) \\
&= P(\sum_{q=1}^{M_r}-\left|P_aG_qx-P_a\hat{G}_q\hat{x}\right|^2 - 2R\left\{z_e^{*}(P_aG_qx-P_a\hat{G}_q\,\hat{\mathrm{x}})\right\}>0) \\
&= P(G>0)
\end{aligned} \tag{7.28}$$

式中，$G_q=\sum_{i=1}^{N}h_{q,i}\mathrm{e}^{\mathrm{j}\varphi_{m,i}}$；$\hat{G}_q=\sum_{i=1}^{N}h_{q,i}\mathrm{e}^{\mathrm{j}\varphi_{\hat{m},i}}$ ；$G\sim N(\mu_G,{\delta_G}^2)$，$\mu_G=\sum_{l=1}^{M_r}P_a\left|G_qx-\hat{G}_q\hat{x}\right|^2$，${\delta_G}^2=\sum_{l=1}^{M_r}2{\delta_b}^2P_a\left|G_qx-\hat{G}_q\hat{x}\right|^2$ 。因此有：

$$P(m\to\hat{m})=\mathrm{Q}\left(\sqrt{\frac{\sum_{l=1}^{M_r}P_a\left|G_qx-\hat{G}_q\hat{x}\right|^2}{2{\delta_b}^2}}\right) \tag{7.29}$$

考虑 Q 函数的另一种形式，令 $\varGamma=\sum_{l=1}^{M_r}P_a\left|G_qx-\hat{G}_q\hat{x}\right|^2$ ，平均 PEP 可以计算如下：

$$\overline{P}(m\to\hat{m})=\int_0^{\infty}Q\left(\sqrt{\frac{\varGamma}{2{\delta_b}^2}}\right)f_{\varGamma}(\varGamma)\mathrm{d}\varGamma=\frac{1}{\pi}\int_0^{\pi/2}M_{\varGamma}(\frac{-1}{4\sin^2\eta{\delta_b}^2})\mathrm{d}\eta \tag{7.30}$$

其中，$M_{\varGamma}(s)$ 由接收天线指标 m 错误或正确检测概率所决定，可通过考虑其相关高斯分量的一般二次型来推导。

（1）当 $m=\hat{m}$ ，即正确检测到接收天线指标的情况下，考虑到 $G_q=\hat{G}_q$ ，$\varGamma$ 可以改写为

$$\Gamma=\sum_{l=1}^{M_r}P_a\left|G_q(x-\hat{x})\right|^2=P_a\left|x-\hat{x}\right|^2(G_m{}^2+\sum_{l=1(l\neq m)}^{M_r}\left|G_q\right|^2) \qquad (7.31)$$

式中，$G_m\sim N\left(N\sqrt{\pi}/2,N(4-\pi)/4\right)$，$G_q\sim N\left(0,N\right)\ (l\neq m)$，可得：

$$M_\gamma(s)=(\frac{1}{1-\frac{sN(4-\pi)\left|x-\hat{x}\right|^2P_a}{2}})^{\frac{1}{2}}(\frac{1}{1-sN\left|x-\hat{x}\right|^2P_a})^{M_r-1}\exp(\frac{\frac{sN^2\left|x-\hat{x}\right|^2\pi P_a}{4}}{1-\frac{sN(4-\pi)P_a\left|x-\hat{x}\right|^2}{2}}) \qquad (7.32)$$

将其代入式（7.30），可得 Bob 误比特率。

（2）当 $m\neq\hat{m}$，Γ 可以改写为 $\Gamma=\Gamma_1+\Gamma_2+\Gamma_3$，$\Gamma_1$，$\Gamma_2$，$\Gamma_3$ 分别表示 Γ 的三种情况：$q=m$，$q=\hat{m}$，$q\neq m$ 且 $q\neq\hat{m}$。对于不同的 q，分布 G_q 和 $\hat{G}_q$ 以及它们之间的相关性，需要根据高斯随机变量的二次型来推导 $M_\Gamma(s)$。

$$\begin{aligned}\Gamma_1&=P_a\left|G_mx-\hat{G}_m\hat{x}\right|^2=\left|\gamma_1\right|^2\\ \Gamma_2&=P_a\left|G_{\hat{m}}x-\hat{G}_m\hat{x}\right|^2=\left|\gamma_2\right|^2\\ \Gamma_3&=\sum_{l=1(l\neq m,l\neq\hat{m})}^{M_r}P_a\left|G_qx-\hat{G}_q\hat{x}\right|^2\end{aligned} \qquad (7.33)$$

根据式（7.33）和中心极限定理，γ_1 和 γ_2 随着 N 的增加而服从复高斯分布，但是我们需要考虑它们分量之间的相关性。假设 $g=[(\gamma_1)_\Re\ \ (\gamma_1)_\Im\ \ (\gamma_2)_\Re\ \ (\gamma_2)_\Im]^{\mathrm{T}}$，经过计算，可得 g 的期望与方差

将上式代入二次型高斯随机变量的 MGF 计算式中：

$$M_D(w)=(\det(\mathrm{I}-2wAC))^{-\frac{1}{2}}\times\exp(-\frac{1}{2}m^{\mathrm{T}}[\mathrm{I}-(\mathrm{I}-2wAC)^{-1}]C^{-1}m \qquad (7.34)$$

即可得出 $\Gamma_1+\Gamma_2$ 的矩母函数 MGF，进而得到误码率。对于 Eve，可类比于 Bob 的推导。

此外，在瑞利分布的基础上，可以将其扩展为莱斯分布，根据公式（7.30），将原本信道改为莱斯分布。使用中心极限定理，γ 为 N 个独立同分布随机变量的总和，遵循复高斯分布，其均值与方差可以表示如下：

$$\mathrm{E}[A]=\frac{\pi \mathrm{L}_{1/2}(-K_1)\mathrm{L}_{1/2}(-K_2)}{4\sqrt{d_1^{\alpha_1}d_2^{\alpha_2}(K_1+1)(K_2+1)}}+\sqrt{\frac{\pi}{2d_3^{\alpha_3}}}$$

$$\mathrm{VAR}[A]=\frac{N\mathrm{L}_{1/2}^2(-K_1)\mathrm{L}_{1/2}^2(-K_2)}{d_1^{\alpha_1}d_2^{\alpha_2}}\left(1-\frac{\pi}{16(K_1+1)(K_2+1)}\right)+\frac{4-\pi}{4d_3^{\alpha_3}} \tag{7.35}$$

当γ服从非中心卡方分布且具有一个自由度，其 MGF 可以表示为[180]

$$M_{\gamma_{\max}}(s)=\frac{\exp\left\{\dfrac{\left[\dfrac{\pi \mathrm{L}_{1/2}(-K_1)\mathrm{L}_{1/2}(-K_2)}{4\sqrt{d_1^{\alpha_1}d_2^{\alpha_2}(K_1+1)(K_2+1)}}+\sqrt{\dfrac{\pi}{2d_3^{\alpha_3}}}\right]^2\dfrac{Ps}{N_0}}{1-\dfrac{2Ps}{N_0}\left[\dfrac{N\mathrm{L}_{1/2}^2(-K_1)\mathrm{L}_{1/2}^2(-K_2)}{d_1^{\alpha_1}d_2^{\alpha_2}}\left(1-\dfrac{\pi}{16(K_1+1)(K_2+1)}\right)+\dfrac{4-\pi}{4d_3^{\alpha_3}}\right]}\right\}}{\sqrt{1-\dfrac{2Ps}{N_0}\left[\dfrac{N\mathrm{L}_{1/2}^2(-K_1)\mathrm{L}_{1/2}^2(-K_2)}{d_1^{\alpha_1}d_2^{\alpha_2}}\left(1-\dfrac{\pi}{16(K_1+1)(K_2+1)}\right)+\dfrac{4-\pi}{4d_3^{\alpha_3}}\right]}} \tag{7.36}$$

7.3 仿真结果和分析

本节将通过仿真来验证所提出抗干扰方案的优势和性能。考虑高铁场景下基于几何的随机信道模型，分析速度、莱斯因子 K、IRS 优化相位调整和 DNN 训练预测结果对信道容量和误码率性能的影响。假设轨旁基站的发射天线数为 4，IRS 所拥有的天线单元为 64 个，接收天线设置为 1 根，相关高铁相关参数的设置为小区半径 $r = 500$ m。

如表 7.1 所示，部分 DNN 训练集的输入输出参数经过模型训练后能够得到预测结果，关于 DNN 模型的相关参数隐藏层的个数为 6 层，经过调试，将各层神经元的个数设置为 500，1000，1500，2000，800 和 300。另外，训练的迭代次数设置也很关键，迭代次数少了，会出现欠拟合的状态，而多了又会造成过拟合，经过不断的尝试，根据损失函数所得的结果，迭代次数在 200 次左右之后损失已经小于学习率。在调整完迭代次数之后，在 16 万左右的数据量训练下，虽然没有很精确，但预测结果已经接近最优解。

表 7.1　DNN 相关训练参数设置及预测值列表

LoS 系数	高铁 NLoS 特征系数									遍历最优	DNN 预测
0.7	0.3	0.2	0.9	0.3	0.2	0.3	1.0	0.8	0.3	6	6
0.2	0.7	0.3	0.8	0.6	0.4	0.2	0.8	0.9	0.4	8	7
0.1	0.3	0.7	1.0	0.8	0.1	1.0	0.7	0.5	0.7	9	9
0.3	0.9	0.4	0.0	0.0	0.9	1.0	0.3	1.0	0.3	9	10
0.3	0.7	0.3	0.4	0.8	0.1	0.8	0.3	0.2	0.1	10	10
0.7	0.3	1.0	0.6	0.3	1.0	0.6	0.9	0.6	0.7	7	7
0.6	0.7	0.9	0.8	0.0	0.6	0.6	0.6	0.8	0.4	8	7
0.9	0.1	0.4	0.7	0.8	0.4	0.0	0.4	0.3	0.4	4	4
0.3	0.8	0.0	0.3	0.1	0.7	0.9	0.2	0.5	0.2	9	8
0.9	0.3	0.6	0.0	0.1	0.9	0.7	0.1	1.0	0.5	10	10

图 7.4 比较了最优遍历优化、SVM、KNN 和本文所使用的 HSR 特征选取 DNN 优化方法。在统一速度下，最优遍历优化能够得到最优的信道容量，但是所需要获取的信道状态信息众多，且计算复杂度十分高，并不适用于高铁运行过程中进行实时的自适应空间调制与 IRS 天线选取。而基于监督学习的 SVM 和 KNN 虽然能够满足实时性的要求，但是其训练效果完全取决于人为选取特征的好坏，并且随着 SNR 的增大，与最优遍历优化的差距逐渐增大。从图中不难看出，本文基于 DNN 方法的信道容量很接近最优遍历优化下的性能，通过选取速度、与列车位置相关的空时相关系数作为特征，经过 DNN 模型的训练更好地拟合了其相关性，给最终选取的结果带来了很好的效果。

图 7.5 展示了 IRS 辅助空间调制系统信道容量受 IRS 放置个数和 IRS 与 Bob 和 Eve 相对位置的影响。当固定 IRS 与 Bob 之间、IRS 与 Eve 之间的相对距离，根据理论分析，Eve 对 Bob 产生的干扰将由于 IRS 的相位优化而显得很小，容易在接收端将其消除。而当相对距离发生变化时，从图中可以看到，IRS 离 Bob 最近或者离 Eve 最近时才能达到最好的信道容量，越在中间的位置系统容量越低。其次，当 IRS 的单元个数增加时，信道容

量会随之提升，但是呈现一种对数增长，也意味着存在极限值。

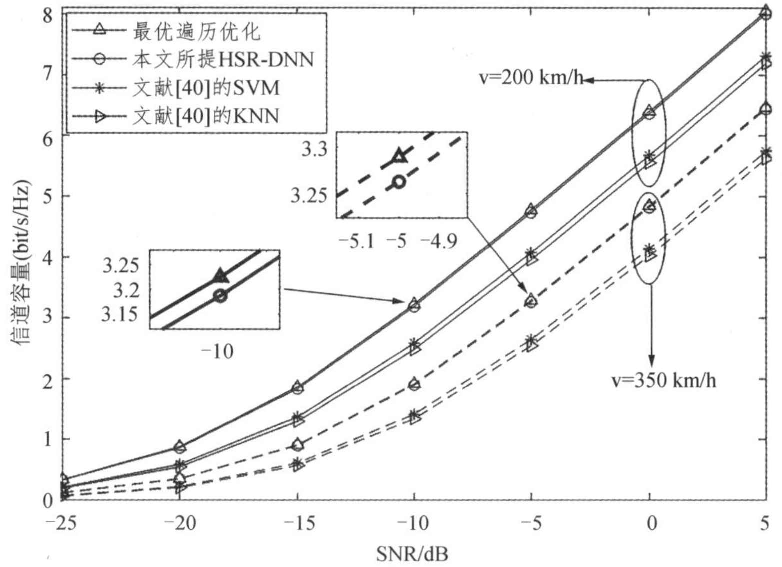

图 7.4　本文所提 HSR-DNN 与最优遍历和监督学习方法的比较

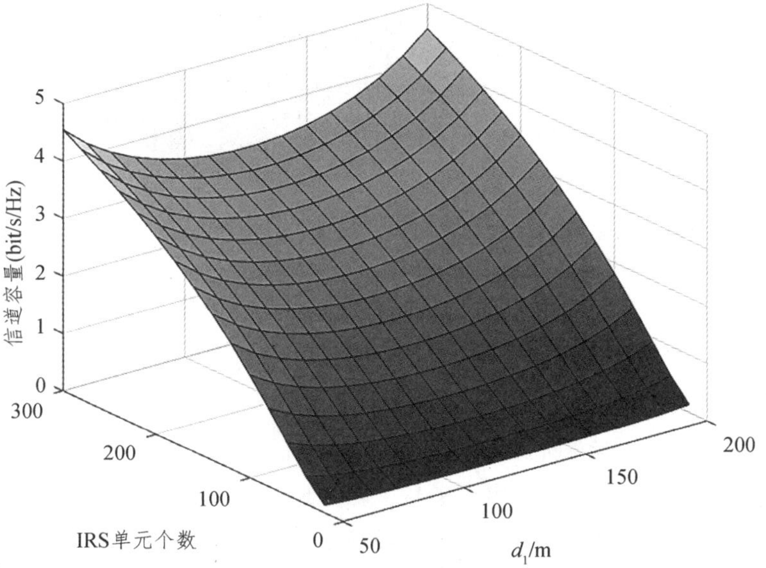

图 7.5　IRS 元素个数、放置位置与系统信道容量关系图

图 7.6 展示了 IRS 辅助空间调制系统信道容量受列车位置和 IRS 的放

置位置的影响。不论是列车与 AP 之间的距离，还是列车与 IRS 之间的距离都影响着系统的信道容量。一方面，从单个 AP 来看，当列车接近 AP 时信道容量增大，当列车驶离 AP 时相应减小。于是，通过在 AP 与 AP 之间放置一块 IRS，便可以减小由于远离 AP 所造成的影响，同时也说明 IRS 能够极大地改善信道路径损耗带来的影响，而将 IRS 贴附在列车的车窗之上可以进一步拉近 IRS 与列车的距离。另一方面，不管对于单个 AP 来说，还是对于协作分布式 AP 来说，IRS 的辅助都能带来较好的效果，在靠近 IRS 时，系统信道容量能够接近靠近 AP 时的值，意味着 IRS 能够替代部分 AP，带来更低的功率损耗。

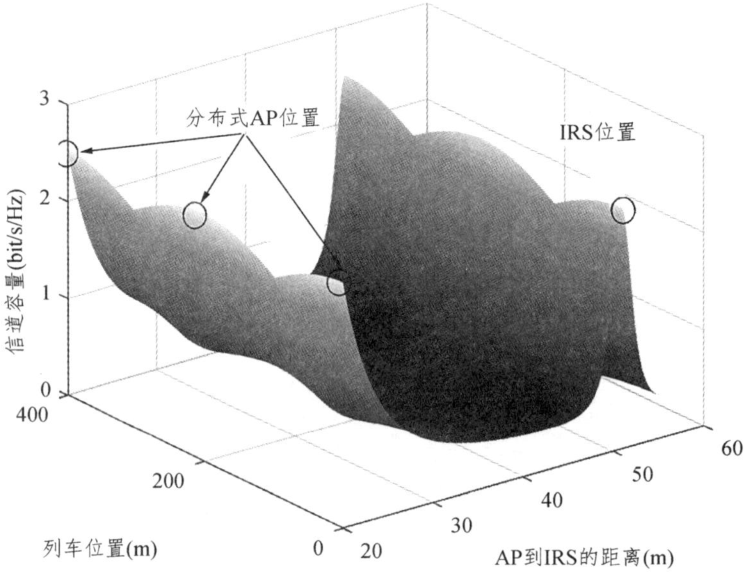

图 7.6　IRS 辅助空间调制系统信道容量与列车位置关系图

图 7.7 展示了考虑当高铁安全区外存在主动干扰机的情况，传统 MIMO 方案、SM 方案与本文所提 IRS 辅助的 SM 抗干扰方案相比较下系统信道容量的差距。从图中不难看出，SM 方案相比于传统 MIMO 在低信噪比的区域时拥有更好的抗干扰能力。此处设置 SM 的索引信息位数为 2，APM 调制符号的比特信息位数为 4，由于 SM 将一部分信息映射成独立信道，所以这部分信息的 SNR 只与信道本身有关，而不受干扰的影响，但是剩下的 APM 调制符号部分仍受干扰的影响较为严重。所以可以看到，当 SNR 增

大时，由于干扰源也会相应地加大发射功率，所以 APM 调制符号受限更为严重，使得 SM 方案在高 SNR 区域的抗干扰性能逐渐下滑。而本文在 SM 部分抗干扰的基础上加入智能表面，其能够调整散射多径的相位，当干扰机进行无差别干扰的时候，不仅可以通过到达角感知来定位干扰源的方向和区分基站有效信号、干扰源信号，而且可以通过纳米材料天线单元优化有效信号的相位，削弱干扰信号，从而最大化降低干扰信号对于高铁接收机的影响，虽然仍受干扰的影响，但是随着 SNR 的升高，干扰的影响也逐渐减小。而且可以看到不同的速度下，越快的速度受干扰影响越明显，而本文所提的 IRS 辅助的 SM 方案受干扰影响仍然较小，并且 SNR 的增大并没有使得干扰增长明显，证明了 IRS 辅助 SM 方案抗干扰的有效性。

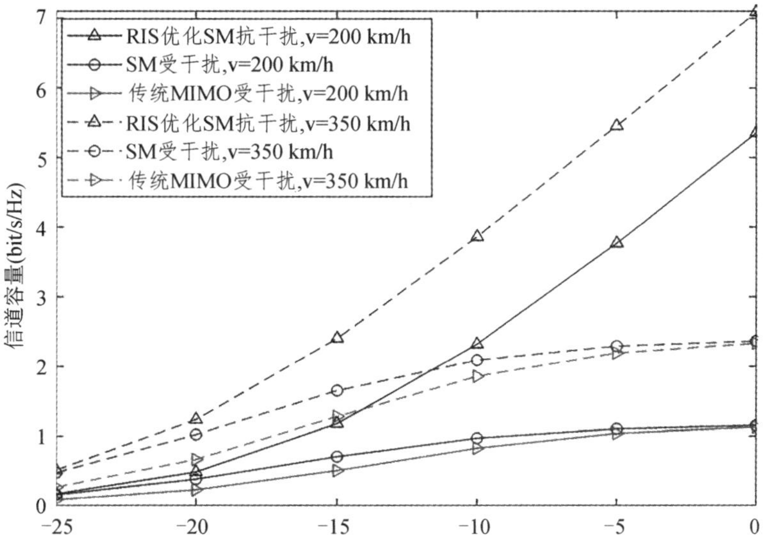

图 7.7　存在干扰机时，不同速度下的信道容量比较

图 7.8 展示了考虑高铁在运行过程中存在干扰机的情况下，不同速度的误码率的比较。从图中可以看出，在遭遇主动干扰机的干扰时，高铁接收机的误码率性能会受到很大的影响，而且随着 SNR 的增大，性能受影响的部分也越大。而不同速度下所造成的误码率的影响相比于干扰的影响不多。另外，由于 SM 依赖于信道独立性，也就是说信道主要为直视分量时，

信道受不同的路径损耗的影响所造成的差异性越大，此时 SM 的性能越好，所以在视距分量充足环境下，SM 的性能要更好，从而使得 SM 系统适用于高铁这种强视距分量为主的信道环境。

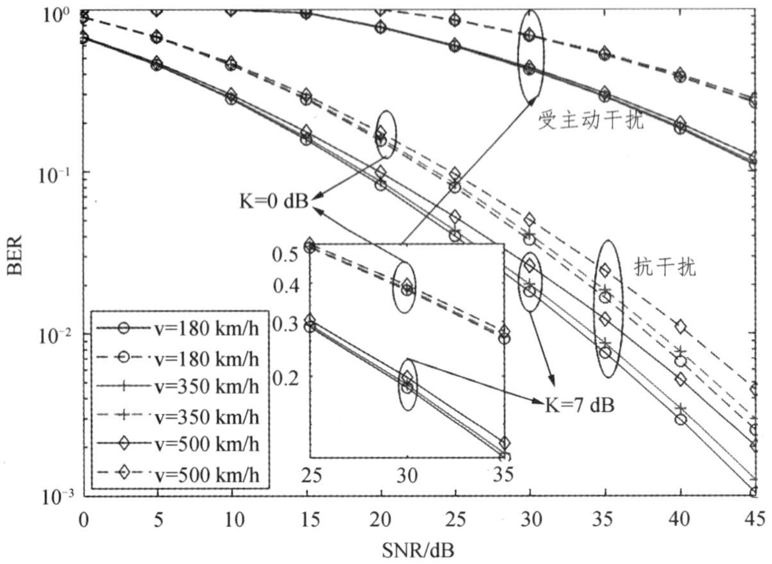

图 7.8　存在干扰机时，不同速度下的误码率比较

图 7.9 分析了不同 IRS 到用户的距离下，误码率受莱斯因子和 IRS 天线个数以及 SNR 的影响比较。从图中可以看到，同为高架桥场景下，K=7 dB 时，当 IRS 到车载终端和 IRS 到未知干扰源的总距离固定，将 IRS 放置在中间位置的 BER 性能会小于 IRS 靠近车载终端的 BER 性能，所以在使用 IRS 辅助 SM 时，结合图 7.5 所得的结论，IRS 应该放置在靠近车载终端。另外，随着 IRS 天线单元个数成倍增加，系统 BER 性能会逐步提升，但可以发现天线单元个数呈指数增加时，BER 是线性增加的，这与前面系统安全容量随着天线单元个数呈对数增加的结论是类似的，说明单纯地增加 IRS 的天线单元数会存在性能提升的上限。而考虑场景时可以发现，当信道环境中存在较强的 LoS 分量时，系统的 BER 性能会更好一点，这是由于直视路径的增强使得 SM 系统的检测更精确。

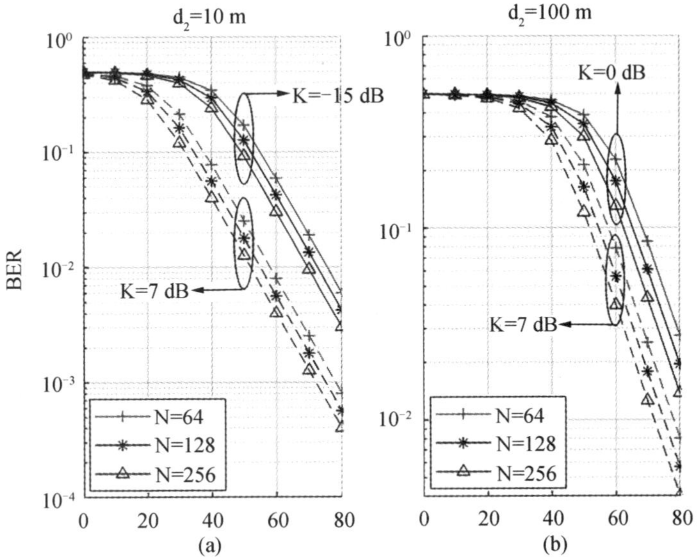

图 7.9　不同 IRS 到用户的距离下误码率随着 SNR 的变化比较

7.4　多用户场景下 IRS 辅助系统模型

本节主要介绍了智能反射表面辅助的大规模 MIMO 通信系统的信道模型及信号传输过程。假设基站天线数为 M，用户数为 K，基站和用户之间的建筑物上安置一个元素个数为 N 的智能反射表面。由于较大的障碍物或严重的阴影衰落，假设在基站与用户之间没有直连链路。以基站所在位置为坐标原点建立空间直角坐标系，并假设基站的天线和反射表面元素均沿着 y 轴均匀线性排列。为了方便计算，假设 IRS 的每个元素的长度以及元素之间的距离均为 d_{IRS}。

7.4.1　信道模型

智能反射表面辅助的下行通信系统如图 7.10 所示。当用户分布较散时，信号覆盖所有用户会造成一定的资源浪费。因此，本章根据用户数将 IRS 分为 K 块，使每一块 IRS 分别覆盖某个用户。假设第 l 块智能反射表面的元素个数为 N_l，其中 $l=1,2,\cdots,K$，且有 $\sum_{l=1}^{K} N_l = N$。为方便表示，令 $N_0=0$，则第l块智能反射表面的元素区间为$\left[b_l,e_l\right]$，其中$b_l=\sum_{i=0}^{l-1}N_i+1$，$e_l=\sum_{i=1}^{l}N_i$。基站与第$l$块智能反射表面之间的信道为$\boldsymbol{G}_l\in\mathbb{C}^{N_l\times M}$，在莱斯衰落条件下，$\boldsymbol{G}_l$可以写成

$$\boldsymbol{G}_l=\mathrm{diag}\left\{\sqrt{\frac{\sigma_{g,l}^2\xi_{g,b_l}}{\xi_{g,b_l}+1}},\cdots,\sqrt{\frac{\sigma_{g,l}^2\xi_{g,e_l}}{\xi_{g,e_l}+1}}\right\}\bar{\mathbf{G}}_l+\mathrm{diag}\left\{\sqrt{\frac{\sigma_{g,l}^2}{\xi_{g,b_l}+1}},\cdots,\sqrt{\frac{\sigma_{g,l}^2}{\xi_{g,e_l}+1}}\right\}\tilde{\boldsymbol{G}}_l \tag{7.37}$$

其中，$\tilde{\boldsymbol{G}}_l$表示信道中的非视距分量，$\tilde{\boldsymbol{G}}_l$的每个元素独立同分布，且实部和虚部之间相互独立，均服从均值为零、方差为1/2的高斯分布；$\bar{\boldsymbol{G}}_l$表示信道中的视距分量，包含离开角和到达角，可以进一步写成

$$\bar{\mathbf{G}}_l=a_{N_l}\left(\vartheta_{\mathrm{B2I},l}^{\mathrm{AoA}}\right)a_M^{\mathrm{H}}\left(\vartheta_{\mathrm{B2I},l}^{\mathrm{AoD}}\right) \tag{7.38}$$

式中，$a_X\left(\vartheta\right)=\left[1,\ldots,\exp\left(\mathrm{j}\left(2\pi d/\lambda\right)\left(X-1\right)\sin\vartheta\right)\right]^{\mathrm{T}}$。$a_{N_l}\left(\vartheta_{\mathrm{B2I},l}^{\mathrm{AoA}}\right)$为第$l$块IRS处的阵列响应矢量，即两个相邻元素之间沿$y$轴的相位差，其第$n$个元素可以表示为$\exp\left[\mathrm{j}\left(2\pi d_{\mathrm{IRS}}/\lambda\right)\left(n-1\right)\sin\vartheta_{\mathrm{B2I},l}^{\mathrm{AoA}}\right]$，$n\in\left[b_l,e_l\right]$。$\vartheta_{\mathrm{B2I},l}^{\mathrm{AoA}}$表示有效到达角。取第一个IRS元素的几何中心为整个IRS的起始坐标点，记为$\left(x_{\mathrm{IRS}},y_0,z_{\mathrm{IRS}}\right)$。为了方便计算，定义第$l$块IRS的坐标为该块IRS的几何中心$\left(x_{\mathrm{IRS}},y_{\mathrm{IRS},l},z_{\mathrm{IRS}}\right)$，则$y_{\mathrm{IRS},l}=y_0+\left(b_l+e_l-2\right)d_{\mathrm{IRS}}/2$。$a_M\left(\vartheta_{\mathrm{B2I},l}^{\mathrm{AoD}}\right)$为基站处的阵列响应矢量，即两个相邻天线之间沿$y$轴的相位差，其第$m$个元素可以表示为$\exp\left[\mathrm{j}2\pi d_{\mathrm{BS}}/\lambda\left(m-1\right)\sin\vartheta_{\mathrm{B2I},l}^{\mathrm{AoD}}\right]$，$m\in\left[1,M\right]$。$\vartheta_{\mathrm{B2I},l}^{\mathrm{AoD}}$表示有效离开角，且满足$\vartheta_{\mathrm{B2I},l}^{\mathrm{AoD}}=\vartheta_{\mathrm{B2I},l}^{\mathrm{AoA}}$。第二跳信道中，第$l$块智能反射表面与第$k$个用户之间的信道响应为$\boldsymbol{f}_{l,k}\in\mathbb{C}^{1\times N_l}$，包含视距分量$\bar{\boldsymbol{f}}_{k,l}$和非视距分量$\tilde{\boldsymbol{f}}_{k,l}$，即为

$$\boldsymbol{f}_{k,l}=\sqrt{\frac{\sigma_{f,kl}^2\xi_{f,k}}{\xi_{f,k}+1}}\bar{\boldsymbol{f}}_{k,l}+\sqrt{\frac{\sigma_{f,kl}^2}{\xi_{f,k}+1}}\tilde{\boldsymbol{f}}_{k,l} \tag{7.39}$$

其中，$\tilde{\boldsymbol{f}}_{k,l}$的每个元素独立同分布，且实部和虚部之间相互独立，均服从均值为零、方差为1/2的高斯分布。视距分量$\bar{\boldsymbol{f}}_{k,l}=a_{N_l}^{\mathrm{H}}\left(\vartheta_{\mathrm{I2U},kl}^{\mathrm{AoD}}\right)$，$\vartheta_{\mathrm{I2U},kl}^{\mathrm{AoD}}$表示有效离开角。

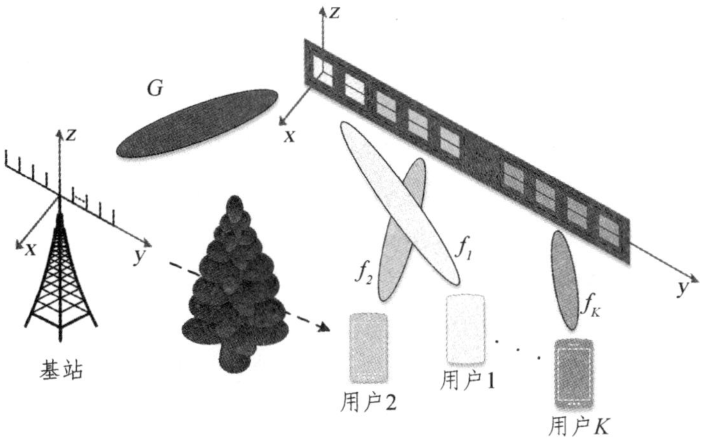

图 7.10　大规模 MIMO 智能反射表面辅助系统模型图

7.4.2　信号传输过程

在下行数据传输过程中，$\boldsymbol{s}\in\mathbb{C}^{K\times 1}$ 表示待传信号，且满足 $\mathbb{E}\left\{\boldsymbol{s}\boldsymbol{s}^{\mathrm{H}}\right\}=\boldsymbol{I}_K$。基站首先对该信号进行预编码，得到编码后的信号为 $\boldsymbol{x}=\sum_{i=1}^{K}\mathbf{w}_i s_i$，其中 $\mathbf{w}_i\in\mathbb{C}^{M\times 1}$ 即为预编码矩阵。经过基站的广播及 IRS 的反射后，第 k 个用户接收到的信号可以表示为

$$y_k=\sum_{i=1}^{K}\sum_{l=1}^{K}\boldsymbol{f}_{k,l}\boldsymbol{\Theta}_l\boldsymbol{G}_l\boldsymbol{w}_i s_i+n_k=\sum_{l=1}^{K}\boldsymbol{f}_{k,l}\boldsymbol{\Theta}_l\boldsymbol{G}_l\boldsymbol{w}_k s_k+\sum_{i\neq k}^{K}\sum_{l=1}^{K}\boldsymbol{f}_{k,l}\boldsymbol{\Theta}_l\boldsymbol{G}_l\mathbf{w}_i s_i+n_k \tag{7.40}$$

式中，$n_k\sim\mathcal{CN}\left(0,\sigma_U^2\right)$ 表示第 k 个用户处的加性高斯白噪声；$\boldsymbol{\Theta}_l=\mathrm{diag}\left(\boldsymbol{\theta}_l\right)$ 为第 l 块智能反射表面的相移矩阵，$\boldsymbol{\theta}_l\in\mathbb{C}^{N_l\times 1}$ 则为相移波束矢量。

7.5　IRS 多用户系统性能分析与优化

基于前面的分析，本节推导了可实现和效率的闭式近似表达式。通过近似处理，进一步分析了基站传输天线数、反射表面元素个数、传输功率等相关因素对和速率的影响。

7.5.1 可实现速率分析

由于信号的传输波束与相移波束强耦合，通常需要借助各种算法来解决非凸优化问题，但通常情况下反射元素规模较大，这使得算法的复杂度大大增加。因此，本章借助文献[147]中的分析方法，通过在基站和反射表面处进行局部优化，以降低求解复杂度，并根据该算法获得智能反射表面辅助的大规模 MIMO 下行链路的闭式近似表达式。

首先，基站根据第一跳信道的角度信息来设计预编码矩阵。假设第 k 个用户主要由第 k 块智能反射表面进行辅助通信，于是 $\boldsymbol{w}_k$ 可以表示为[147]

$$\boldsymbol{w}_k = \sqrt{\frac{p_k}{M}} a_M\left(\vartheta_{\mathrm{B2I},k}^{\mathrm{AoD}}\right) \tag{7.41}$$

其中，p_k 为传输功率。根据式（7.40）可知，第 k 个用户接收到第 k 块智能反射表面反射的信号功率为 $\left|\boldsymbol{f}_{k,k}\boldsymbol{\Theta}_k\boldsymbol{G}_k\boldsymbol{w}_k\right|^2$，对其做简单变化可得

$$\left|\boldsymbol{f}_{k,k}\boldsymbol{\Theta}_k\boldsymbol{G}_k\boldsymbol{w}_k\right|^2 = \left|\boldsymbol{f}_{k,k}\operatorname{diag}(\boldsymbol{\theta}_k)\boldsymbol{G}_k\boldsymbol{w}_k\right|^2 = \left|\boldsymbol{\theta}_k^{\mathrm{T}}\operatorname{diag}\left(\boldsymbol{f}_{k,k}^{\mathrm{T}}\right)\boldsymbol{G}_k\boldsymbol{w}_k\right|^2 \tag{7.42}$$

通过设计反射波束使得式（7.42）达到最大，则有[147]

$$\boldsymbol{\theta}_k = \frac{1}{\beta_k}\left(\operatorname{diag}\left(\boldsymbol{f}_{k,k}^{\mathrm{T}}\right)\boldsymbol{G}_k\boldsymbol{w}_k\right)^* \tag{7.43}$$

其中，$\beta_k = \sqrt{\left\|\operatorname{diag}\left(\boldsymbol{f}_{k,k}^{\mathrm{T}}\right)\boldsymbol{G}_k\boldsymbol{w}_k\right\|^2}$ 为归一化因子。根据式（7.40），可实现和速率的表达式为

$$R_U = \sum_{k=1}^{K}\log_2\left(1+\frac{\left|\sum_{l=1}^{K}\boldsymbol{f}_{k,l}\boldsymbol{\Theta}_l\boldsymbol{G}_l\boldsymbol{w}_k\right|^2}{\sum_{i\neq k}^{K}\left|\sum_{l=1}^{K}\boldsymbol{f}_{k,l}\boldsymbol{\Theta}_l\boldsymbol{G}_l\boldsymbol{w}_i\right|^2+\sigma_{U,k}^2}\right) \tag{7.44}$$

定理 7.1：对于多用户智能反射表面辅助的大规模 MIMO 下行链路，系统的可实现和速率可以近似为

$$R_U \approx \tilde{R}_U = \sum_{k=1}^{K} \log_2 \left(1 + \frac{p_k S_{kk}}{\sum_{i \neq k}^{K} p_i S_{ik} + \sigma_{U,k}^2} \right) \tag{7.45}$$

式中

$$S_{ik} = \frac{2\xi_{f,k}+1}{\left(\xi_{f,k}+1\right)^2}\frac{1}{M}A_{ik} + \frac{1}{M}\sum_{l=1}^{K}A_{il} + \frac{2\xi_{f,k}+1}{\left(\xi_{f,k}+1\right)^2}B_{ik} + \frac{\xi_{f,k}}{\xi_{f,k}+1}\sum_{l=1}^{K}\frac{\xi_{f,l}}{\xi_{f,l}+1}B_{il}$$
$$+\frac{1}{\xi_{f,k}+1}\sum_{l_2 \neq k}^{K}C_{i,l_2k} + \frac{1}{\xi_{f,k}+1}\sum_{l_1 \neq k}^{K}C_{i,kl_1} + \frac{\xi_{f,k}}{\xi_{f,k}+1}\sum_{l_1=1}^{K}\sum_{l_2 \neq l_1}^{K}C_{i,l_2l_1}$$

且 $A_{il} = \frac{M\sigma_{f,ll}^4}{p_i\beta_l}\sum_{n=b_l}^{e_l}\mu_{il}$ ，$B_{il} = \frac{\sigma_{f,ll}^2\sigma_{f,kl}^2}{p_i\beta_l}\sum_{n_1=b_l}^{e_l}\sum_{n_2 \neq n_1}^{e_l}\eta_{i,ll}\exp\left(\mathrm{j}\pi\left(n_2-n_1\right)\left(\sin\vartheta_{\mathrm{I2U},kl}^{\mathrm{AoD}}-\sin\vartheta_{\mathrm{I2U},ll}^{\mathrm{AoD}}\right)\right)$，

$$C_{i,l_2l_1} = \sqrt{\frac{\sigma_{f,l_1l_1}^2\sigma_{f,kl_1}^2\sigma_{f,kl_2}^2\sigma_{f,l_2l_2}^2\xi_{f,l_1}\xi_{f,l_2}}{\beta_{l_1}\beta_{l_2}\left(\xi_{f,l_1}+1\right)\left(\xi_{f,l_2}+1\right)}}\sum_{n_1=b_{l_1}}^{e_{l_1}}\sum_{n_2=b_{l_2}}^{e_{l_2}}\eta_{i,l_2l_1}\exp\left(\mathrm{j}\pi\left(n_1-1\right)\left(\sin\vartheta_{\mathrm{I2U},l_1l_1}^{\mathrm{AoD}}-\sin\vartheta_{\mathrm{I2U},kl_1}^{\mathrm{AoD}}\right)\right)$$

$$\times\exp\left(\mathrm{j}\pi\left(n_2-1\right)\left(\sin\vartheta_{\mathrm{I2U},kl_2}^{\mathrm{AoD}}-\sin\vartheta_{\mathrm{I2U},l_2l_2}^{\mathrm{AoD}}\right)\right),$$

以及 $\mu_{il} = \frac{p_ip_l\sigma_{g,l}^4}{\left(\xi_{g,n}+1\right)^2}\left[\xi_{g,n}^2\left(\varphi_{\mathrm{B2I},il}^2-\frac{M-1}{M}\right)+\xi_{g,n}\left(\frac{3M-2}{M^2}\varphi_{\mathrm{B2I},il}^2+\frac{\left(M-1\right)^2+3}{M}\right)+\frac{\varphi_{\mathrm{B2I},il}^2}{M^2}+1\right]$，

$$\eta_{i,l_2l_1} = \frac{p_i\sqrt{p_{l_1}p_{l_2}}}{M^2}\sigma_{g,l_1}^2\sigma_{g,l_2}^2\varphi_{\mathrm{B2I},il_1}\varphi_{\mathrm{B2I},l_2i}\exp\left(\mathrm{j}\pi\frac{M-1}{2}\left(\sin\vartheta_{\mathrm{B2I},l_2}^{\mathrm{AoD}}-\sin\vartheta_{\mathrm{B2I},l_1}^{\mathrm{AoD}}\right)\right)\frac{\left(M\xi_{g,n_1}+1\right)\left(M\xi_{g,n_2}+1\right)}{\left(\xi_{g,n_1}+1\right)\left(\xi_{g,n_2}+1\right)}。$$

当 $i \neq l$ 时，$\varphi_{\mathrm{B2I},il} = \sin\left(\frac{M\pi}{2}\left(\sin\vartheta_{\mathrm{B2I},i}^{\mathrm{AoD}}-\sin\vartheta_{\mathrm{B2I},l}^{\mathrm{AoD}}\right)\right)\Big/\sin\left(\frac{\pi}{2}\left(\sin\vartheta_{\mathrm{B2I},i}^{\mathrm{AoD}}-\sin\vartheta_{\mathrm{B2I},l}^{\mathrm{AoD}}\right)\right)$；

当 $i = l$ 时，$\varphi_{\mathrm{B2I},ii} = M$。

证明：在莱斯衰落信道条件下，对于信道矩阵 $\boldsymbol{H} \in (\boldsymbol{G}, \boldsymbol{F})$，其第 n 行 m 列的元素平方的期望为 $\mathbb{E}\left\{\left|h_{nm}\right|^2\right\} = \sigma_{h,n}^2$，四次方的期望为 $\mathbb{E}\left\{\left|h_{nm}\right|^4\right\} = \left[\left(2\xi_{h,n}+1\right)/\left(\xi_{h,n}+1\right)^2+1\right]\sigma_{h,n}^4$。借助文献[173]中的定理 1，在大规模天线阵列中有 $\mathbb{E}\left\{\log_2\left(1+X/Y\right)\right\} = \log_2\left(1+\mathbb{E}\{X\}/\mathbb{E}\{Y\}\right)$，于是式（7.44）可以重写成

$$R_U \approx \tilde{R}_U = \sum_{k=1}^{K} \log_2 \left(1 + \frac{\mathbb{E}\left\{ \left| \sum_{l=1}^{K} \boldsymbol{f}_{k,l} \boldsymbol{\Theta}_l \boldsymbol{G}_l \boldsymbol{w}_k \right|^2 \right\}}{\sum_{i \neq k}^{K} \mathbb{E}\left\{ \left| \sum_{l=1}^{K} \boldsymbol{f}_{k,l} \boldsymbol{\Theta}_l \boldsymbol{G}_l \boldsymbol{w}_i \right|^2 \right\} + \sigma_{\mathrm{U},k}^2} \right) \tag{7.46}$$

对式（7.44）中的$\left| \sum_{l=1}^{K} \boldsymbol{f}_{k,l} \boldsymbol{\Theta}_l \boldsymbol{G}_l \boldsymbol{w}_k \right|^2$一项进行展开得

$$\mathbb{E}\left\{ \left| \sum_{l=1}^{K} \boldsymbol{f}_{k,l} \boldsymbol{\Theta}_l \boldsymbol{G}_l \boldsymbol{w}_k \right|^2 \right\} = \sum_{l=1}^{K} \mathbb{E}\left\{ \left| \boldsymbol{f}_{k,l} \boldsymbol{\Theta}_l \boldsymbol{G}_l \boldsymbol{w}_k \right|^2 \right\} + \sum_{l_1=1}^{K} \sum_{l_2 \neq l_1}^{K} \mathbb{E}\left\{ \boldsymbol{f}_{k,l_1} \boldsymbol{\Theta}_{l_1} \boldsymbol{G}_{l_1} \boldsymbol{w}_k \boldsymbol{w}_k^{\mathrm{H}} \boldsymbol{G}_{l_2}^{\mathrm{H}} \boldsymbol{\Theta}_{l_2}^{\mathrm{H}} \boldsymbol{f}_{k,l_2}^{\mathrm{H}} \right\} \tag{7.47}$$

先求式（7.47）中的第一项。代入式（7.43）后，$\sum_{l=1}^{K} \left| \boldsymbol{f}_{k,l} \boldsymbol{\Theta}_l \boldsymbol{G}_l \boldsymbol{w}_k \right|^2$可以进一步展开为

$$\begin{aligned} \sum_{l=1}^{K} \left| \boldsymbol{f}_{k,l} \boldsymbol{\Theta}_l \boldsymbol{G}_l \boldsymbol{w}_k \right|^2 = & \sum_{l=1}^{K} \sum_{n=b_l}^{e_l} \frac{1}{\beta_l} \left| f_{ln}^* f_{kn} \right|^2 \left| \boldsymbol{w}_l^{\mathrm{H}} \boldsymbol{g}_n^{\mathrm{H}} \boldsymbol{g}_n \boldsymbol{w}_k \right|^2 \\ & + \sum_{l=1}^{K} \sum_{n_1=b_l}^{e_l} \sum_{n_2 \neq n_1}^{e_l} \frac{1}{\beta_l} f_{ln_1}^* f_{kn_1} f_{kn_2}^* f_{ln_2} \boldsymbol{w}_l^{\mathrm{H}} \boldsymbol{g}_{n_1}^{\mathrm{H}} \boldsymbol{g}_{n_1} \boldsymbol{w}_k \boldsymbol{w}_k^{\mathrm{H}} \boldsymbol{g}_{n_2}^{\mathrm{H}} \boldsymbol{g}_{n_2} \boldsymbol{w}_l \end{aligned} \tag{7.48}$$

其中

$$\begin{aligned} \mathbb{E}\left\{ \left| \boldsymbol{w}_l^{\mathrm{H}} \boldsymbol{g}_n^{\mathrm{H}} \boldsymbol{g}_n \boldsymbol{w}_k \right|^2 \right\} = & \frac{p_k p_l}{M\left(\xi_{g,n}+1\right)^2} \sigma_{g,l}^4 \Big[\xi_{g,n}^2 \left(M \varphi_{\mathrm{B2I},kl}^2 - (M-1) \right) \\ & + \xi_{g,n} \left((3M-2) \frac{\varphi_{\mathrm{B2I},kl}^2}{M} + (M-1)^2 + 3 \right) + \frac{\varphi_{\mathrm{B2I},kl}^2}{M} + M \Big] \triangleq \mu_{kl} \end{aligned} \tag{7.49}$$

其中

$$\varphi_{\mathrm{B2I},kl} = \frac{\sin\left(\frac{M\pi}{2} \left(\sin \vartheta_{\mathrm{B2I},k}^{\mathrm{AoD}} - \sin \vartheta_{\mathrm{B2I},l}^{\mathrm{AoD}} \right) \right)}{\sin\left(\frac{\pi}{2} \left(\sin \vartheta_{\mathrm{B2I},k}^{\mathrm{AoD}} - \sin \vartheta_{\mathrm{B2I},l}^{\mathrm{AoD}} \right) \right)}$$

同理可得，

$$
\begin{aligned}
&\mathbb{E}\left\{\boldsymbol{w}_l^{\mathrm{H}}\boldsymbol{g}_{n_1}^{\mathrm{H}}\boldsymbol{g}_{n_1}\boldsymbol{w}_k\boldsymbol{w}_k^{\mathrm{H}}\boldsymbol{g}_{n_2}^{\mathrm{H}}\boldsymbol{g}_{n_2}\boldsymbol{w}_l\right\}\\
&=\frac{p_k p_l}{M^2}\varphi_{\mathrm{B2I},kl}^2\sigma_{g,l}^4\left(1+\frac{\xi_{g,n_1}}{\xi_{g,n_1}+1}(M-1)\right)\left(1+\frac{\xi_{g,n_2}}{\xi_{g,n_2}+1}(M-1)\right)\triangleq\eta_{k,ll}
\end{aligned}
\tag{7.50}
$$

于是，将式（7.49）、式（7.50）代入式（7.48）中后，可以得到 $\sum_{l=1}^{K}\left|\boldsymbol{f}_{k,l}\boldsymbol{\Theta}_l\boldsymbol{G}_l\boldsymbol{w}_k\right|^2$ 的期望为

$$
\begin{aligned}
&\sum_{l=1}^{K}\mathbb{E}\left\{\left|\boldsymbol{f}_{k,l}\boldsymbol{\Theta}_l\boldsymbol{G}_l\boldsymbol{w}_k\right|^2\right\}\\
&=\frac{2\xi_{f,k}+1}{\beta_k\left(\xi_{f,k}+1\right)^2}\sigma_{f,kk}^4\sum_{n=b_k}^{e_k}\mu_{kk}+\sum_{l=1}^{K}\sum_{n=b_l}^{e_l}\frac{\mu_{kl}}{\beta_l}\sigma_{f,ll}^2\sigma_{f,kl}^2+\frac{2\xi_{f,k}+1}{\beta_k\left(\xi_{f,k}+1\right)^2}\sigma_{f,kk}^4\sum_{n_1=b_k}^{e_k}\sum_{n_2\neq n_1}^{e_k}\eta_{k,kk}\\
&+\frac{\xi_{f,k}}{\xi_{f,k}+1}\sum_{l=1}^{K}\sum_{n_1=b_l}^{e_l}\sum_{n_2\neq n_1}^{e_l}\frac{\xi_{f,l}\eta_{k,ll}}{\beta_l\left(\xi_{f,l}+1\right)}\sigma_{f,ll}^2\sigma_{f,kl}^2\exp\left(\mathrm{j}\pi\left(n_2-n_1\right)\left(\sin\vartheta_{\mathrm{I2U},kl}^{\mathrm{AoD}}-\sin\vartheta_{\mathrm{I2U},ll}^{\mathrm{AoD}}\right)\right)
\end{aligned}
\tag{7.51}
$$

其中

$$
\mu_{kk}=\frac{p_k^2}{M\left(\xi_{g,n}+1\right)^2}\sigma_{g,k}^4\left[\xi_{g,n}^2\left(M^3-M+1\right)+4\xi_{g,n}\left(M^2-M+1\right)+2M\right]
$$

$$
\eta_{k,kk}=p_k^2\sigma_{g,k}^4\left(1+\frac{\xi_{g,n_1}}{\xi_{g,n_1}+1}(M-1)\right)\left(1+\frac{\xi_{g,n_2}}{\xi_{g,n_2}+1}(M-1)\right)
$$

再求式（7.47）中的第二项，利用同样的方法，对其进行展开后再求其期望，即可得

$$
\begin{aligned}
&\sum_{l_1=1}^{K}\sum_{l_2\neq l_1}^{K}\mathbb{E}\left\{\boldsymbol{f}_{k,l_1}\boldsymbol{\Theta}_{l_1}\boldsymbol{G}_{l_1}\boldsymbol{w}_k\boldsymbol{w}_k^{\mathrm{H}}\boldsymbol{G}_{l_2}^{\mathrm{H}}\boldsymbol{\Theta}_{l_2}^{\mathrm{H}}\boldsymbol{f}_{k,l_2}^{\mathrm{H}}\right\}\\
&=\frac{\sigma_{f,kk}^2}{\xi_{f,k}+1}\sqrt{\frac{\xi_{f,k}}{\beta_k\left(\xi_{f,k}+1\right)}}\sum_{l_2\neq k}^{K}\sum_{n_1=b_k}^{e_k}\sum_{n_2=b_{l_2}}^{e_{l_2}}\sqrt{\frac{\sigma_{f,kl_2}^2\sigma_{f,l_2l_2}^2\xi_{f,l_2}}{\beta_{l_2}\left(\xi_{f,l_2}+1\right)}}\eta_{k,l_2k}\exp\left(\mathrm{j}\pi\left(n_2-1\right)\left(\sin\vartheta_{\mathrm{I2U},kl_2}^{\mathrm{AoD}}-\vartheta_{\mathrm{I2U},l_2l_2}^{\mathrm{AoD}}\right)\right)\\
&+\frac{\sigma_{f,kk}^2}{\xi_{f,k}+1}\sqrt{\frac{\xi_{f,k}}{\beta_k\left(\xi_{f,k}+1\right)}}\sum_{l_1\neq k}^{K}\sum_{n_1=b_{l_1}}^{e_{l_1}}\sum_{n_2=b_k}^{e_k}\sqrt{\frac{\sigma_{f,l_1l_1}^2\sigma_{f,kl_1}^2\xi_{f,l_1}}{\beta_{l_1}\left(\xi_{f,l_1}+1\right)}}\eta_{k,kl_1}\exp\left(\mathrm{j}\pi\left(n_1-1\right)\left(\sin\vartheta_{\mathrm{I2U},l_1l_1}^{\mathrm{AoD}}-\sin\vartheta_{\mathrm{I2U},kl_1}^{\mathrm{AoD}}\right)\right)\\
&+\frac{\xi_{f,k}}{\xi_{f,k}+1}\sum_{l_1=1}^{K}\sum_{l_2\neq l_1}^{K}\sum_{n_1=b_{l_1}}^{e_{l_1}}\sum_{n_2=b_{l_2}}^{e_{l_2}}\sqrt{\frac{\sigma_{f,l_1l_1}^2\sigma_{f,kl_1}^2\sigma_{f,kl_2}^2\sigma_{f,l_2l_2}^2\xi_{f,l_1}\xi_{f,l_2}}{\beta_{l_1}\beta_{l_2}\left(\xi_{f,l_1}+1\right)\left(\xi_{f,l_2}+1\right)}}\eta_{k,l_2l_1}\\
&\times\exp\left(\mathrm{j}\pi\left(n_1-1\right)\left(\sin\vartheta_{\mathrm{I2U},l_1l_1}^{\mathrm{AoD}}-\sin\vartheta_{\mathrm{I2U},kl_1}^{\mathrm{AoD}}\right)\right)\exp\left(j\pi\left(n_2-1\right)\left(\sin\vartheta_{\mathrm{I2U},kl_2}^{\mathrm{AoD}}-\sin\vartheta_{\mathrm{I2U},l_2l_2}^{\mathrm{AoD}}\right)\right)
\end{aligned}
\tag{7.52}
$$

其中

$$\eta_{k,l_2l_1}=\frac{p_k\sqrt{p_{l_1}p_{l_2}}}{M^2}\sigma_{g,l_1}^2\sigma_{g,l_2}^2\varphi_{\mathrm{B2I},kl_1}\varphi_{\mathrm{B2I},l_2k}\exp\left(\mathrm{j}\pi\frac{M-1}{2}\left(\sin\vartheta_{\mathrm{B2I},l_2}^{\mathrm{AoD}}-\sin\vartheta_{\mathrm{B2I},l_1}^{\mathrm{AoD}}\right)\right)$$
$$\times\left(1+\frac{\xi_{g,n_1}}{\xi_{g,n_1}+1}(M-1)\right)\left(1+\frac{\xi_{g,n_2}}{\xi_{g,n_2}+1}(M-1)\right)\tag{7.53}$$

将式（7.51）、式（7.52）代入式（7.47）中后，即可得有用信号的期望值。同理，干扰信号的期望值可以分为两部分：

$$\mathbb{E}\left\{\left|\sum_{l=1}^{K}\boldsymbol{f}_{k,l}\boldsymbol{\Theta}_l\boldsymbol{G}_l\boldsymbol{w}_i\right|^2\right\}=\sum_{l=1}^{K}\mathbb{E}\left\{\left|\boldsymbol{f}_{k,l}\boldsymbol{\Theta}_l\boldsymbol{G}_l\boldsymbol{w}_i\right|^2\right\}+\sum_{l_1=1}^{K}\sum_{l_2\neq l_1}^{K}\mathbb{E}\left\{\boldsymbol{f}_{k,l_1}\boldsymbol{\Theta}_{l_1}\boldsymbol{G}_{l_1}\boldsymbol{w}_i\boldsymbol{w}_i^{\mathrm{H}}\boldsymbol{G}_{l_2}^{\mathrm{H}}\boldsymbol{\Theta}_{l_2}^{\mathrm{H}}\boldsymbol{f}_{k,l_2}^{\mathrm{H}}\right\}\tag{7.54}$$

其中，

$$\begin{aligned}&\sum_{l=1}^{K}\mathbb{E}\left\{\left|\boldsymbol{f}_{k,l}\boldsymbol{\Theta}_l\boldsymbol{G}_l\boldsymbol{w}_i\right|^2\right\}\\&=\frac{2\xi_{f,k}+1}{\beta_k\left(\xi_{f,k}+1\right)^2}\sigma_{f,kk}^4\sum_{n=b_k}^{e_k}\mu_{ik}+\sum_{l=1}^{K}\sum_{n=b_l}^{e_l}\frac{\mu_{il}}{\beta_l}\sigma_{f,ll}^2\sigma_{f,kl}^2+\frac{2\xi_{f,k}+1}{\beta_k\left(\xi_{f,k}+1\right)^2}\sigma_{f,kk}^4\sum_{n_1=b_k}^{e_k}\sum_{n_2\neq n_1}^{e_k}\eta_{i,kk}\\&+\frac{\xi_{f,k}}{\xi_{f,k}+1}\sum_{l=1}^{K}\sum_{n_1=b_l}^{e_l}\sum_{n_2\neq n_1}^{e_l}\frac{\sigma_{f,ll}^2\sigma_{f,kl}^2\xi_{f,l}}{\beta_l\left(\xi_{f,l}+1\right)}\eta_{i,ll}\exp\left(\mathrm{j}\pi\left(n_2-n_1\right)\left(\sin\vartheta_{\mathrm{I2U},kl}^{\mathrm{AoD}}-\sin\vartheta_{\mathrm{I2U},ll}^{\mathrm{AoD}}\right)\right)\end{aligned}\tag{7.55}$$

$$\begin{aligned}&\sum_{l_1=1}^{K}\sum_{l_2\neq l_1}^{K}\mathbb{E}\left\{\boldsymbol{f}_{k,l_1}\boldsymbol{\Theta}_{l_1}\boldsymbol{G}_{l_1}\boldsymbol{w}_i\boldsymbol{w}_i^{\mathrm{H}}\boldsymbol{G}_{l_2}^{\mathrm{H}}\boldsymbol{\Theta}_{l_2}^{\mathrm{H}}\boldsymbol{f}_{k,l_2}^{\mathrm{H}}\right\}\\&=\frac{\sigma_{f,kk}^2}{\xi_{f,k}+1}\sqrt{\frac{\xi_{f,k}}{\beta_k\left(\xi_{f,k}+1\right)}}\sum_{l_2\neq k}^{K}\sum_{n_1=b_k}^{e_k}\sum_{n_2=b_{l_2}}^{e_{l_2}}\sqrt{\frac{\sigma_{f,kl_2}^2\sigma_{f,l_2l_2}^2\xi_{f,l_2}}{\beta_{l_2}\left(\xi_{f,l_2}+1\right)}}\eta_{i,l_2k}\exp\left(\mathrm{j}\pi\left(n_2-1\right)\sin\left(\vartheta_{\mathrm{I2U},kl_2}^{\mathrm{AoD}}-\sin\vartheta_{\mathrm{I2U},l_2l_2}^{\mathrm{AoD}}\right)\right)\\&+\frac{\sigma_{f,kk}^2}{\xi_{f,k}+1}\sqrt{\frac{\xi_{f,k}}{\beta_k\left(\xi_{f,k}+1\right)}}\sum_{l_1\neq k}^{K}\sum_{n_1=b_{l_1}}^{e_{l_1}}\sum_{n_2=b_k}^{e_k}\sqrt{\frac{\sigma_{f,l_1l_1}^2\sigma_{f,kl_1}^2\xi_{f,l_1}}{\beta_{l_1}\left(\xi_{f,l_1}+1\right)}}\eta_{i,kl_1}\exp\left(\mathrm{j}\pi\left(n_1-1\right)\left(\sin\vartheta_{\mathrm{I2U},l_1l_1}^{\mathrm{AoD}}-\sin\vartheta_{\mathrm{I2U},kl_1}^{\mathrm{AoD}}\right)\right)\\&+\frac{\xi_{f,k}}{\xi_{f,k}+1}\sum_{l_1=1}^{K}\sum_{l_2\neq l_1}^{K}\sum_{n_1=b_{l_1}}^{e_{l_1}}\sum_{n_2=b_{l_2}}^{e_{l_2}}\sqrt{\frac{\sigma_{f,l_1l_1}^2\sigma_{f,kl_1}^2\sigma_{f,kl_2}^2\sigma_{f,l_2l_2}^2\xi_{f,l_1}\xi_{f,l_2}}{\beta_{l_1}\beta_{l_2}\left(\xi_{f,l_1}+1\right)\left(\xi_{f,l_2}+1\right)}}\eta_{i,l_2l_1}\\&\times\exp\left(\mathrm{j}\pi\left(n_1-1\right)\left(\sin\vartheta_{\mathrm{I2U},l_1l_1}^{\mathrm{AoD}}-\sin\vartheta_{\mathrm{I2U},kl_1}^{\mathrm{AoD}}\right)\right)\exp\left(j\pi\left(n_2-1\right)\left(\sin\vartheta_{\mathrm{I2U},kl_2}^{\mathrm{AoD}}-\sin\vartheta_{\mathrm{I2U},l_2l_2}^{\mathrm{AoD}}\right)\right)\end{aligned}\tag{7.56}$$

将式（7.47）和式（7.54）代入（7.46）中后，即可得定理 7.1。

7.5.2 近似结果分析

定理 7.1 给出了大规模 MIMO 智能反射表面辅助下的可实现和速率的闭式表达式，为了更进一步地理解影响系统性能的因素，接下来对一些特殊情况进行分析。

推论 7.1： 假定莱斯因子 $\xi_{g,n}=\xi_g$、$\xi_{f,k}=\xi_f$，且大尺度衰落系数 $\sigma_{g,k}^2=\sigma_g^2$、$\sigma_{f,kl}^2=\sigma_f^2$，当基站天线数 M 趋近于无穷大时，可实现和速率可以近似为

$$R_U \approx \sum_{k=1}^{K}\log_2\left(1+\frac{p_k\sigma_{g,k}^2\sigma_{f,kk}^2\left(2\xi_f+1+N_k\left(\xi_f+1\right)^2\right)}{\sum\limits_{i\neq k}^{K}p_i\sigma_{g,i}^2\sigma_{f,ki}^2\left(\left(\xi_f+1\right)^2+\frac{\xi_f^2}{N_i}\iota\right)+\frac{\sigma_{U,k}^2\left(\xi_g+1\right)\left(\xi_f+1\right)^2}{M\xi_g}}\right)$$

（7.57）

其中，$\iota=\sum\limits_{n_1=b_i}^{e_i}\sum\limits_{n_2\neq n_1}^{e_i}\exp\left(\mathrm{j}\pi\left(n_2-n_1\right)\left(\sin\vartheta_{\mathrm{I2U},ki}^{\mathrm{AoD}}-\sin\vartheta_{\mathrm{I2U},ii}^{\mathrm{AoD}}\right)\right)$。从推论 7.1 中可以看出，当基站处的传输天线数趋近无穷大时，可实现和速率主要受基站天线数、反射表面元素的个数、用户数和莱斯因子影响。增大传输天线数和反射表面元素的个数可以有效提升系统的传输性能。

推论 7.2： 当基站传输天线数不变时，基站发射功率 $p_k=\overline{p}$ 趋近于无穷大，可实现和速率可以近似为

$$R_U \approx \sum_{k=1}^{K}\log_2\left(1+\frac{S_{kk}}{\sum\limits_{i\neq k}^{K}S_{ik}}\right) \tag{7.58}$$

式（7.58）表明当发射功率持续增大时，受信号间干扰影响，系统可实现和速率将趋于定值，且该值主要取决于基站天线数和 IRS 元素个数。

推论 7.3： 固定其他参数不变，当莱斯因子趋近于无穷大时，信道主要由视距分量决定，此时可实现和速率可以近似为

$$R_U \approx \sum_{k=1}^{K} \log_2 \left(1 + \frac{p_k \left(\frac{1}{M} \sum_{l=1}^{K} A'_{kl} + \sum_{l=1}^{K} B'_{kl} + \sum_{l_1=1}^{K} \sum_{l_2 \neq l_1}^{K} C'_{k,l_2 l_1} \right)}{\sum_{i \neq k}^{K} p_i \left(\frac{1}{M} \sum_{l=1}^{K} A'_{il} + \sum_{l=1}^{K} B'_{il} + \sum_{l_1=1}^{K} \sum_{l_2 \neq l_1}^{K} C'_{i,l_2 l_1} \right) + \sigma_{U,k}^2} \right) \tag{7.59}$$

其中 $A'_{il} \approx \sigma_{g,l}^2 \sigma_{f,kl}^2 \left(\varphi_{\mathrm{B2I},il}^2 - \frac{M-1}{M} \right)$

$$B'_{il} \approx \frac{\varphi_{\mathrm{B2I},il}^2}{MN_l} \sigma_{g,l}^2 \sigma_{f,kl}^2 \sum_{n_1=b_l}^{e_l} \sum_{n_2 \neq n_1}^{e_l} \exp\left(j\pi (n_2 - n_1) \left(\sin \vartheta_{\mathrm{I2U},kl}^{\mathrm{AoD}} - \sin \vartheta_{\mathrm{I2U},ll}^{\mathrm{AoD}} \right) \right)$$

$$C''_{i,l_2 l_1} \approx \sqrt{\frac{\sigma_{g,l_1}^2 \sigma_{g,l_2}^2 \sigma_{f,kl_1}^2 \sigma_{f,kl_2}^2}{N_{l_1} N_{l_2}}} \frac{\varphi_{\mathrm{B2I},il_1} \varphi_{\mathrm{B2I},l_2 i}}{M} \exp\left(\mathrm{j}\pi \frac{M-1}{2} \left(\sin \vartheta_{\mathrm{B2I},l_2}^{\mathrm{AoD}} - \sin \vartheta_{\mathrm{B2I},l_1}^{\mathrm{AoD}} \right) \right)$$

$$\times \sum_{n_1=b_{l_1}}^{e_{l_1}} \sum_{n_2=b_{l_2}}^{e_{l_2}} \exp\left(j\pi (n_1 - 1) \left(\sin \vartheta_{\mathrm{I2U},l_1 l_1}^{\mathrm{AoD}} - \sin \vartheta_{\mathrm{I2U},kl_1}^{\mathrm{AoD}} \right) \right) \exp\left(\mathrm{j}\pi (n_2 - 1) \left(\sin \vartheta_{\mathrm{I2U},kl_2}^{\mathrm{AoD}} - \sin \vartheta_{\mathrm{I2U},l_2 l_2}^{\mathrm{AoD}} \right) \right)$$

式（7.59）表明在视距分量较强的场景中，莱斯因子不再是影响系统可实现速率的主要因素。

7.5.3 能量效率分析

基于 IRS 的大规模 MIMO 系统所消耗的总功率包括基站的发射功率以及基站、IRS 和用户所消耗的电路功率。IRS 是无源元件，因此不需要额外的发射功率。与中继的功率放大器不同，IRS 所提供的放大增益是通过调整发射元件的相移实现的[145]。因此，所提出的 IRS 辅助的大规模 MIMO 系统所产生的总功耗 P_{Tot} 可以表示为[139]

$$P_{\mathrm{Tot}} = \tau \sum_{k=1}^{K} p_k + P_{\mathrm{BS}} + NP_{\mathrm{IRS}} + KP_{\mathrm{USER}} \tag{7.60}$$

其中，$\tau = \omega^{-1}$，ω 是基站处功率放大器增益；P_{BS} 是基站产生的电路功耗；P_{IRS} 是 IRS 每一个元素产生的电路功耗；P_{USER} 是每一个所产生的电路功耗。根据定义，能量效率的表达式为[181]

$$\eta_{\mathrm{EE}} \triangleq \frac{BR_U}{P_{\mathrm{Tot}}} \tag{7.61}$$

式中，$B = 20$ MHz，表示传输带宽。根据文献[139]、[145]中的分析，式（7.61）

中的各项可取值为：$\omega = 0.8$，$P_{\text{BS}} = 9\ \text{dBm}$，$P_{\text{IRS}} = 10\ \text{dBm}$，$P_{\text{USER}} = 10\ \text{dBm}$。

7.5.4 功率分配策略

在前面的讨论中指出基站在发送第 k 个用户信息时所需的发射功率为 p_k，则对于 K 个用户所需的总发射功率为 $\sum_{k=1}^{K} p_k$。本节中，假设基站总发射功率固定为 P_{T}，即 $\sum_{k=1}^{K} p_k \leqslant P_{\text{T}}$，通过合理分配发射功率以实现最大化传输速率的目的。

首先，对式（7.45）进行改写。令第 k 个用户获得的信干噪比为 γ_k，则根据式（7.45）有

$$\gamma_k = \frac{p_k S_{kk}}{\sum_{i \neq k}^{K} p_i S_{ik} + \sigma_{U,k}^2} \triangleq p_k \delta_k \tag{7.62}$$

其中，$\delta_k = S_{kk} \Big/ \left(\sum_{i \neq k}^{K} p_i S_{ik} + \sigma_{U,k}^2 \right)$。于是功率分配问题可以表示为

$$\mathcal{P}_1 : \underset{p_1, \cdots, p_K}{\text{maximize}} \sum_{k=1}^{K} \log_2 \left(1 + \gamma_k \right) \tag{7.63}$$

$$\text{s.t.} \sum_{k=1}^{K} p_k \leqslant P_{\text{T}} \tag{7.64}$$

$$p_k \geqslant 0, k = 1, \cdots, K \tag{7.65}$$

将 $\mathcal{P}_1$ 中的对数累加形式改写成累积的形式，于是 $\mathcal{P}_1$ 可以进一步转换为

$$\mathcal{P}_2 : \underset{p_1, \cdots, p_K}{\text{minimize}} \prod_{k=1}^{K} \left(1 + \gamma_k \right)^{-1} \tag{7.66}$$

$$\text{s.t.} \sum_{k=1}^{K} p_k \leqslant P_{\text{T}} \tag{7.67}$$

$$p_k \geqslant 0, k = 1, \cdots, K \tag{7.68}$$

问题 $\mathcal{P}_2$ 是一个典型的非凸互补几何规划问题，可以通过求解一系列的非凸互补几何规划问题来近似求解。本文借鉴文献[182]中的逐次逼近算法，借助标准的凸优化工具箱来解决功率分配问题，具体算法步骤如下：

步骤 1：初始化，定义容错值 ϵ 和参数 λ ；

步骤 2：计算初始值，将 $p_k = P_{\mathrm{T}}/K$ 代入式（7.63）中得到信干噪比的初始值 $\hat{\gamma}_k$；

步骤 3：开始迭代： $j=1$ ；

步骤 4：计算 $\alpha_k = \dfrac{\hat{\gamma}_k}{1+\hat{\gamma}_k}$ ，然后解决如下几何规划问题 $\mathcal{P}_3$：

$$\mathcal{P}_3 : \underset{p_1,\cdots,p_K}{\text{minimize}} \prod_{k=1}^{K} \gamma_k^{-\alpha_k} \tag{7.69}$$

$$\text{s.t.}\ \lambda^{-1}\hat{\gamma}_k \leqslant \gamma_k \leqslant \lambda\hat{\gamma}_k, k=1,\cdots,K \tag{7.70}$$

$$\gamma_k p_k^{-1} \delta_k^{-1} \leqslant 1, k=1,\cdots,K \tag{7.71}$$

$$\sum_{k=1}^{K} p_k \leqslant P_{\mathrm{T}} \tag{7.72}$$

$$p_k \geqslant 0, k=1,\cdots,K \tag{7.73}$$

设最优解为 $\gamma_k^{(j)}$，其中 $k=1,\cdots,K$ ；

步骤 5：当 $\underset{1,\cdots,K}{\text{maximize}}\left|\gamma_k^{(j)} - \hat{\gamma}_k\right| < \epsilon$ 时，停止迭代；否则，继续向下执行；

步骤 6：更新初始值，令 $\gamma_k = \gamma_k^{(j)}$、 $j=j+1$ ，返回第 3 步。

7.6　IRS 多用户系统仿真结果与分析

在本节中，验证了多用户场景中智能反射表面辅助的大规模 MIMO 下行链路可实现和速率以及能量效率的近似结果和蒙特卡洛结果。在仿真中，设置最大用户数 $K=5$ ，用户坐标为{（340, 201, 0），（10, 182, 0），（397, 90, 0），（420, 260, 0），（310, 302, 0）}，且噪声功率为 $\sigma_{U,k}^2 = -114$ dBm。基站的坐标为（0, 0, 40），IRS 的坐标为（264, 237, 20）。根据文献[183]，选取 IRS 元素之间的间距为 $d_{\mathrm{IRS}} = 0.03$ m。通过与[147]中类似的分析，将基站到 IRS 和 IRS 到用户之间的信道分别建模为 $\sigma_{g,l}^2 = C_0\left(d_{ref}/d_{\mathrm{B2I},l}\right)^{-v}$ 、 $\sigma_{f,kl}^2 = C_0\left(d_{ref}/d_{\mathrm{I2U},kl}\right)^{-v}$ ，其中 $C_0 = -30\,\mathrm{dB}$，表示在参考距离 $d_{ref} = 1$ m 处的路径损耗； $v=2.4$ ，表示路径损耗指数； $d_{\mathrm{B2I},l}$ 表示基站与第 l 块 IRS 之间的距离； $d_{\mathrm{I2U},kl}$ 表示第 k 个用户与第 l 块 IRS 之间的距离。莱斯信道中的到达角和离

开角 $\sin\vartheta_{\mathrm{B2I},l}^{\mathrm{AoA}}$ 、 $\sin\vartheta_{\mathrm{B2I},l}^{\mathrm{AoD}}$ 、 $\sin\vartheta_{\mathrm{I2U},kl}^{\mathrm{AoD}}$ 均匀分布在区间 $[-\pi/2,\pi/2]$ 上，并假设莱斯因子 $\xi_{g,n}=\xi_{f,k}=\xi$ 。

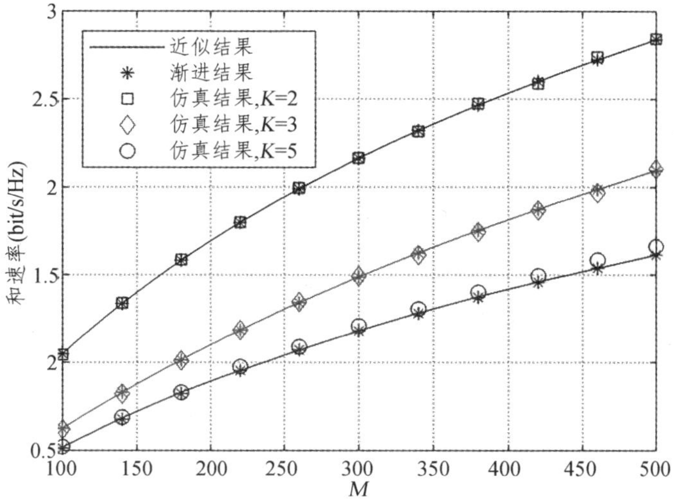

图 7.11　不同用户数下和速率随发射天线数 M 的变化曲线

图 7.11 展示了不同用户数下，系统可实现和速率随基站的天线数 M 变化的近似结果及蒙特卡洛仿真结果。仿真中设置了基站总发射功率 $P_{\mathrm{T}}=15\ \mathrm{dBm}$，第 k 个用户传输信号的发射功率 $p_k=P_{\mathrm{T}}/K$ ，反射表面元素总个数 $N=300$ ，第 l 块反射表面的元素个数为 $N_l=N/K$ ，莱斯因子 $\xi=15\ \mathrm{dB}$。图中实线所示的曲线对应于定理 7.1 中的结论即式（7.46），星号所示的曲线对应于推论 7.1。图中的近似曲线与蒙特卡洛仿真曲线高度吻合，证明了结果的准确性，渐进曲线紧密贴合近似曲线证明了推论 7.1 的正确性。从图中可以看出，增大发射天线的数量可以有效地提高系统的可实现和速率。此外，用户数的增多会导致和速率的下降，这是由于用户数越多，每个用户可分配到的功率和反射表面元素个数就会越少，另外用户处接收到的信干噪比中的干扰会增强，因此使得可实现和速率的下降。

图 7.12 展示了不同用户数下，系统可实现和速率随智能反射表面元素个数的变化情况。仿真中设置基站总发射功率 $P_{\mathrm{T}}=25\ \mathrm{dBm}$，第 k 个用户传输信号的发射功率 $p_k=P_{\mathrm{T}}/K$ ，第 l 块反射表面的元素个数为 $N_l=N/K$ ，莱斯因子 $\xi=15\ \mathrm{dB}$。图中表明了反射表面元素的增多可以有效提升可实现和

速率。当用户数较多时，每个用户接收到的干扰信号也会相应较多。同时，图中表明了当 IRS 元素个数较少时，可以通过增加传输天线数来弥补。

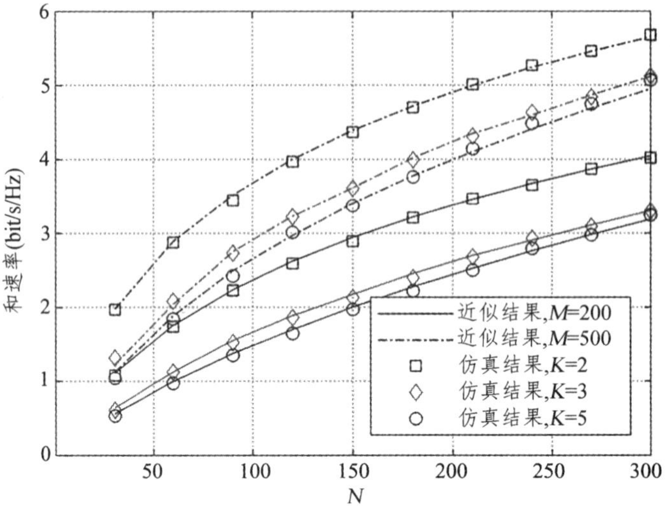

图 7.12　不同用户数下和速率随智能反射表面元素个数 N 的变化曲线

信号传输功率同样是影响系统性能的重要因素，图 7.13 给出了不同用户数下，可实现和速率随基站总传输功率的近似结果、渐进结果以及蒙特卡洛仿真结果。仿真中设置了基站的传输天线数 $M=200$，第 k 个用户传输信号的发射功率 $p_k = P_{\mathrm{T}}/K$，发射表面元素总个数 $N=300$，第 l 块反射表面的元素个数为 $N_l = N/K$，莱斯因子 $\xi = 15$ dB。从图中可以看出，可实现和速率不会随着传输功率的增大而无限增大，而是会达到一个上限，且该上限值与天线数、反射表面元素个数有关。这是由于增大信号的传输功率，不仅会增大有用信号的功率，还会增大干扰信号的功率，从而抑制了系统和速率的增长。图 7.13 也证明了推论 7.2 给出的结果的正确性。

图 7.14 给出了不同用户数下，莱斯因子对系统可实现和速率的具体影响。仿真中设置了基站的传输天线数 $M=100$，总发射功率 $P_{\mathrm{T}} = 15$ dBm，针对第 k 个用户传输信号的发射功率 $p_k = P_{\mathrm{T}}/K$，反射表面元素总个数 $N=300$，第 l 块反射表面的元素个数为 $N_l = N/K$。与推论 7.3 给出的结论相同，由于莱斯因子可以表示为信道中视距分量与散射分量的功率之比，当莱斯因子趋近于无穷大时，信道主要受视距分量的影响。此时，系统和速率都会达

到一个定值。

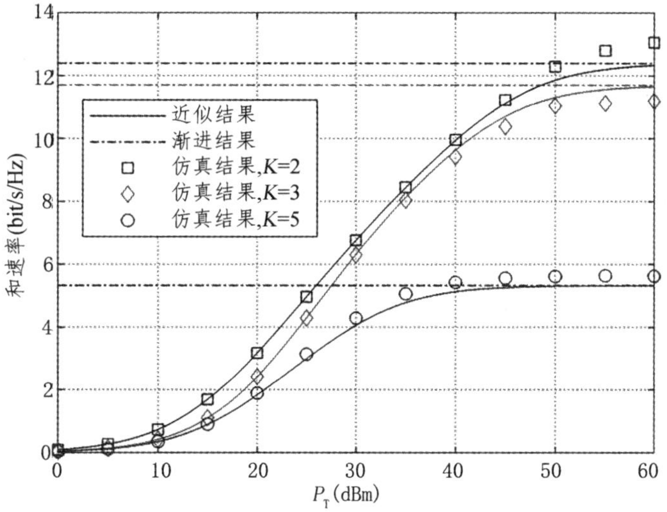

图 7.13　不同用户数下和速率随基站总传输功率 P_T 的变化曲线

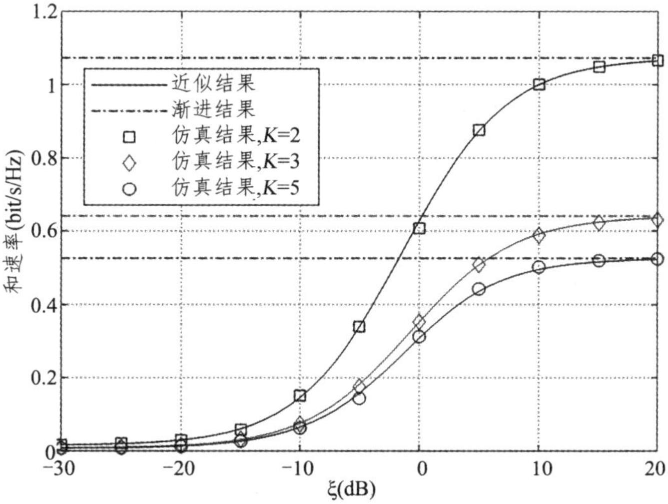

图 7.14　不同用户数下和速率随莱斯因子 ξ 的变化曲线

在前面的分析中，通过建立实际功耗模型得到系统能量效率的表达式。从式（7.61）中不难发现，基站传输功率的提升同样会增大系统能耗，同样 IRS 元素个数和用户数均会对能耗产生影响。图 7.15 比较了不同 IRS 元素个数 N 和用户数 K 下能量效率随传输功率 P_{T} 的变化情况。仿真中设置基站天线数 $M=500$，莱斯因子 $\xi=15\ \mathrm{dB}$。从图中可以看出，随着传输功率的不断增加，能量效率呈现先增大后减小的趋势，并在 28 dBm 附近达到峰值。因此，从能量效率的角度出发，过高的基站传输功率不仅不会带来收益，反而会使得能量效率大幅降低。图 7.15 还反映出 IRS 元素个数的增多同样会造成损耗。

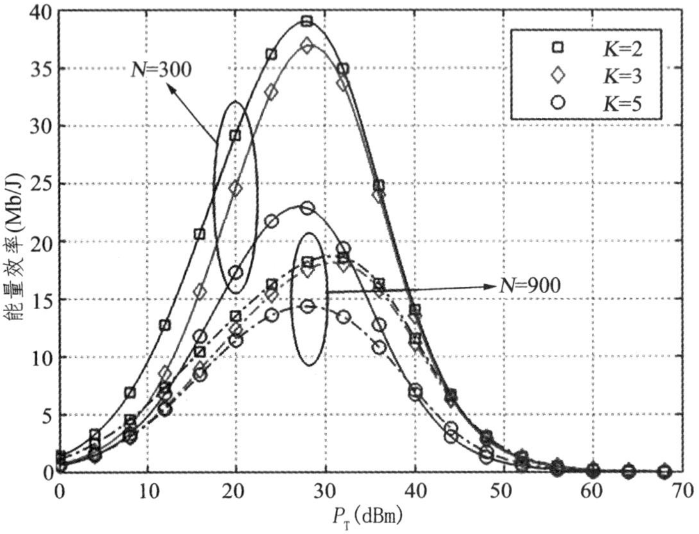

图 7.15　不同用户数下能量效率随传输功率 P_T 的变化曲线

图 7.16 在图 7.13 和图 7.15 的基础上，分析了可实现和速率与能量效率之间的权衡曲线。从横向看，可实现和速率随传输功率的增大而增大并逐渐趋于定值；从纵向看，能量效率则是先增大后减少并最终降为零。这表明，过高的传输速率不但不会带来可实现和速率的无限增大，甚至还会大幅削弱系统的能量效率。由此可见，在实际的信号传输过程中，应当选取合适的发射功率以兼顾系统可实现和速率与能量效率。以 IRS 元素个数 $N=300$、用户数 $K=5$ 为例，当基站传输功率约为 28 dBm 时可以同时获得可观的可实现和速率以及能量效率。

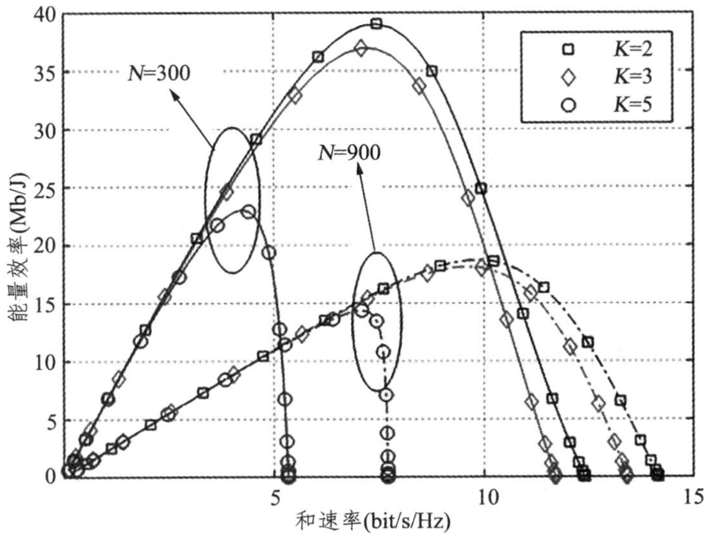

图 7.16　不同用户数下和速率与能量效率之间的权衡曲线

图 7.17 给出了最优功率分配方案对可实现和速率的影响。作为对比，图中虚线所示的曲线是系统在平均功率分配方案下的性能表现。从图中可以看出，最优功率分配方案下的系统性能优于平均功率分配，这在用户数

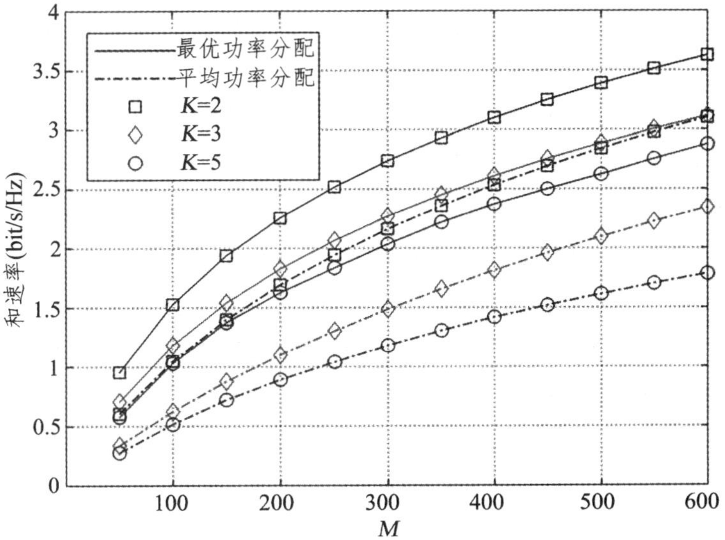

图 7.17　不同用户数下功率分配方案对和速率的影响曲线

较多时尤为明显。以用户数 $K=5$ 为例，当基站天线数 $M=600$ 时，相比于平均功率分配，所提出的最优功率分配方案可以得到 61%左右的性能提升。另外，若系统目标速率为 1.75 bit/s/Hz，平均功率分配方案下所需的传输天线数约为 600，而最优功率分配方案下仅需约 250 根天线。因此，在大规模 MIMO 系统中，合理分配发射功率既能有效提高系统性能，又能节省资源避免不必要的消耗。

7.7 本章小结

本章研究了存在主动干扰机情况下，通过 IRS 辅助高铁 SM，从而解决目前存在的多普勒频移和容易受未知干扰的问题。首先，分析了基于 IRS 辅助 SM 系统的高铁信道模型，并研究了如何利用 SM 的天线索引和 IRS 的相位优化达到对未知干扰源的抑制作用。然后，提出了以空时相关系数作为特征输入的 DNN 分类器，并通过对天线选择问题分析和简化降低了分类器的复杂度。仿真结果表明，IRS 辅助空间调制系统能够在一定距离上抑制未知干扰源的干扰，同时还能够补偿多径的多普勒频移从而提升车载接收端在高速移动情况下的信道容量和误码率。其次研究了大规模 MIMO 中智能反射表面辅助通信系统，针对多用户场景，对反射表面进行分块，并在基站和反射表面处进行了局部优化处理，从而得到系统可实现和速率的闭式表达式。接下来分析了基站天线数、传输功率和莱斯因子对和速率的影响，并得出近似表达式。再次，建立了系统功耗模型，分析了系统能量效率与可实现速率之间的权衡。最后，提出了最优功率分配方案对基站传输功率进行合理分配。仿真表明了基站的发射天线数和 IRS 元素个数可以有效提高系统的和速率，而莱斯因子对和速率的影响有限。此外，随着基站传输功率的逐渐增大，可实现和速率会受到干扰功率的影响而增大到固定值，而能量效率呈现先增大后减小的趋势。当传输功率约为 28 dBm 时，既能获得最高的能量效率，也能保证可观的和速率。所提出的最优功率分配方案有效地提高了系统的传输性能。

第 8 章

链路阻塞下智能表面辅助系统的混合预编码设计

在高速移动场景中，由于信道相干时间过短，信道状态信息具有快速时变的特性。这导致毫米波通信过程中容易造成间歇性的连接，为链路稳定性和安全性产生了不利的影响。同时，中继节点在发射与接收端均部署大规模射频链路，这为系统的成本和能耗造成了巨大的负担。因此，本章综合考虑随机阻塞的毫米波通信情况，利用低成本 IRS 替代传统中继以保证直视链路出现阻塞情况下的成功通信，并提出一种联合功率分配的分布式交替优化方案获取基站主动混合预编码与 IRS 被动相移矩阵，在保证用户通信质量的前提下提供均衡的系统频谱效率与能量效率。

8.1 阻塞信道下智能表面辅助系统结构

8.1.1 基于智能表面辅助的信号传输模型

由于频率衰落特性和随机产生的路径障碍，基站和用户之间的直视链路可能存在阻塞情况。因此考虑在直视路径阻塞情况下，通过切换为 IRS 转发链路以保证通信的稳定。由于直视链路的系统模型与传统点对点毫米波通信模型相同，因此接下来主要介绍基于 IRS 转发的毫米波通信信号传输模型。

考虑如图 8.1 所示的基于 IRS 辅助转发的单小区高速移动毫米波通信系统的下行链路，其中将列车每个车厢上的转发基站简化为密集分布的用户节点集。假设系统中有 K 个单天线用户需要服务，为了保证覆盖范围内通信链路的稳定性，需要在用户附近部署具有均匀矩形阵列的 IRS，其通过相位控制端调整反射表面相移角度以实现定向波束控制。为了支持多用户通信，基站配备了一个由 N_t 根天线与 N_{RF}^{T} 根射频链路组成的均匀线性阵列发射信号。

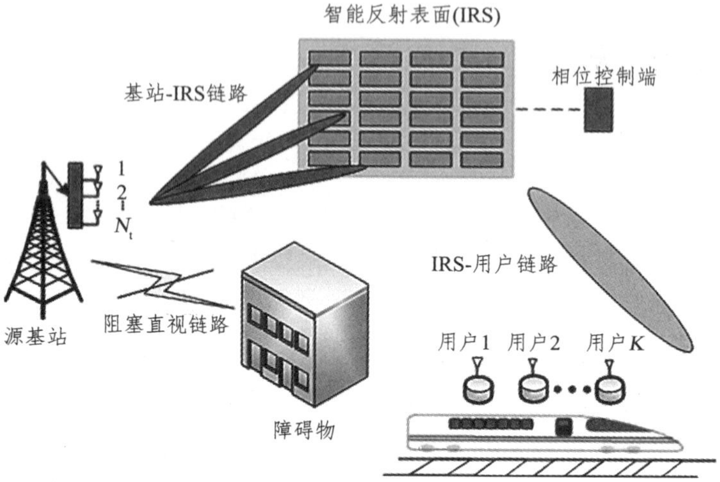

图 8.1　基于 IRS 辅助的通信系统结构示意图

在通信过程中，基站端首先以归一化功率 $\mathbb{E}(s_k s_k^{H})=1$ 将第 $k\in[1,2,\cdots,K]$ 个用户的信号变量 $\mathbf{s}_k$ 发送给 IRS，其次由 IRS 处的对角反射矩阵 $\boldsymbol{\Theta}=\mathrm{diag}(\beta\theta_1,\beta\theta_2,\cdots,\beta\theta_{N_r})\in\mathbb{C}^{N_r\times N_r}$ 调整相移，然后将信息流反射给用户，其中每个表面单元反射角度为 $\theta_i=\mathrm{e}^{\mathrm{j}\varphi_i}$，并满足 $\varphi_i\in[-\pi,\pi),i=1,2,\cdots,N_r$。为了保证用户端对所接收信号的译码正确性，我们按照用户的信道强度来分配解码顺序标签，即 $\|\boldsymbol{G}_1\|_2\geqslant\|\boldsymbol{G}_2\|_2\geqslant\cdots\geqslant\|\boldsymbol{G}_k\|_2\geqslant\cdots\geqslant\|\boldsymbol{G}_j\|_2\geqslant\cdots\geqslant\|\boldsymbol{G}_K\|_2$，其中，$\boldsymbol{G}_k=\boldsymbol{h}_k\boldsymbol{\Theta}\boldsymbol{H}\boldsymbol{F}$ 表示联合基站与 IRS 的等效信道强度，$\boldsymbol{F}=\boldsymbol{F}_{RF}\boldsymbol{F}_{BB}\in\mathbb{C}^{N_t\times 1}$ 表示基站处的混合预编码矩阵。值得注意的是，由于在用户节点可以实现完美的连续干扰消除技术和每个用户信道质量的差异性，第 k 个用户可以连续地检测并消除满足 $1\leqslant k\leqslant j\leqslant K$ 中所有 j 个用户的信号干扰[71]。因此，第 k 个用户处的剩余接收信号可以建模为

$$\boldsymbol{y}_k=\boldsymbol{G}_k\sqrt{p_k}\mathbf{s}_k+\boldsymbol{G}_k\sum_{i=1}^{k-1}\sqrt{p_i}\mathbf{s}_i+\boldsymbol{n}_k \tag{8.1}$$

其中，p_k是第 k 个用户满足$\sum_{k=1}^{K} p_k \leqslant P$的传输功率。另外，式（8.1）中第一项表示用户所需信号，最后一项$\boldsymbol{n}_k$是满足分布为$\mathcal{CN}\left(\boldsymbol{0},\sigma^2\right)$的噪声向量，其余项表示波束簇内干扰。

8.1.2 IRS 转发毫米波信道模型

假设 IRS 由N_r个无源反射元件组成，这些元件以矩形方式排列，通过调整每个元件的相移角度以获得期望的反射信号。考虑到源基站至 IRS 与 IRS 至用户间的空间一致性和平稳性，采用广泛使用的 Saleh-Valenzuela 模型[61]，并添加由多普勒频移导致的小尺度衰落项和与距离相关的大尺度衰落。令 IRS 总反射单元个数$N_\text{r} = N_\text{rx} \times N_\text{ry}$，其中$N_\text{rx}$和$N_\text{ry}$分别表示水平和垂直方向上的被动反射单元个数。假设 BS-IRS 链路存在L_BI个传播路径，则第 n 条传播路径的方位（仰视）到达角（angle-of-arrival，AoA）和离开角（angle-ofdeparture，AoD）分别表示为$\vartheta_{n_\text{BI}}^\text{AoA}(\phi_{n_\text{BI}}^\text{AoA})$和$\vartheta_{n_\text{BI}}^\text{AoD}$，其中$\vartheta_{n_\text{BI}}^\text{AoA}$、$\phi_{n_\text{BI}}^\text{AoA}$和$\vartheta_{n_\text{BI}}^\text{AoD}$的取值范围均属于$\left[-\frac{\pi}{2},\frac{\pi}{2}\right]$。则 BS 和 IRS 之间的信道矩阵被建模为

$$\boldsymbol{H} = \sqrt{\frac{N_\text{t} N_\text{r}}{L_\text{BI}}} \sum_{n=1}^{L_\text{BI}} \kappa_n^\text{BI} \boldsymbol{a}_n\left(\vartheta_{n_\text{BI}}^\text{AoA}, \phi_{n_\text{BI}}^\text{AoA}\right) \boldsymbol{b}_n^H\left(\vartheta_{n_\text{BI}}^\text{AoD}\right) \tag{8.2}$$

其中，κ_n^BI是 BS-IRS 链路中第 n 条路径的复信道增益，$\mathfrak{a}_n$和$\mathfrak{b}_n$是与传统毫米波信道相似的第 n 条传播路径的接收和发送阵列响应向量，分别表示为

$$\boldsymbol{a}_n(\vartheta,\phi) = \boldsymbol{a}_n^\text{az}(\phi) \otimes \boldsymbol{a}_n^{el}(\vartheta) \tag{8.3}$$

和

$$\boldsymbol{b}_n(\vartheta) = \frac{1}{\sqrt{N_\text{t}}}\left[e^{-j\frac{2\pi d}{\lambda}\vartheta i}\right]_{i\in\mathcal{I}(N_\text{t})} \tag{8.4}$$

其中，λ 是毫米波波长；$d = \frac{\lambda}{2}$表示与均匀天线阵列中相似的单元距离。另外$\mathcal{I}(N_\text{t}) = \left\{n-\left(N_\text{t}-1\right)/2, n = 0,1,\cdots,N_\text{t}-1\right\}$，IRS 中行和列的阵列响应矢量$\boldsymbol{a}_n^\text{az}(\phi)$和$\boldsymbol{a}_n^{el}(\vartheta)$的定义方式与$\boldsymbol{b}_n(\vartheta)$相同。

对于 IRS 和用户之间的毫米波信道，由于 IRS 密集分布在传输路径中，

因此视距传输较为集中，这使得散射路径可以忽略[81]。则第 n 个单元和第 k 个用户之间的信道矩阵可以表示为

$$\boldsymbol{h}_k=\sqrt{N_{\mathrm{r}}}\sum_{n=1}^{N_{\mathrm{r}}}g_{k,n}^{\mathrm{IU}}\kappa_{k,n}^{\mathrm{IU}}\boldsymbol{a}_n\left(\vartheta_{k,n_{\mathrm{IU}}}^{\mathrm{AoD}},\phi_{k,n_{\mathrm{IU}}}^{\mathrm{AoD}}\right) \tag{8.5}$$

其中，$\kappa_{k,n}^{\mathrm{IU}}$ 是第 k 个 IRS 用户链路中第 n 条路径的复信道增益；$\vartheta_{k,n_{\mathrm{IU}}}^{\mathrm{AoD}}$ 和 $\phi_{k,n_{\mathrm{IU}}}^{\mathrm{AoD}}$ 同样分别表示为方位和仰视的 AoD；$g_{k,n}^{\mathrm{IU}}$ 为由多普勒频移所导致的第 n 条路径的小尺度衰落，表示为

$$g_{k,n}^{\mathrm{IU}}=\mathrm{e}^{-\mathrm{j}2\pi\frac{vf_{\mathrm{c}}}{c}\cos(\omega_v)} \tag{8.6}$$

其中，v 表示移动速度；c 为光速；f_{c} 表示载波频率；ω_v 表示相对于运动方向的到达角。

8.2 阻塞状态下多级混合预编码设计

由于毫米波波长较短，因此多普勒频移所导致的小尺度衰落与路径损耗所导致的大尺度衰落容易令传输链路出现阻塞状态。为了保证通信链路的稳定，考虑一种当阻塞情况过强时切换为 IRS 转发协助的抗阻塞方案。该方案根据不同的阻塞情况分为三类，首先判断直视链路的信干噪比是否满足 $\gamma_k\geqslant\gamma_{\mathrm{th}}$，当满足时则表明链路通畅（一级状态），否则需要进一步判断信道容量是否达到中断容量阈值 C_{th}。如果信道容量高于中断容量阈值（二级状态），则仍然利用直视链路进行传输并及时调整波束功率，如果低于中断阈值（三级状态），则切换至 IRS 转发链路并通过联合波束分配与预编码设计实现频谱效率最大化的传输。

假设信号传输过程中信道状态通过估计方案能够准确已知，并通过检测信道容量状态判断阻塞状态。为了评估阻塞等级，我们通过检测链路平均阻塞信道容量来判断是否存在阻塞，定义系统中第 k 个用户的中断概率

$$P_{\mathrm{op}}^k=\frac{1}{T}\sum_{\iota}^{T}1\left\{\gamma_k^{\iota}\geqslant\gamma_{\mathrm{th}}\right\} \tag{8.7}$$

其中，T 表示最大实验次数；γ_k^{ι} 表示第 ι 次实验中用户 k 的接收信干噪比；

$1\{A\}$ 表示指示函数，即当满足条件 A 时等于 1，否则等于 0。系统的平均信道容量表示为

$$\overline{C} = \sum_{k=1}^{K} P_{\text{op}} R_k \tag{8.8}$$

其中，$R_k = \log_2(1+\gamma_k)$ 为第 k 个用户的信息速率。

由于系统所处一级状态时，接收端仍然能够具有足够优秀的信干噪比与容量，因此发射端预编码设计等同于传统点对点预编码方案。为了实现频谱效率最大化，我们利用基于范数最小化形式的混合预编码设计方案[61]，则基站端混合预编码优化方程可表示为

$$\begin{aligned}
&\max_{\boldsymbol{F}_{\text{RF}}, \boldsymbol{F}_{\text{BB}}} \| \boldsymbol{F}_{res} - \boldsymbol{F}_{\text{RF}} \boldsymbol{F}_{\text{BB}} \|_{\text{F}}^2 \\
&\text{s.t.} \boldsymbol{F}_{\text{RF}}(i.j) \in \mathcal{F} \triangleq \left\{ \frac{1}{\sqrt{N}} \mathrm{e}^{\mathrm{j}\frac{2\pi b}{2^B}} \mid b = 1, 2, \ldots, 2^B \right\} \\
&\quad |\theta_i| = 1, i = 1, 2, \cdots, N_{\text{r}} \\
&\quad \| \boldsymbol{F}_{\text{RF}} \boldsymbol{F}_{\text{BB}} \|_{\text{F}}^2 = K
\end{aligned} \tag{8.9}$$

其中，$\boldsymbol{F}_{res}$ 为混合预编码与能达到性能上限的最优预编码之间的残差。另外，定义直视链路信道矩阵 $\boldsymbol{H}_{\text{los}}$ 的奇异值分解为 $\boldsymbol{H}_{\text{los}} = \boldsymbol{U\Sigma V}^{\text{H}}$，其中 $\boldsymbol{\Sigma}$ 为元素递减的对角矩阵，$\boldsymbol{U}$ 与 $\boldsymbol{V}$ 分别为酉矩阵与右奇异向量。

在求解上述范数最小化优化方程时，首先选择 $\boldsymbol{V}$ 构成码本字典 $\boldsymbol{F}_V$，其次模拟预编码矩阵 $\boldsymbol{F}_{\text{RF}}$ 可以通过迭代选择码本字典 $\boldsymbol{F}_V(:, j)$ 中与残差最相关的列来进行重构，而数字预编码矩阵 $\boldsymbol{F}_{\text{BB}}$ 可以通过额外添加功率约束最小二乘法获得。算法流程图如图 8.2 所示。

针对第二级阻塞状态，虽然接收端能够具有足够的信道容量实现完整的传输，但由于低信干噪比较导致了传输过程性能不理想，因此在第一级预编码设计的基础上额外优化波束范围内的辐射功率。忽略为常数的路径损耗，则辐射功率优化方程表示为

$$\max_{\boldsymbol{F}_{\text{opt}}} \frac{E_{[\alpha_L, \alpha_U)}}{E_{[-1,1)}} \tag{8.10}$$

其中，$E_{[\alpha_L,\alpha_U)}=\int_{\alpha_L}^{\alpha_U}\left\|\boldsymbol{F}_{\mathrm{RF}}\boldsymbol{F}_{\mathrm{BB}}\boldsymbol{b}(\alpha)\right\|_{\mathrm{F}}^{2}\mathrm{d}\alpha$ 表示波束范围 $[\alpha_L,\alpha_U)$ 内的辐射功率。

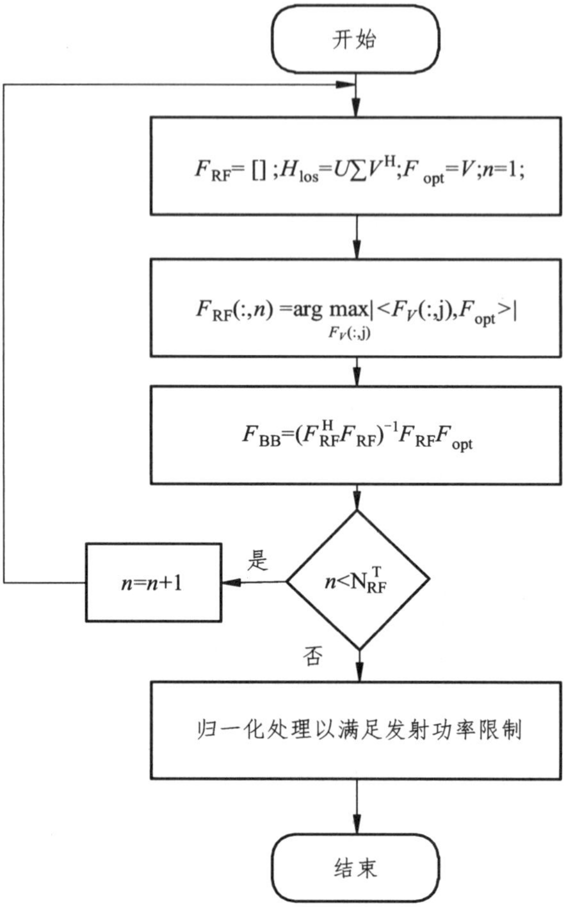

图 8.2　一级阻塞状态下范数最小化优化过程流程图

同样以最大频谱效率为优化目标，首先采用遍历方法解决辐射功率优化方程（8.10）。通过搜索基站发送天线矢量 $\boldsymbol{b}(\varpi)$，并选取 L 个具有最大特征值的列作为混合预编码矩阵的码本字典 $\boldsymbol{F}_b$，其中 L 为满足 $\sum_{i=1}^{L}\lambda_i^2>\epsilon_b\sum_{i=1}^{L_b}\lambda_i^2$ 的最小正整数，L_b 表示天线响应矢量 $\boldsymbol{b}$ 的秩，ϵ_b 为小于 1 的阈值。然后利用与第一级状态相同的混合预编码求解过程求得最优的混合预编码矩阵，第二级阻塞状态详细抗阻塞算法流程如图 8.3 所示。

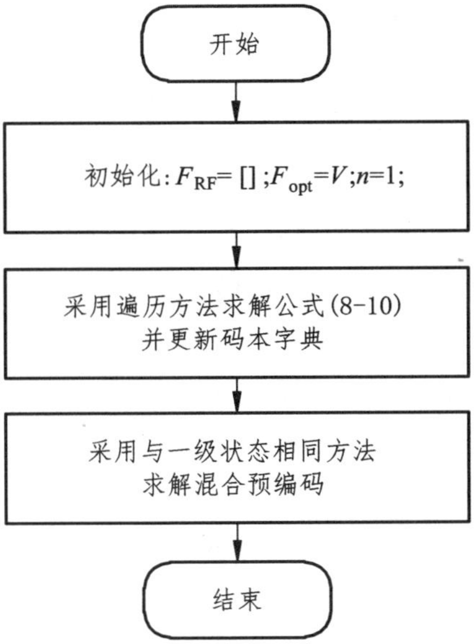

图 8.3　二级状态下混合预编码优化流程图

针对第三级状态，将采用 IRS 转发以重新构建通信链路的方案保证链路稳定。与前两级状态应对方案不同的是，在考虑 IRS 的被动相移矩阵优化的同时，针对基站端对于每个用户分配的功率与基站端混合预编码的码本字典同样进行了优化。首先以最大化频谱效率为优化目标联合更新基站端发送功率参数 p_k、基站端码本字典 $\boldsymbol{F}_{\mathrm{opt}}$ 和 IRS 端被动相移矩阵 $\boldsymbol{\Theta}$，则优化方程可以表示为

$$\begin{aligned}
&\max_{\Theta,\{p_k\},\boldsymbol{F}_{\mathrm{opt}}} \sum_{k=1}^{K}\log_2\left(1+\gamma_k\right) \\
&\text{s.t. } C_1: \sum_{k=1}^{K} p_k \|\boldsymbol{F}_{\mathrm{opt}}\|_{\mathrm{F}}^2 \leqslant P, p_k \geqslant 0 \forall k \\
&\quad C_2: R_k \geqslant R_{\min} \\
&\quad C_3: |\theta_i| = 1, i = 1,2,\cdots,N_{\mathrm{r}}
\end{aligned} \tag{8.11}$$

其中，每个用户同时受到 C_1 和 C_2 约束，以确保在最小用户服务质量 $R_{\min}$ 要求下具有足够的正发射功率。此外，由于码本字典 $\boldsymbol{F}_{\mathrm{opt}}$ 为混合预编码矩阵所选择的目标值，因此码本字典需要满足混合预编码所具有的约束。通过分析式（8.11）可以发现，每个优化变量以 $\|\boldsymbol{h}_k\boldsymbol{\Theta}\boldsymbol{H}\boldsymbol{F}\|_{\mathrm{F}}^2 p_k$ 的形式耦合在一起，

这导致目标函数和约束都相当复杂。同时由于优化方程中具有非凸约束，导致难以求得每个变量的闭式解。

为了克服上述困难，我们加入松弛变量，将目标函数适当地重构为线性形式，并采用分块交替优化方法得到次优解。具体地说，多变量耦合的联合优化问题可以分解为多个独立的子变量优化问题，即交替地优化发射功率、BS 处的码本字典以及 IRS 处具有单元模约束的最优非凸相移矩阵。此外，通过利用推广的 Sherman-MorIRSon-Woodbury 公式，将非凸联合优化问题转化为二次规划函数。因此，可实现率最大化目标函数等价于最小均方误差（Minimum mean Square Error，MSE）结构，表示为

$$\max_{p_k,\boldsymbol{\Theta},\boldsymbol{F}_{\text{opt}}}\sum_{k=1}^{K}\max_{q_k>0}\left(\log_2 q_k-\frac{q_k e_k}{\ln 2}\right) \tag{8.12}$$

其中，$q_k=\dfrac{1}{e_k}$，为正实数；$e_k=|1-\sqrt{p_k}\boldsymbol{h}_k\Theta\boldsymbol{HF}|^2+\|\boldsymbol{h}_k\Theta\boldsymbol{HF}\|_{\text{F}}^2\sum_{i=1}^{k-1}p_i+\sigma_k^2$，为接收端的 MSE。

虽然非凸目标函数被改写为线性凸形式，但求解（8.11）的另一个困难在于严重耦合的 QoS 约束。因此，我们松弛了约束条件 C_2，并且引入辅助变量 $\{\boldsymbol{W},\hat{\boldsymbol{W}}\}$，对于任何给定的 IRS 处的反射矩阵 Θ 和传输功率因数 p_k，则码本字典 $\boldsymbol{F}_{\text{opt}}$ 的优化问题由下式给出：

$$\begin{aligned}&\min_{\boldsymbol{F}_{\text{opt}},\boldsymbol{W},\widehat{\boldsymbol{W}}} C(\boldsymbol{F}_{\text{opt}})\\ &\text{s.t. } C_4:\sum_{k=1}^{K}p_k\|\boldsymbol{W}\|_{\text{F}}^2\leqslant P,\ p_k\geqslant 0,\forall k\\ &\quad C_5:|\sqrt{q_k}-\widehat{\boldsymbol{W}}|_{\text{F}}^2+\left\|\widehat{\boldsymbol{W}}\right\|_{\text{F}}^2\sum_{i=1}^{k-1}p_i\leqslant\ln 2(\log_2 q_k-R_{\min})\\ &\quad C_6:\boldsymbol{W}=\boldsymbol{F}_{\text{opt}}\\ &\quad C_7:\sqrt{q_k p_k}\boldsymbol{h}_k\Theta\boldsymbol{HF}_{\text{opt}}=\widehat{\boldsymbol{W}}\end{aligned} \tag{8.13}$$

其中，$C(\boldsymbol{F}_{\text{opt}})=\sum_{k=1}^{K}(|\sqrt{q_k}-\sqrt{q_k p_k}\boldsymbol{h}_k\Theta\boldsymbol{HF}_{\text{opt}}|^2+\left\|\sqrt{q_k p_k}\boldsymbol{h}_k\Theta\boldsymbol{HF}_{\text{opt}}\right\|_{\text{F}}^2\sum_{i=1}^{k-1}p_i)$。需要注意的是，通过定义 $\boldsymbol{W}=\boldsymbol{F}_{\text{opt}}$ 和 $\widehat{\boldsymbol{W}}=\sqrt{q_k p_k}\boldsymbol{h}_k\Theta\boldsymbol{HF}_{\text{opt}}$，原优化问题（8.11）可以被转化为完全解耦的多变量联合优化问题。因此，问题（8.13）可以通过对两个变量块的进一步解耦合迭代优化来解决，即具有约束 C_4 的原优化变

量问题 $\mathcal{P}_1:\min\limits_{\boldsymbol{F}_{\text{opt}}} C(\boldsymbol{F}_{\text{opt}})$ 和具有约束 C_5 的等价变量问题 $\mathcal{P}_2:\min\limits_{\widehat{\boldsymbol{W}},\boldsymbol{W}} C(\boldsymbol{F}_{\text{opt}})$。问题 $\mathcal{P}_1$ 和 $\mathcal{P}_2$ 的增广拉格朗日函数由下式给出：

$$
\begin{aligned}
\mathfrak{L}_{\mathcal{P}_1} &= C+1_{C_4}(\boldsymbol{W})+\frac{\varpi_{\mathcal{P}_1}}{2}\|\boldsymbol{F}+\frac{\lambda_{\mathcal{P}_1}}{\varpi_{\mathcal{P}_1}}-\boldsymbol{W}\|_{\text{F}}^2 \\
\mathfrak{L}_{\mathcal{P}_2} &= C+1_{C_5}(\widehat{\boldsymbol{W}})+\frac{\varpi_{\mathcal{P}_2}}{2}\|\sqrt{q_k p_k}\boldsymbol{h}_k\Theta\boldsymbol{H}\boldsymbol{F}+\frac{\lambda_{\mathcal{P}_2}}{\varpi_{\mathcal{P}_2}}-\widehat{\boldsymbol{W}}\|_{\text{F}}^2
\end{aligned} \tag{8.14}
$$

其中，λ_i 和 $\varpi_i, i\in\{\mathcal{P}_1,\mathcal{P}_1\}$ 分别表示拉格朗日乘子矩阵和标量惩罚参数。因此，问题（8.13）可以通过应用分布式的 ADMM 方法来求解，它涉及两层交替最小化步骤，内层步骤为

$$
\begin{aligned}
\boldsymbol{W}^t &= \underset{\boldsymbol{W}}{\operatorname{argmin}}\,\mathfrak{L}_{\mathcal{P}_1}\left(\widehat{\boldsymbol{F}}^{t-1},\widehat{\boldsymbol{W}}^{t-1},\boldsymbol{W},\lambda_{\mathcal{P}_2}^{t-1}\right) \\
\widehat{\boldsymbol{W}}^t &= \underset{\widehat{\boldsymbol{W}}}{\operatorname{argmin}}\,\mathfrak{L}_{\mathcal{P}_2}\left(\widehat{\boldsymbol{F}}^{t-1},\widehat{\boldsymbol{W}},\boldsymbol{W}^{t-1},\lambda_{\mathcal{P}_2}^{t-1}\right) \\
\lambda_{\mathcal{P}_2}^t &= \lambda_{\mathcal{P}_2}^{t-1}+\varpi_{\mathcal{P}_2}(\sqrt{q_k p_k}\boldsymbol{h}_k\Theta\boldsymbol{H}\boldsymbol{F}^{t-1}-\widehat{\boldsymbol{W}}^t)
\end{aligned} \tag{8.15}
$$

其中，t 是迭代索引。不难发现对于任何给定的 $\boldsymbol{F}^{t-1}$，由于引入了指示函数，基于拉格朗日对偶法[56]求解式（8.15）将仍然满足约束条件 C_5。利用外层更新 $\boldsymbol{F}$，交替步骤如下：

$$
\begin{aligned}
\boldsymbol{F}^t &= \underset{\boldsymbol{F}}{\operatorname{argmin}}\,\mathfrak{L}_{\mathcal{P}_1}\left(\widehat{\boldsymbol{F}},\widehat{\boldsymbol{W}}^*,\boldsymbol{W}^*,\lambda_{\mathcal{P}_1}^{t-1}\right) \\
\lambda_{\mathcal{P}_1}^t &= \lambda_{\mathcal{P}_1}^{t-1}+\varpi_{\mathcal{P}_1}(\boldsymbol{F}-\boldsymbol{W}^*)
\end{aligned} \tag{8.16}
$$

其中，$(\cdot)^*$ 表示最优值，同时约束 C_4 可以通过 $\boldsymbol{W}^t$ 的求解过程保证。为了防止因迭代次数较多导致复杂度提升，终止标准为 $\|\boldsymbol{F}^t-\boldsymbol{F}^{t-1}\|_{\text{F}}^2\leqslant 10^{-3}$ & $\|\boldsymbol{F}^t-\boldsymbol{W}^*\|_{\text{F}}^2\leqslant 10^{-3}$。

此外，优化问题（8.12）的内层变量 q_k 可由 e_k 的一阶最优性条件得到，且与优化问题（8.13）的求解过程无关。则 q_k 的最优解如下：

$$
q_k^t=\frac{1}{1-\sqrt{p_k}\boldsymbol{h}_k\Theta\boldsymbol{H}\boldsymbol{F}^t} \tag{8.17}
$$

因此，码本字典 $\boldsymbol{F}_{\text{opt}}$ 的高质量近似解可以通过迭代（8.14），（8.15）和（8.16）得到。对于上述松弛方法的收敛性，所提出的分布式松弛 ADMM

算法所达到的目标值在两次迭代中均不增加，并且变换后的约束 C_6 保证了式（8.13）的下界。

接下来，对于给定的码本字典 $\boldsymbol{F}_{\text{opt}}$ 和任意的功率因数 p_k，通过采用梯度投影法求解 IRS 的被动相移矩阵。由于在 BS 处的混合预编码字典设计中保证了 QoS 约束，因此 IRS 的被动无源相移矩阵优化仅受到松弛后的用户服务质量约束限制，即 $\mathcal{S}_{C5}\{\forall\Theta^t \mid \sqrt{q_k}-\sqrt{q_k p_k}\boldsymbol{h}_k\Theta^t\boldsymbol{HF}^*|_{\text{F}}^2+\left\|\sqrt{q_k p_k}\boldsymbol{h}_k\Theta^t\boldsymbol{HF}^*\right\|_{\text{F}}^2 \sum_{i=1}^{k-1}p_i\leqslant\varepsilon\}$。因此，可以由上一次迭代的一阶梯度 $\nabla\boldsymbol{\Theta}^{(t-1)}=\boldsymbol{h}_k^{\text{H}}((p_k+\sum_{i=1}^{k-1}p_i)\boldsymbol{h}_k\boldsymbol{\Theta}^{(t-1)}\boldsymbol{HF}^*-2\sqrt{p_k})\boldsymbol{F}^{*\text{H}}\boldsymbol{H}^{\text{H}}$ 求得 Θ 的角度矩阵为 $\hat{\Theta}^t=\Pi_{\mathcal{S}_{C_5}}\{\Theta^{t-1}-\mu\nabla\boldsymbol{\Theta}^{(t-1)}\}$，其中 μ 是步长参数。$\Pi_{\mathcal{S}_{C_5}}$ 表示约束 $\mathcal{S}_{C_5}$ 的投影并根据文献[56]中相似的计算过程求解。值得注意的是，由于 IRS 单独具有的模量约束 C_3，因此需要考虑额外的计算过程，即

$$\Theta^t=\text{diag}(e^{\mathcal{J}\angle\hat{\Theta}^t}) \tag{8.18}$$

对于功率因数 p_k，通过给定由上述迭代过程求解的 $\boldsymbol{F}_{\text{opt}}$ 和 Θ，可以将目标函数（8.11）简化为对变量 p_k^t 的无约束优化方程。为简单起见，将 QoS 约束 C_2 转换为凸线性形式，即 $C_8:\left\|\boldsymbol{h}_k\Theta\boldsymbol{HF}\right\|_{\text{F}}^2 p_k-(2^{R_{\min}}-1)\left\|\boldsymbol{h}_k\Theta\boldsymbol{HF}\right\|_{\text{F}}^2\sum_{i=1}^{k-1}p_i\geqslant(2^{R_{\min}}-1)\sigma_k^2$。则第 t 次交替优化过程中，$p_k^t$ 的优化问题可以重新表述为

$$\begin{aligned}&\max_{\{p_k^t\}}\sum_{k=1}^{K}q_k^t(|1-\sqrt{p_k^t}\boldsymbol{h}_k\Theta^t\boldsymbol{HF}^t|^2+\varkappa_k)+1_{C_8}(p_k^t)+\upsilon\left(\sum_{k=1}^{K}p_i\|\boldsymbol{h}_k\Theta^t\boldsymbol{HF}^t\|_{\text{F}}^2-P\right)\\&\text{s.t. }\upsilon\geqslant 0\end{aligned} \tag{8.19}$$

其中，υ 表示拉格朗日算子；$1_{C_8}(p_k^t)$ 为之前定义的判断条件为 C_8 的指示函数。可以看出，式（8.19）的目标函数是一个无约束的凸优化问题，可以用 Karush-Kuhn-Tucker（KKT）条件有效地求解。优化目标 p_k^t 的解析解可从拉格朗日函数的一阶梯度得到，由下式给出

$$\nabla p_k^t=\left(\frac{q_k^t\text{Re}(\boldsymbol{h}_k\Theta^t\boldsymbol{HF}^t)}{\varsigma}\right)^2 \tag{8.20}$$

其中，$\varsigma = q_k^t \left\| \boldsymbol{h}_k \Theta^t \boldsymbol{H} \boldsymbol{F}^t \right\|_{\mathrm{F}}^2 + \sum_{i=k}^{K} \left\| \boldsymbol{h}_k \Theta^t \boldsymbol{H} \boldsymbol{F}^t \right\|_{\mathrm{F}}^2 q_i + \upsilon$。

第三级联合预编码优化算法流程如图 8.4 所示。算法的复杂度主要由三个变量块的优化过程组成。为了找到每个变量的平稳解，通过依次更新式（8.13）、式（8.18）和式（8.19）三个优化函数，从而确定最佳码本字

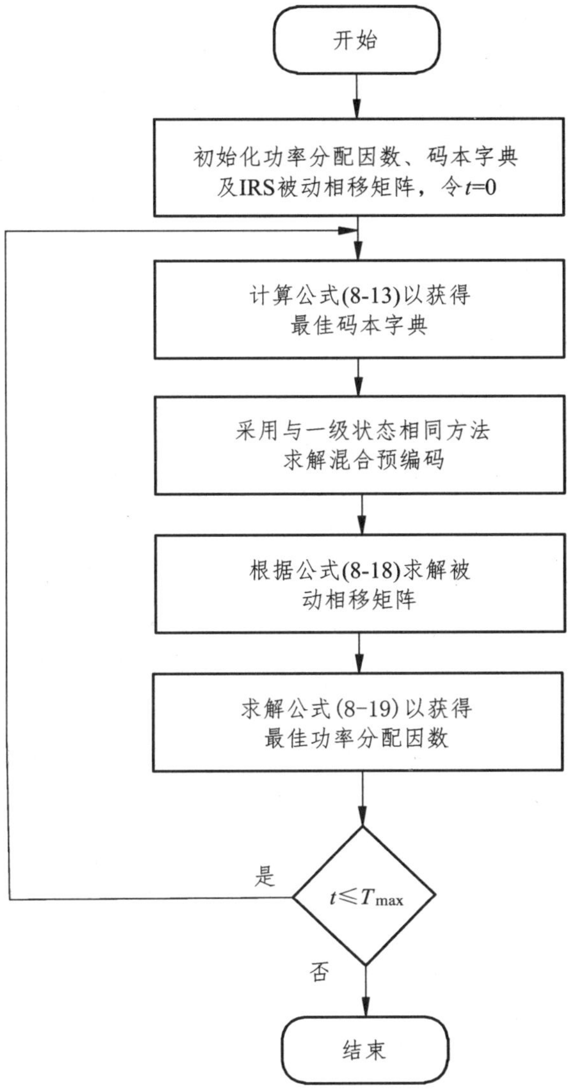

图 8.4　三级阻塞状态下分布式迭代预编码优化流程图

典 $\boldsymbol{F}_{\text{opt}}$ 、被动相移矩阵 Θ 和功率分配因数 p_k 。可以很容易地验证，由于最大传输功率 P 的限制和每个目标函数的特性，在第 $T_{\max}$ 次迭代中可以得到每个最优中间变量。首先，采用双层分布式 ADMM 迭代法对 BS 中的码本字典进行优化，主要包括外层复杂度为 $O(N_t^3+K)$ 、内层复杂度为 $O(K^3)$ 的矩阵向量乘法。因此，优化的混合预编码的码本字典 $\boldsymbol{F}_{\text{opt}}$ 的总复杂度是 $O(K^3N_{\text{t}}^3+K^4)$ 。接着，利用梯度投影算法得到反射相移矩阵 Θ 的次优解，其复杂度为 $O(3N_{\text{t}}N_{\text{r}}^2+N_{\text{r}}^3)$ 。对于动态功率因数分配，主要的复杂性来源于在第 $T_{\max}$ 次迭代中求解凸优化问题（8.19），其复杂性与用户数有关，即 $O(T_{\max}K)$ 。因此，求解联合优化问题（8.11）的总计算复杂度为 $O(T_{\max}K+K^3N_{\text{t}}^3+K^4+3N_{\text{t}}N_{\text{r}}^2+N_{\text{r}}^3)$ 。另外，对于基站端的混合预编码矩阵优化，通过更新的码本字典 $\boldsymbol{F}_{\text{opt}}$ ，同样可以利用一级状态中的算法进行求解。

8.3　数值分析结果

为了验证所提出多级抗阻塞算法的有效性，我们考虑利用基于 IRS 辅助的混合通信系统进行仿真验证，其中假设高速列车的用户均集中于同一个波束覆盖范围内，通过在接收端根据不同的信道强度并利用交替干扰消除方法进行解码。为了便于计算，我们将系统模型简化为如图 8.5 所示的简易模型图，并定义基站端到 IRS 端的距离为 d_{BI} ，IRS 端到用户端的距离为 d_{IU} 。忽略基站端到用户端直视链路的发送角度，则基站至用户距离为 $d_{\text{BU}}=d_{\text{BI}}+d_{\text{IU}}$ 。假设每个用户的所需最小服务质量定义为 $R_{\min}=0.01\text{ bit/s/Hz}$ ，并均具有相同的噪声功率以恒定的速度进行同方向移动。仿真详细参数如表 8.1 所示。

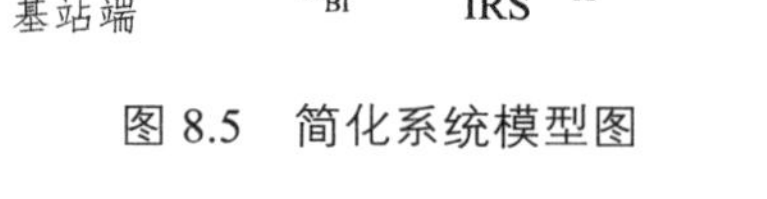

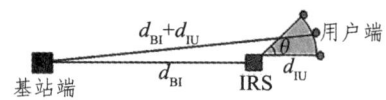

图 8.5　简化系统模型图

表 8.1　仿真参数表

参数	符号	值
载波频率	f_c	32 GHz
系统带宽	W	500 MHz
SINR 阈值	r_{th}	10 dB
路径数	L	3
BS-IRS 距离	d_{BI}	50 m
IRS-USER 距离	d_{IU}	10 m
阴影衰落方差	σ_{ξ}^2	5.8 dB

为了评估我们所提出的多级联合预编码优化算法在无阻塞和阻塞情况下以及不同系统配置时的性能，我们将联合优化方案进行拆分，分别对第二级和第三级优化算法单独进行了分析。如图 8.6 所示为所提出的第二级聚焦功率优化预编码算法与传统码本字典算法在特定波束角度内的聚焦功率比示意图，其中波束宽度定义为 $-\pi/2 \sim \pi/2$。通过观察可以发现，所有算法的辐射功率大多集中于指定的波束宽度内，其中所提出的算法相比于无阻塞情况 level1 时的码本字典算法在波束内具有更平稳的辐射功率。而 level1

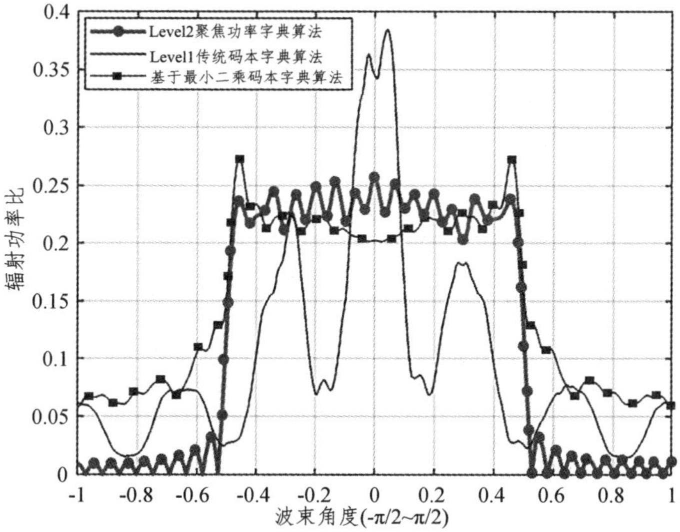

图 8.6　波束角度内所提聚焦算法辐射功率比波束图

传统码本字典算法由于选取了天线响应矢量作为码本字典，因此在波束内具有更为聚焦的功率，但在波束外同样造成了较多的旁瓣干扰。所提出的 level2 聚焦功率字典算法在 level1 算法的基础上额外添加了辐射功率优化，因此所提算法在波束外具有最少的功率泄漏，其波束辐射功率都集中于指定的波束宽度内。

图 8.7 展示了随着随机阻塞概率增长时，所提 level2 聚焦功率算法与传统码本算法的频谱效率比较。通过观察可以发现，由于 level2 聚焦功率算法与传统码本算法均依托直视链路信道进行传输，因此随着直视链路的随机阻塞概率逐渐增加，所提聚焦功率算法与传统码本算法的频谱效率均有一定程度的降低。其中，当传输功率为 30 dBm 时，利用具有 25%概率阻塞的信道进行传输将造成 19.9%的性能损失，并且当阻塞概率增大到 65%时，所提聚焦功率算法的性能降幅将达到 39.7%。此外，在相同阻塞概率下，利用所提 level2 聚焦功率算法相比传统码本算法提供了额外的频谱效率增益，这大大增强了在轻度链路阻塞时的鲁棒性。因此，虽然过高的阻塞概率造成了更高的链路中断次数，对所提聚焦算法和传统码本的性能均带来了较大的损耗，但是通过额外增大传输功率或利用所提出的聚焦功率算法能够抵抗一定的链路阻塞。

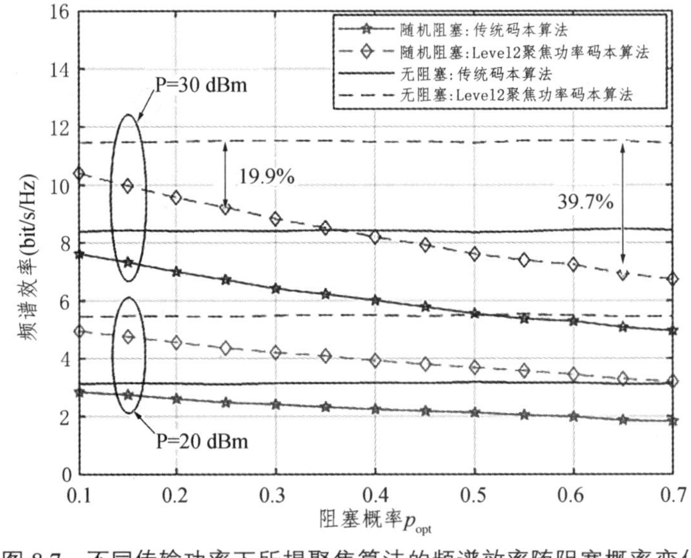

图 8.7　不同传输功率下所提聚焦算法的频谱效率随阻塞概率变化

接下来为了评估当直视链路存在重度阻塞时，所提出的切换至 IRS 辅助通信链路方案的性能表现，选取了传统中继转发预编码算法与传统点对点预编码算法进行比较。由于在重度阻塞时进行了系统的切换，因此在 IRS 辅助传输过程中不存在直视链路。

图 8.8 显示出了在最大发射功率 P=10 dBm 的情况下，所提出的 IRS 转发方案的频谱效率随着链路信干噪比变化的趋势图。由于所提出的 IRS 联合优化算法同时还包含了基站端动态功率分配，因此选取了利用平均功率分配时对基站端预编码与 IRS 相移矩阵采用同样联合优化方案的算法进行了比较。通过观察可以发现，所提出的具有动态功率分配的联合优化方案相比于平均功率分配的联合优化方案有着 9.7%的性能增益。但当仅采用动态功率分配而不进行预编码矩阵与被动相移矩阵的联合优化，将相比于所提出的联合优化算法有着 45.3%的性能损失。因此，为了获得满意的频谱效率性能，所提出的动态功率分配与预编码和相移矩阵应该参与同时联合优化。此外，由于 IRS 相比于传统中继节点仅具有信号转发的功能，而不能对信号进行放大，因此所提出的 IRS 转发方案相比于传统中继具有较低的系统性能。但由于 IRS 不进行信号再处理，因此在传输过程中有效避免了因转发节点自身的环路信号所产生的噪声干扰，这大大降低了目的端的解码复杂度。

图 8.9 显示所提的第三级联合优化算法的频谱效率随 IRS 反射单元个数的增加的变化曲线。可以观察到，随着单元个数的增加，由于基站处最大传输功率的限制，系统的频谱效率的变化梯度逐渐减小。具体来说，所提出的联合优化算法具有更高的 IRS 单元适应性，其上限为 N_r=48。值得注意的是，与采用动态功率分配但不进行预编码的联合优化的方案相比，所提出的算法的频谱效率有了很大的提升。此外，由于通过预编码和反射矩阵的联合优化补偿了 IRS 处恒模约束 C3 的影响，因此即使系统使用大规模的 IRS 单元，当继续提升 IRS 表面单元不能带来较大性能改善时，也可以通过应用所提出的动态功率分配方案来进一步提高系统性能。同时，这也再一次表明所提出的联合优化方案的有效性。

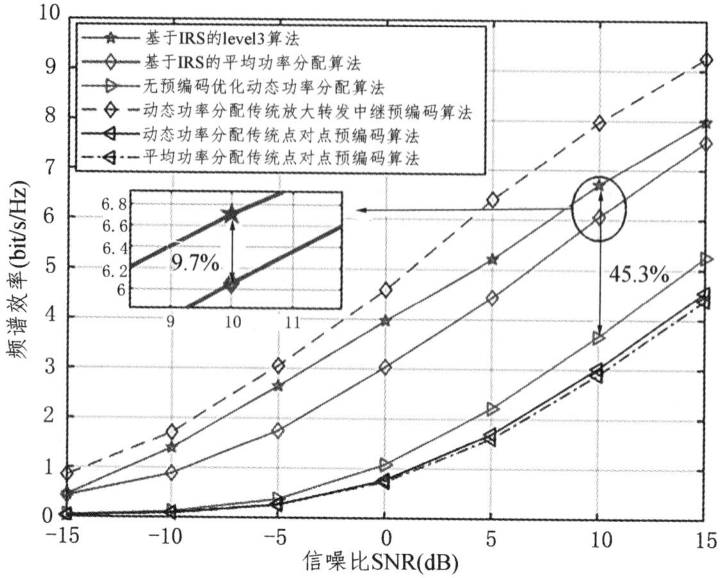

图 8.8　所提第三级联合优化算法的频谱效率与信噪比增加变化图

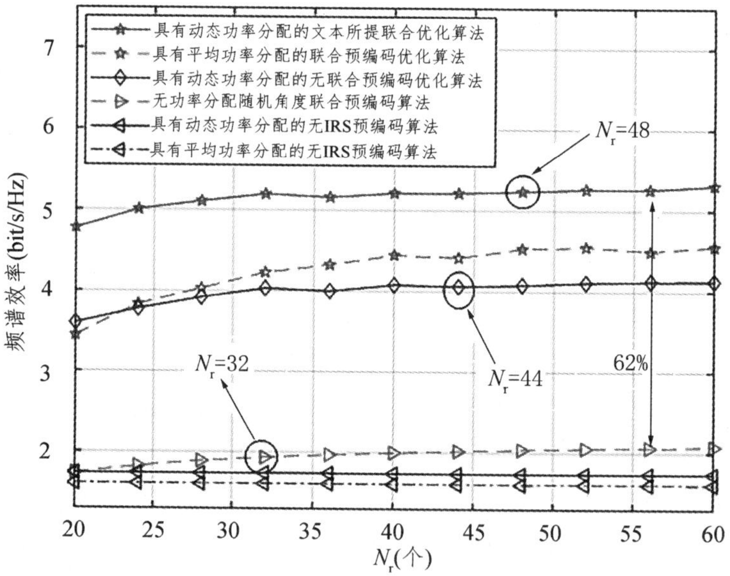

图 8.9　所提第三级联合优化算法的频谱效率随单元个数 N_r 变化图

接下来，将对所提的多级抗阻塞算法进行联合分析。如图 8.10 所示比较了所提出的多级联合抗阻塞预编码算法随着传输功率增大时的频谱效率变化，并与无抗阻塞算法进行了比较。通过观察可以发现，随着传输功率的逐渐增大，无阻塞情况算法性能表现逐渐趋近于抗阻塞算法，这是由于大传输功率补偿了链路阻塞造成的性能损失。并且随着传输功率的增加，接收端的信干噪比与系统容量进一步增大。因此在整个仿真过程中，当传输功率超过 15 dBm 时，通过第三级联合优化算法所带来的频谱效率将减少，而通过第一级与第二级算法所带来的频谱效率逐渐增大。

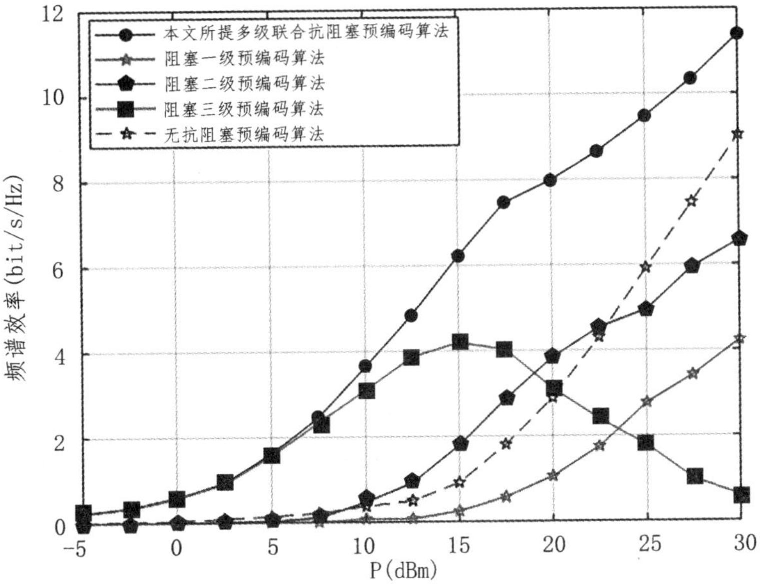

图 8.10　本文所提多级抗阻塞算法与部分抗阻塞算法的频谱效率比较

图 8.11 所示为在整个迭代过程中，不同 SE 阈值下各等级算法执行次数随着传输功率的变化占总迭代次数比值的比较。通过观察可以发现，随着传输功率的增大，第三级联合优化算法的占比逐渐减少，二级聚焦功率算法的占比先增大后减少，而第一级无阻塞算法占比逐渐增大。这进一步验证了传输功率的增大对阻塞情况的改善情况，随着传输功率的增加增大

了接收端的信干噪比。因此以第二级和第三级算法处理的阻塞情况逐渐减少，通信链路更倾向于无阻塞情况。此外，随着判断第二级与第三级界限的系统容量阈值 SE_{th} 的变化，第二级算法的占比与第三级算法的占比有着显著的变化趋势。随着阈值的增大，由于传输功率不能够提供足够的系统容量，因此第二级算法的占比逐渐减少，而系统传输过程以 IRS 辅助传输为主。另外，由于系统容量阈值并不对第一级算法产生影响，因此不同系统容量阈值下第一级算法占比相同。

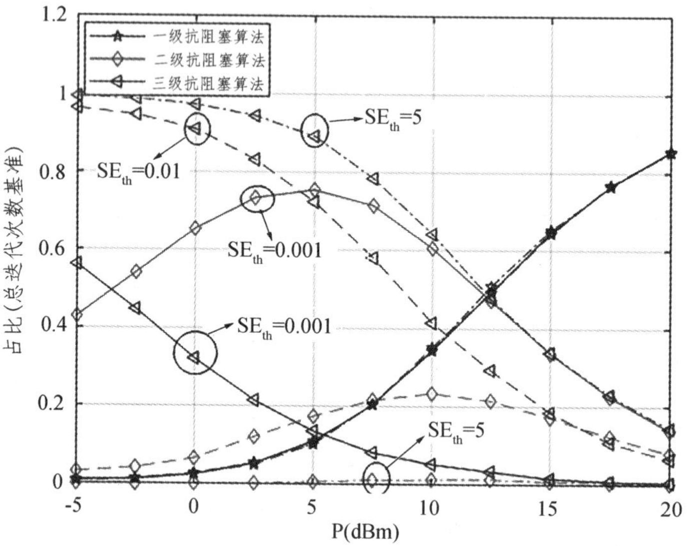

图 8.11　不同 SE 阈值下各等级算法占总迭代次数比值的比较

为了进一步说明所提抗阻塞算法在采用不同容量阈值时的性能表现，图 8.12 分析了不同 SE 阈值下采用所提抗阻塞算法的频谱效率与以无阻塞算法为基准的复杂度比率之间的权衡，其中公共变量为系统最大传输功率。通过观察可以发现，更高的阈值能够获得比低阈值更高的频谱效率，但由于执行 IRS 转发的次数增加，算法复杂度也有一定的提升。此外，逐渐提升的传输功率不仅能够提升系统的能量效率，同时能够为减轻系统算法复杂度带来一定的帮助。因此，针对具有不同系统容量需求的用户，选取足够大的传输功率能够为系统性能及计算复杂度带来一定的帮助。

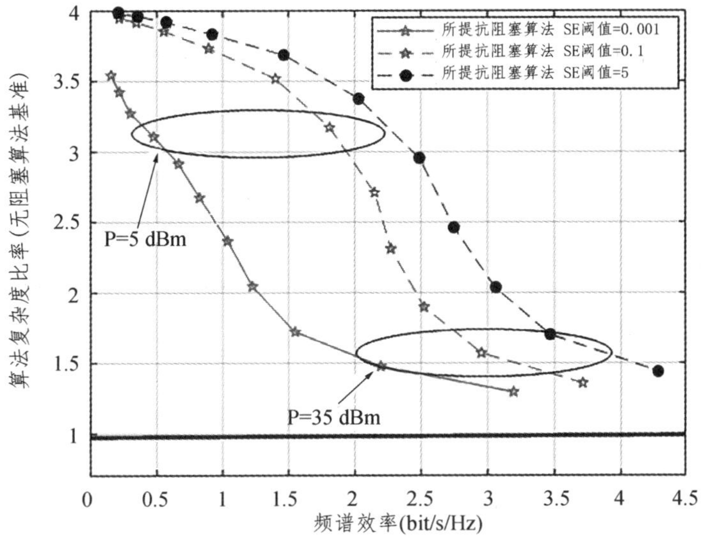

图 8.12　不同 SE 阈值下所提抗阻塞算法复杂度与 SE 之间的均衡比较

此外，高速移动毫米波网络中影响链路阻塞的另外一项因素就是移动速度。因此为了评估不同移动速度下所提抗阻塞算法的性能表现，图 8.13 展示了所提算法与无抗阻塞算法在不同移动速度下的频谱效率比较。通过观察可以发现，随着移动速度的增加，抗阻塞算法与无抗阻塞算法均具有一定程度的性能下降，这是由于移动速度的增加产生了较大的多普勒频移，因此在接收端将会具有一定量的性能损失。并且，随着传输功率的增大，由移动速度所造成的性能损失更加明显。例如，当移动速度超过 440 km/h 时，利用 50 dBm 进行传输时并采用无抗阻塞预编码算法时，系统的频谱效率将降低至以 30 dBm 进行传输时的系统性能。而利用所提抗阻塞算法时，这种同等级的性能降低将延迟至 480 km/h。这是由于所提出的联合优化算法是通过利用额外的 IRS 进行链路转发以解决重度阻塞问题，而高速移动仅对 IRS 至用户段传输造成了干扰。因此，为了进一步提升在高速移动下的系统传输性能，不仅需要利用所提出的抗阻塞算法，更是需要额外添加针对多普勒频偏补偿的其他传输技术。

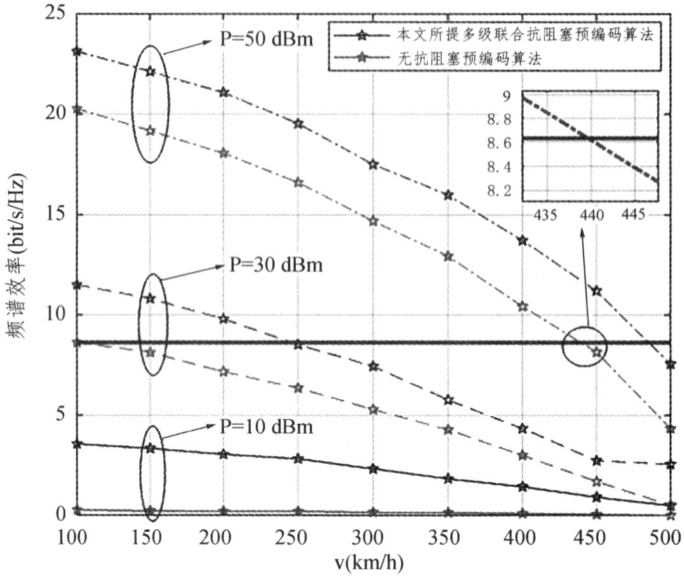

图 8.13　不同移动速度下所提抗阻塞算法与无抗阻塞算法性能比较

8.4　本章小结

本章针对存在随机链路阻塞的高速移动毫米波通信系统，为了解决因随机阻塞导致的传输频谱效率低下问题，设计了高效的多级抗阻塞联合预编码方案：通过对直视路径传输的接收端信干噪比与系统容量进行判断，以区分不同的阻塞等级；并提出了三阶段的混合预编码方案，通过智能地调用所提出的混合波束成形设计，在检测到阻塞时保持系统性能。具体来说，对于二级链路阻塞，通过额外优化波束内辐射功率分布以更新混合预编码的码本字典，从而提升传输性能。对于三级链路阻塞，通过切换至基于 IRS 辅助的转发系统以重构通信链路，并提出了一种联合动态功率分配的预编码联合优化算法以保证用户的最低服务质量。仿真结果验证了所提出的多级联合抗阻塞算法的有效性，并表明对于具有不同服务质量需求的用户应提供不同的传输功率。

参考文献

[1] 赵国锋，陈婧，韩远兵，等. 5G 移动通信网络关键技术综述[J]. 重庆邮电大学学报（自然科学版），2015，27（4）：441-452.

[2] 赛迪智库无线电管理研究所. 5G 发展展望白皮书（2021）[N]. 中国计算机报，2021-03-01（008）.

[3] YOU X H, WANG C X, HUANG J, et al. Towards 6G wireless communication networks: vision, enabling technologies, and new paradigm shifts[J]. Science China (Information Sciences), 2021, 64(01): 5-78.

[4] Yang J, Ai B, You I, et al. Ultra-reliable communications for industrial Internet of Things: Design considerations and channel Modeling[J]. IEEE Network, 2019, 33(4): 104-111.

[5] 刘志英. 5G 技术及其在铁路通信中的应用[J]. 通信技术，2018，51（02）：394-398.

[6] Liu L, Tao C, Qiu J H, et al. Position-based modeling for wireless channel on high-speed railway under a viaduct at 2.35 GHz[J]. IEEE Journal on Selected Areas in Communications, 2012, 30(4): 834-845.

[7] 艾渤，马国玉，钟章队. 轨道交通场景 5G 关键技术[J]. 都市快轨交通，2019，5：38-43.

[8] Hasegawa F, Taira A, et al. High-speed train communications standardization in 3GPP 5G NR[J]. IEEE Communications Standards Magazine, 2018, 2(1):44-52.

[9] Cui Y P, Fang X M. Performance analysis of massive spatial modulation MIMO in high-speed railway[J]. IEEE Transactions on Vehicular Technology, 2016, 65(11):8925-8932.

[10] 郭金宝. 高速铁路 WCDMA 网络规划与优化技术研究[D]. 南京：南京邮电大学，2014.

[11] 高乾. 高速移动场景自适应传输优化研究[D]. 北京：北京交通大学，2018.

[12] 李海杰. 高速铁路LTE专网覆盖研究与应用[D]. 杭州：浙江工业大学，2019.

[13] 应伟光，宣建涛. CDMA 高铁覆盖规划优化浅析[J]. 邮电设计技术，2010（06）：5-8.

[14] 赵大威. 高铁 LTE 无线网络覆盖方案研究[D]. 杭州：浙江工业大学，2018.

[15] Goldsmith A, Jafar S A, Jindal N, et al. Capacity limits of MIMO channels[J]. IEEE Journal on Selected Areas in Communications, 2003, 21 (5): 684-702.

[16] GowIRShankar R, Demirkol M F, Yun Z. Adaptive modulation for MIMO systems and throughput evaluation with realistic channel model[C]. International Conference on Wireless Networks, 2005.

[17] Fitzek F H. Cooperation in Wireless Networks: Principles and Applications[M]. Springer Netherlands, 2006.

[18] Cover T, Gamal A E. Capacity Theorems for the Relay Channel[J]. IEEE Transactions on Information Theory, 1979, 25 (5): 572-584.

[19] 潘馨. 基于大规模 MIMO 的双向 AF 中继技术研究[D]. 北京：北京邮电大学，2018.

[20] Meulen E C V D. Three-Terminal Communication Channels[J]. Advances in Applied Probability, 1971, 3(1).

[21] SendonaIRS A, Erkip E, Aazhang B. User cooperation diversity. Part I. System description[J]. Communications IEEE Transactions on, 2003, 51 (11): 1927-1938.

[22] SendonaIRS A, Erkip E, Aazhang B. User Cooperation Diversity--Part II: Implementation Aspects and Performance Analysis[J]. IEEE Transactions on Communications, 2003, 51 (11): 1939-1948.

[23] Liu K R. Cooperative Communications and Networking[M]. Cambridge University Press, 2009.

[24] Dohler M, Li Y. Cooperative Communications: Hardware, Channel and PHY[M]. Wiley, 2010.

[25] 陈园园. 大规模 MIMO 中继传输技术的性能研究[D]. 南京：南京邮电大学，2018.

[26] 尤嘉. 高速铁路场景下无线中继通信系统信息传输可靠性与安全性研究[D]. 北京：北京交通大学，2018.

[27] Dong L, Han Z, Petropulu A P, et al. Improving Wireless Physical Layer Security via Cooperating Relays[J]. IEEE Transactions on Signal Processing, 2010, 58 (3): 1875-1888.

[28] Wyner A D. The Wire-Tap Channel[J]. Bell System Technical Journal, 1975, 54 (8): 1355-1387.

[29] He R, Ai B, Wang G, et al. High-speed railway communications: From GSM-R to LTE-R[J]. IEEE Vehicular Technology Magazine, 2016, 11(3):49-58.

[30] Ai B, Molisch A F, Rupp M, Zhong Z D. 5G Key Technologies for Smart Railways [J]. Proceedings of the IEEE, 2020, 6(108): 856-893.

[31] Bi Y, Zhang J, Zhu Q, Zhang W, Tian L, Zhang P. A novel non-stationary high-speed train (HST) channel modeling and simulation method[J]. IEEE Transactions on Vehicular Technology, 2020, 68(1):82-92.

[32] Ruiz C G, Pascual-Iserte A, Muñoz O. Analysis of Blocking in mmWave Cellular Systems: Application to Relay Positioning[J]. IEEE Transactions on Communications, 2021, 69(2): 1329-1342.

[33] 阳析. 毫米波大规模 MIMO 无线传输关键技术研究[D]. 南京：东南大学，2019.

[34] Bogale T, Le L. Massive MIMO and mmWave for 5G Wireless HetNet: Potential Benefits and Challenges[J]. IEEE Vehicular Technology Magazine, 2016, 11(1): 66-75.

[35] Alghamdi R, Alhadrami R, Alhothali D, et al. Intelligent Surfaces for 6G

Wireless Networks: A Survey of Optimization and Performance Analysis Techniques[J]. IEEE Access, 2020, 8: 202795-202818.

[36] Garcia-Rois J, Gomez-Cuba F, Akdeniz M R, et al. On the Analysis of Scheduling in Dynamic Duplex Multihop mmWave Cellular Systems[J]. IEEE Transactions on Wireless Communications, 2015, 14(11): 6028-6042.

[37] 杨靖雅. 高速铁路场景快速时变信道特性分析与建模方法研究[D]. 北京：北京交通大学，2019.

[38] Ali Z, Duel-Hallen A, Hallen H. Early Warning of mmWave Signal Blockage and AoA Transition Using sub-6 GHz Observations[J]. IEEE Communications Letters, 2020, 24(1): 207-211.

[39] Yang J, Ai B, Guan K, et al. A Geometry-Based Stochastic Channel Model for the Millimeter-Wave Band in a 3GPP High-Speed Train Scenario[J]. IEEE Transactions on Vehicular Technology, 2018, 67(5): 3853-3865.

[40] 彭琳，段亚娟，别业楠. B5G 毫米波和太赫兹技术的背景、应用和挑战[J]. 中兴通讯技术，2019，25（03）：82-86.

[41] Guan K, Peng B, He D, et al. Channel Characterization for Intra-Wagon Communication at 60 and 300 GHz Bands[J]. IEEE Transactions on Vehicular Technology, 2019, 68(6): 5193-5207.

[42] Gong Z, Li C, Jiang F, et al. Data-Aided Doppler Compensation for High-Speed Railway Communications Over mmWave Bands[J]. IEEE Transactions on Wireless Communications, 2021, 20(1): 520-534.

[43] Busari S A, Huq K M S, Mumtaz S, et al. Millimeter-Wave Massive MIMO Communication for Future Wireless Systems: A Survey[J]. IEEE Communications Surveys & Tutorials, 2018, 20(2): 836-869.

[44] Wang W, Zhang W, Wu J. Optimal Beam Pattern Design for Hybrid Beamforming in Millimeter Wave Communications[J]. IEEE Transactions on Vehicular Technology, 2020, 69(7): 7987-7991.

[45] Gao M, Ai B, Niu Y, et al. Efficient Hybrid Beamforming With Anti-Blockage Design for High-Speed Railway Communications[J]. IEEE

Transactions on Vehicular Technology, 2020, 69(9): 9643-9655.

[46] Yang G, Du J, Xiao M. Maximum Throughput Path Selection With Random Blockage for Indoor 60 GHz Relay Networks[J]. IEEE Transactions on Communications, 2015, 63(10): 3511-3524.

[47] Liu F, Li J, Li S, et al. Physical Layer Security of Full-Duplex Two-Way AF Relaying Networks with Optimal Relay Selection[C]. 2018 IEEE Globecom Workshops (GC Wkshps), 2018: 1-6.

[48] Zhong B, Zhang Z. Secure Full-duplex Two-way Relaying Networks with Optimal Relay Selection[J]. IEEE Communications Letters, 2017, 21 (5): 1123-1126.

[49] Zhou H, He D, Wang H， et al. Optimal relay selection with a full-duplex active eavesdropper in cooperative wireless networks[C]. 2019 IEEE 89th Vehicular Technology Conference (VTC2019-Spring), 2019: 1-5.

[50] Wang C, Chen J. Power allocation and relay selection for AF cooperative relay systems with imperfect channel estimation[J]. IEEE Transactions on Vehicular Technology, 2016, 65 (9): 7809-7813.

[51] Atapattu S, Ross N, Jing Y, et al. Physical-layer security in full-duplex multi-hop multi-user wireless network with relay selection[J]. IEEE Transactions on Wireless Communications, 2019, 18 (2): 1216-1232.

[52] Nguyen D D, Bao V N Q, Chen Q. Secrecy performance of massive MIMO relay-aided downlink with multiuser transmission[J]. IET Communications, 2019, 13 (9): 1207-1217.

[53] Chen J, Chen X, Gerstacker W H, et al. Resource allocation for a massive MIMO relay aided secure communication[J]. IEEE Transactions on Information Forensics and Security, 2017, 11 (8): 1700-1711.

[54] Li Y, Wang T, Zhao Z, et al. Relay mode selection and power allocation for hybrid one-way/two-way half-duplex/full-duplex relaying[J]. IEEE Communications Letters, 2015, 19 (7): 1217-1220.

[55] Yang X, Liang X, Song T, et al. Multiuser massive MIMO AF relaying: Spectral efficiency and power allocation[J]. IEEE Access, 2018, 6:

18894-18906.

[56] Khan I, Kanth D K, Singh P. Performance analysis for interference limited two-way relay network with antenna selection[J]. IET Communications, 2019, 13 (12): 1859-1868.

[57] Kong C, Zhong C, Jin S, et al. Full-duplex massive MIMO relaying systems with low-resolution ADCs[J]. IEEE Transactions on Wireless Communications, 2017, 16 (8): 5033-5047.

[58] Li Y, Wang T, Zhao Z, et al. Relay Mode Selection and Power Allocation for Hybrid One-Way/Two-Way Half-Duplex/Full-Duplex Relaying[J]. IEEE Communications Letters, 2015, 19(7): 1217-1220.

[59] Kaur J, Singh M L. User Assisted Cooperative Relaying in Beamspace Massive MIMO NOMA Based Systems for Millimeter Wave Communications[J]. 中国通信, 2019, 16(06): 103-113.

[60] Zlatanov N, Jamali V, Schober R. Achievable Rates for the Fading Half-Duplex Single Relay Selection Network Using Buffer-Aided Relaying[J]. IEEE Transactions on Wireless Communications, 2015, 14(8): 4494-4507.

[61] Yalcin A Z, Yapici Y. Multiuser Precoding for Sum-Rate Maximization in Relay-Aided mmWave Communications[J]. IEEE Transactions on Vehicular Technology, 2020, 69(6): 6808-6812.

[62] Chen L, Han S, Meng W, et al. Optimal Power Allocation for Dual-Hop Full-Duplex Decode-and-Forward Relay[J]. IEEE Communications Letters, 2015, 19(3): 471-474.

[63] 金思年，岳殿武，闫秋娜. 基于迫零方式下带有硬件损害的大规模MIMO全双工中继系统[J]. 电子与信息学报,2019,41(06):1352-1358.

[64] Zhang Y, Xiao M, Han S, et al. Power Scaling of Full-Duplex Two-Way Millimeter-Wave Relay With Massive MIMO[J]. IEEE Transactions on Vehicular Technology, 2020, 69(12): 15298-15313.

[65] Huang X, He J, Li Q, et al. Optimal Power Allocation for Multicarrier Secure Communications in Full-Duplex Decode-and-Forward Relay

Networks[J]. IEEE Communications Letters, 2014, 18(12): 2169-2172.

[66] Jihwan M, Hoon L, Changick S, et al. Proactive Eavesdropping With Full-Duplex Relay and Cooperative Jamming[J]. IEEE Transactions on Wireless Communications, 2018, 17: 6707-6719.

[67] Moon J, Lee H, Song C, et al. Relay-Assisted Proactive Eavesdropping With Cooperative Jamming and Spoofing[J]. IEEE Transactions on Wireless Communications, 2018, 17(10): 6958-6971.

[68] 刘晓婷，周成杰. 双向全双工 MIMO 中继系统的自干扰消除[J]. 计算机技术与发展，2016，26（04）：153-157.

[69] Amarasuriya G, Larsson E G, Poor H V. Wireless Information and Power Transfer in Multiway Massive MIMO Relay Networks[J]. IEEE Transactions on Wireless Communications, 2016, 15(6): 3837-3855.

[70] Cai Y, De Lamare R C, Yang L L, et al. Robust MMSE Precoding Based on Switched Relaying and Side Information for Multiuser MIMO Relay Systems[C]. IEEE Wireless Communications & Networking Conference, 2015: 5677-5687.

[71] Zhang Y, Xiao M, Han S, et al. On Precoding and Energy Efficiency of Full-Duplex Millimeter-Wave Relays[J]. IEEE Transactions on Wireless Communications, 2019, 18(3): 1943-1956.

[72] 雷维嘉，周洋，谢显中，等. MIMO 全双工双向安全通信系统的预编码矩阵设计[J]. 通信学报，2020，41（10）：156-171.

[73] Wang J, Wang H, Han Y, et al. Joint Transmit Beamforming and Phase Shift Design for Reconfigurable Intelligent Surface Assisted MIMO Systems[J]. IEEE Transactions on Cognitive Communications and Networking, 2021: 354-368.

[74] Ayach O E, Rajagopal S, Abu-Surra S, et al. Spatially Sparse Precoding in Millimeter Wave MIMO Systems[J]. IEEE Transactions on Wireless Communications, 2013, 13(3): 1499-1513.

[75] Guo J C, Yu Q Y, Meng W X, et al. Energy-Efficient Hybrid Precoder With Adaptive Overlapped Subarrays for Large-Array mmWave Systems

[J]. IEEE Transactions on Wireless Communications, 2020, 19(3): 1486-1502.

[76] Le T V, Lee K. Adaptive Perturbation-Aided Opportunistic Hybrid Beamforming for mmWave Systems[J]. IEEE Transactions on Vehicular Technology, 2020, 69(6): 6556-6562.

[77] Li H, Li M, Liu Q. Hybrid Beamforming With Dynamic Subarrays and Low-Resolution PSs for mmWave MU-MISO Systems[J]. IEEE Transactions on Communications, 2020, 68(1): 602-614.

[78] 黄开枝，王少禹，许晓明等. 毫米波下行多用户系统安全混合波束成形算法[J]. 电子与信息学报，2019，41（04）：952-958.

[79] Da Silva J M B, Sabharwal A, Fodor G, et al. 1-bit Phase Shifters for Large-Antenna Full-Duplex mmWave Communications[J]. IEEE Transactions on Wireless Communications, 2020, 19(10): 6916-6931.

[80] Li X R, Wang W, Zhang M, et al. Robust Secure Beamforming for SWIPT-Aided Relay Systems With Full-Duplex Receiver and Imperfect CSI[J]. IEEE Transactions on Vehicular Technology, 2020, 69(2): 1867-1878.

[81] Yu D, Yue G, Wei N, et al. Empirical Study on Directional Millimeter-Wave Propagation in Railway Communications Between Train and Trackside[J]. IEEE Journal on Selected Areas in Communications, 2020, 38(12): 2931-2945.

[82] Ruiz C G, Pascual-Iserte A, Muñoz O. Analysis of Blocking in mmWave Cellular Systems: Characterization of the LOS and NLOS Intervals in Urban Scenarios[J]. IEEE Transactions on Vehicular Technology, 2020, 69(12): 16247-16252.

[83] Zhou T, Li H, Wang Y, et al. Channel Modeling for Future High-Speed Railway Communication Systems: A Survey[J]. IEEE Access, 2019, 7: 52818-52826.

[84] Cui Y, Fang X, Yan L. Hybrid Spatial Modulation Beamforming for mmWave Railway Communication Systems[J]. IEEE Transactions on

Vehicular Technology, 2016, 65(12): 9597-9606.

[85] Ge Y, Zhang W, Gao F, et al. High-Mobility Massive MIMO With Beamforming Network Optimization: Doppler Spread Analysis and Scaling Law[J]. IEEE Journal on Selected Areas in Communications, 2020, 38(12): 2889-2902.

[86] 薛凯,陈凯亚,廖成. 基于波束选择的高铁 MIMO 波束赋形研究[J]. 通信技术，2020，53（06）：1331-1335.

[87] Yin H, Jiang R, Xu Y, et al. Location-Fair Based mmWave Stable Beamforming Scheme for High Speed Railway[C]. 2019 IEEE International Conference on Consumer Electronics - Taiwan (ICCE-TW), 2019: 1-2.

[88] 钟华，牛宏侠，李翔宇. 基于信号接收功率与波束赋形辅助的切换算法[J]. 科技创新与应用，2020，（13）：11-14.

[89] 戈腾飞. 高速铁路环境下的大规模 MIMO 波束成形预编码研究[D]. 南京：南京邮电大学，2019.

[90] Sharma E, Chauhan A S, Budhiraja R. Transceiver Design for Massive MIMO Two-Way Half-Duplex AF Hybrid Relay With MIMO Users[J]. IEEE Transactions on Vehicular Technology, 2019, 68(9): 8759-8774.

[91] Xue X, Wang Y C, Dai L L, et al. Relay Hybrid Precoding Design in Millimeter-Wave Massive MIMO Systems[J]. IEEE Transactions on Signal Processing, 2018, 66(8): 2011-2026.

[92] Yan W, Yuan X, He Z Q, et al. Passive Beamforming and Information Transfer Design for Reconfigurable Intelligent Surfaces Aided Multiuser MIMO Systems[J]. IEEE Journal on Selected Areas in Communications, 2020, 38(8): 1793-1808.

[93] Jia C, Gao H, Chen N, et al. Machine Learning Empowered Beam Management for Intelligent Reflecting Surface Assisted MmWave Networks[J]. China Communications, 2020, 17(10): 100-114.

[94] Hu X, Zhong C, Zhang Y, et al. Location Information Aided Multiple Intelligent Reflecting Surface Systems[J]. IEEE Transactions on

Communications, 2020, 68(12): 7948-7962.

[95] Jiang L, Jafarkhani H. mmWave Amplify-and-Forward MIMO Relay Networks With Hybrid Precoding/Combining Design[J]. IEEE Transactions on Wireless Communications, 2020, 19(2): 1333-1346.

[96] Cai Y, De Lamare R C, Yang L L, et al. Robust MMSE Precoding Based on Switched Relaying and Side Information for Multiuser MIMO Relay Systems[C]. IEEE Wireless Communications & Networking Conference, 2015: 5677-5687.

[97] Ning B Y, Chen Z, Chen W J, et al. Beamforming Optimization for Intelligent Reflecting Surface Assisted MIMO: A Sum-Path-Gain Maximization Approach[J]. IEEE Wireless Communications Letters, 2020, 9(7): 1105-1109.

[98] Qi S, Han S, Chinlin I, et al. On the ergodic capacity of MIMO NOMA systems[J]. IEEE Wireless Communications Letters, 2017, 4(4):405-408.

[99] 周恩治. 空间调制与大规模 MIMO 传输关键技术研究[D]. 成都：西南交通大学，2016.

[100] Wang J, Zhu H, Gomes N J. Distributed Antenna Systems for Mobile Communications in High Speed Trains[J]. IEEE Journal on Selected Areas in Communications, 2012, 30(4): 675-683.

[101] Wen M et al. A survey on spatial modulation in emerging wireless systems: research progresses and Applications[J]. IEEE Journal on Selected Areas in Communications, 2019, 37(9): 1949-1972.

[102] Mesleh R, Haas H, Ahn C, et al. Spatial modulation-A new low complexity spectral efficiency enhancing technique[C]. International Conference on Communications and Networking in China. New York: IEEE, 2006:1-5.

[103] Jeganathan J, Ghrayeb A, Szczecinski L. Generalized space shift keying modulation for MIMO channels[C]. Proc. IEEE Int. Symp. Pers., Indoor Mobile Radio Commun., Cannes, France, 2008, 1-5.

[104] Younis A, Serafimovski N, Mesleh R, et al. Generalized spatial

modulation[C]. 44th Asilomar Conf. Signals, Syst. Comput., Pacific Grove, CA, USA, 2010, 1498–1502.

[105] Mesleh R, Ikki S S, Aggoune H M. Quadrature spatial modulation[J]. IEEE Transaction on Vehicular Technology, 2015, 64(6): 2738–2742.

[106] Bian Y, Cheng X, Wen M, et al. Differential spatial modulation[J]. IEEE Transaction on Vehicular Technology, 2015, 64(7): 3262–3268.

[107] Wu L, Cheng J, Zhang Z, Dang J, Liu H. Low-Complexity Spatial Modulation for IM/DD Optical Wireless Communications[J]. IEEE Photonics Technology Letters, 2019, 31(6): 475-478.

[108] Gao S, Zhang M, Cheng X. Precoded index modulation for multi-input multi-output OFDM[J]. IEEE Trans. Wireless Communications, 2018, 17(1): 17-28.

[109] Basar E, AygölüU, Panayırcı E, et al. Orthogonal frequency division multiplexing with index modulation[J]. IEEE Trans. Signal Processing, 2013, 61(22): 5536–5549.

[110] Zheng B, Chen F, Wen M, et al. Low-complexity ml detector and performance analysis for ofdm with in-phase/quadrature index modulation [J]. IEEE Communications Letters, 2015, 19(11): 1893-1896.

[111] Basar E, AygölüU, Panayırcı E, et al. Space-time block coded spatial modulation[J]. IEEE Trans. Commun., 2011, 59(3): 823-832.

[112] Datta T, Eshwaraiah H S, Chockalingam A. Generalized space-and-frequency index modulation[J]. IEEE Transaction on Vehicular Technology, 2016, 65(7): 4911-4924.

[113] Kadir M I. Generalized space-time-frequency index modulation[J]. IEEE Communications Letters, 2019, 23(2): 250-253.

[114] Hadani R, et al. Orthogonal Time Frequency Space Modulation[C]. 2017 IEEE Wireless Communications and Networking Conference (WCNC), San Francisco, CA, USA, 2017.

[115] 丁旭. 基于空间调制的信号检测和安全传输方案研究[D]. 南昌：华东交通大学，2019.

[116] 王海霖. 基于空间调制的无线通信安全传输关键技术研究[D]. 成都：电子科技大学，2020.

[117] Shu F, Liu X Y, Xia G Y, et al. High-Performance Power Allocation Strategies for Secure Spatial Modulation[J]. IEEE Transactions on Vehicular Technology, 2019, 68(5):5164-5168.

[118] Yu X B, Hu Y P, Dang X Y, et al. Secrecy Performance Analysis of Artificial-Noise-Aided Spatial Modulation in the Presence of Imperfect CSI[J]. IEEE Access, 2018, 6:41060-41067.

[119] Liu C W, Yang L L, Wang W J. Secure Spatial Modulation With a Full-Duplex Receiver[J]. IEEE Wireless communications letters, 2017, 6(6):838-841.

[120] He Y, Atapattu S, Evans J, et al. Opportunistic Group Antenna Selection in Spatial Modulation Systems[J]. IEEE Transactions on Communications, 2018, 66(11):5317-5331.

[121] 门宏志，刘文龙，王楠，金明录. 空间调制系统低复杂度的天线选择算法[J]. 电子学报，2016，44（6）：1322-1327.

[122] Pillay N, Xu H. Comments on Antenna selection in spatial modulation systems[J]. IEEE Communications Letters, 2013,17(9):1681-1683.

[123] Xia G, Shu F, Zgang Y, Wang J, et al. Antenna Selection Method of Maximizing Secrecy Rate for Green Secure Spatial Modulation[J]. IEEE Transactions on Green Communications and Networking, 2019, 3(2):288-301.

[124] Shu F, Wang Z, Chen R, et al. Two High-Performance Schemes of Transmit Antenna Selection for Secure Spatial Modulation[J]. IEEE Transactions on Vehicular Technology, 2018, 67(9): 8969-8973.

[125] Yang P, Xiao Y, Xiao M. Adaptive Spatial Modulation MIMO Based on Machine Learning[J]. IEEE Journal on Selected Areas in Communications, 2019, 37(9): 2117-2131.

[126] Jiang C, Zhang H, Ren Y, Han Z, Chen K C, Hanzo L. Machine learning paradigms for next-generation wireless networks[J]. IEEE Wireless

Communications, 2017, 24(2):98-105.

[127] Joung J. Machine learning-based antenna selection in wireless communications[J]. IEEE Communications Letter, 2016, 20(11):2241-2244.

[128] He D, Liu C, Quek T Q S, Wang H. Transmit antenna selection in MIMO wiretap channels: A machine learning approach," IEEE Wireless Communications Letters, 2018, 7(4):634-637.

[129] Liang H W, Chung W H, Kuo S Y. Coding-aided K-means clustering blind transceiver for space shift keying MIMO systems[J]. IEEE Trans. Wireless Communications, 2016, 15(1):103-115.

[130] You L, Yang P, Xiao Y, Rong S, Ke D, Li S. Blind detection for spatial modulation systems based on clustering[J]. IEEE Communications Letters, 2017, 21(11):2392-2395.

[131] Wu Q, Zhang S, Zheng B, et al. Intelligent Reflecting Surface Aided Wireless Communications: A Tutorial[J]. IEEE Transactions on Communications, 2021: 1-1.

[132] Wu Q, Zhang R. Towards Smart and Reconfigurable Environment: Intelligent Reflecting Surface Aided Wireless Network[J]. IEEE Communications Magazine, 2019: 1-7.

[133] Wu Q, Zhang R. Intelligent Reflecting Surface Enhanced Wireless Network via Joint Active and Passive Beamforming[J]. IEEE Transactions on Wireless Communications, 2019, 18 (11): 5394-5409.

[134] Veselago V G. The electrodynamics of substances with simultaneously negative values of ε and μ[J]. Physics-Uspekhi, 1968, 10 (4): 509-514.

[135] Pendry J B, Holden A J, Stewart W J, et al. Extremely low frequency plasmons in metallic mesostructures[J]. Physical Review Letters, 1996, 76: 4773-4776.

[136] Pendry J B, Holden A J, Robbins D J, et al. Magnetism from conductors and enhanced nonlinear phenomena[J]. IEEE Transactions on Microwave Theory & Techniques, 1999, 47: 2075-2084.

[137] Hum S V, Perruisseau-Carrier J. Reconfigurable Reflectarrays and Array Lenses for Dynamic Antenna Beam Control: A Review[J]. IEEE Transactions on Antennas and Propagation, 2014, 62 (1): 183-198.

[138] Foo S. Liquid-crystal reconfigurable metasurface reflectors[C]. 2017 IEEE International Symposium on Antennas and Propagation USNC/URSI National Radio Science Meeting, 2017: 2069-2070.

[139] Yang Z, Xu W, Huang C, et al. Beamforming Design for Multiuser Transmission Through Reconfigurable Intelligent Surface[J]. IEEE Transactions on Communications, 2021, 69 (1): 589-601.

[140] Cui M, Zhang G, Zhang R. Secure Wireless Communication via Intelligent Reflecting Surface[J]. IEEE Wireless Communication Letters, 2019, 8 (5): 1410-1414.

[141] Chen J, Liang Y C, Pei Y, et al. Intelligent Reflecting Surface: A Programmable Wireless Environment for Physical Layer Security[J]. IEEE Access, 2019, 7: 82599-82612.

[142] Kudathanthirige D, Gunasinghe D, Amarasuriya G. Performance analysis of intelligent reflective surfaces for wireless communication[C]. 2020 IEEE International Conference on Communications (ICC), 2020: 1-6.

[143] Bjornson E, Ozdogan O, Larsson E G. Intelligent Reflecting Surface Versus Decode-and-Forward: How Large Surfaces are Needed to Beat Relaying?[J]. IEEE Wireless Communication Letters, 2020, Vol.9 (2): 244-248.

[144] Ding Z, Poor H V. A Simple Design of IRS-NOMA Transmission[J]. IEEE Communications Letters, 2020, 24 (5): 1119-1123.

[145] Huang C, Zappone A, Alexandropoulos G C, et al. Reconfigurable Intelligent Surfaces for Energy Efficiency in Wireless Communication [J]. IEEE Transactions on Wireless Communications, 2019, Vol.18 (8): 4157-4170.

[146] Yildirim I, Uyrus A, Basar E. Modeling and analysis of reconfigurable

intelligent surfaces for indoor and outdoor applications in future wireless networks[J]. IEEE Transactions on Communications, 2021, 69 (2): 1290-1301.

[147] Hu X, Zhong C, Zhang Y, et al. Location information aided multiple intelligent reflecting surface systems[J]. IEEE Transactions on Communications, 2020, 68 (12): 7948-7962.

[148] Mirza J, Dmochowski P A, Smith P J, Shafi M. A differential codebook with adaptive scaling for limited feedback MU MISO systems[J]. IEEE Wireless Communications Letters, 2014, 3(1):2-5.

[149] Koca M, Sari H. Performance analysis of spatial modulation over correlated fading channels[C]. Proc. IEEE VTC—Fall, Quebec City, QC, Canada, Sep. 2012.

[150] Avendi M R, Nguyen H H. Performance of selection combining for differential amplify-and-forward relaying over time-varying channels[J]. IEEE Transactions on Wireless Communications, 2014, 13(8): 4156-4166.

[151] He C, Sheng B, Zhu P, et al. Energy efficient compaIRSon between distributed MIMO and co-located MIMO in the uplink cellular systems[C]. IEEE Vehicular Technology Conference (VTC Fall), 2012: 1-5.

[152] 李少谦. 多天线空间调制技术[M]. 北京：国防工业出版社，2015.

[153] Jeganathan J, Ghrayeb A, Szczeci-nski L. Spatial Modulation: Optimal Detection and Performance Analysis[J]. IEEE Communications Letters, 2008, 12(8): 545-547.

[154] 崔波，刘璐，李翔宇. 有限字符输入的空间调制物理层安全传输方法[J]. 通信学报，2015，36（2）：162-171.

[155] Zhang J, Dai L, He Z, et al. Mixed-ADC/DAC multipair massive MIMO relaying systems: Performance analysis and power optimization[J]. IEEE Transactions on Communications, 2019, Vol.67 (1): 140-153.

[156] Li W, Bashar S, Wei Y, et al. Secrecy Enhancement Analysis Against

Unknown Eavesdropping in Spatial Modulation[J]. IEEE Communications Letters, 2015, 19(8):1351-1354.

[157] Alkhawaldeh S A, Khattabi Y M. ABEP Evaluation of Spatial Modulation Communication Systems: Improved Analytical Framework [J]. IEEE Transactions on Vehicular Technology, 2019, 68(11):10991-11002.

[158] Bian Y, Cheng X, Wen M, et al. Differential spatial modulation[J]. IEEE Transaction on Vehicular Technology, 2015, 64(7): 3262–3268.

[159] 雷维嘉，兰顺福. 空间调制系统中的人工噪声抗窃听安全传输方案[J]. 电子科技大学学报，2018，47（1）：13-18.

[160] 雷维嘉，兰顺福. 广义空间调制系统中的物理层抗窃听传输方案[J]. 哈尔滨工业大学学报，2017，49（5）：87-93.

[161] Aghdam S, Nooraiepour A, Duman T, et al. An overview of physical layer security with finite-alphabet signaling[J]. IEEE Communications Surveys & Tutorials, 2019, 21(2):1829-1850.

[162] Renzo D, Haas H. Bit error probability of spatial modulation (SM) MIMO over generalized fading channels[J]. IEEE Transactions on Vehicular Technology, 2012, 61(3):1124 - 1144.

[163] Huang Z, Gao Z, Sun L. Anti-eavesdropping scheme based on quadrature spatial modulation[J]. IEEE Communications Letters, 2017, 21(3):532-535.

[164] Aghdam S R, Duman T M. Joint precoder and artificial noise design for MIMO wiretap channels with finite-alphabet inputs based on the cut-off rate[J]. IEEE Transactions on Wireless Communications, 2017, 16(6): 3913-3923.

[165] Younis A, Basnaya*ka* A, Haas H. Per-formance Analysis for Generalised Spatial Mo-dulation[C]// 20th European Wireless Confere-nce. Barcelona, Spain: VED, 2014:1-6.

[166] Rappaport T S, Wireless Communications: Principles and Practice, 2nd ed[M]. Upper Saddle River, NJ, USA: Prentice-Hall, 2001.

[167] Cui Y P, Fang X M. Performance analysis of massive spatial modulation MIMO in high-speed railway[J]. IEEE Transactions on Vehicular Technology, 2016, 65(11):8925-8932.

[168] Ravindran N, Jindal N, Huang H C. Beamforming with finite rate feedback for LOS MIMO downlink channels[C]. IEEE Global Telecommunications Conference (GLOBECOM), 2007: 4200-4204.

[169] Jacobsson S, DuIRSi G, Coldrey M, et al. Quantized precoding for massive MU-MIMO[J]. IEEE Transactions on Communications, 2017, 65 (11): 4670-4684.

[170] Xu J, Wei X, Gong F. On performance of quantized transceiver in multiuser massive MIMO downlinks[J]. IEEE Wireless Communications Letters, 2017, Vol.6 (5): 562-565.

[171] Max J. Quantizing for minimum distortion[J]. IEEE Transactions on Information Theory, 1960, 6 (1): 7-12.

[172] Chi F, Jing Y, Shi J. Interference and outage probability analysis for massive MIMO downlink with MF precoding[J]. IEEE Signal Processing Letters, 2016, 23 (3): 366-370.

[173] Zhang Q, Jin S, Wong *k*, et al. Power scaling of uplink massive MIMO systems with arbitrary-rank channel means[J]. IEEE Journal of Selected Topics in Signal Processing, 2014, 8 (5): 966-981.

[174] Cui S, Goldsmith A J, Bahai A. Energy-constrained modulation optimization[J]. IEEE Transactions on Wireless Communications, 2005, 4 (5): 2349-2360.

[175] Dong P, Zhang H, Xu W, et al. Efficient low-resolution ADC relaying for multiuser massive MIMO system[J]. IEEE Transactions on Vehicular Technology, 2017, 66 (12): 11039-11056.

[176] Lee Y L, Qin D, Wang L C, et al. 6G Massive Radio Access Networks: Key Applications, Requirements and Challenges[J]. IEEE Open Journal of Vehicular Technology, 2021, 2: 54-66.

[177] Gradshteyn I S, Ryzhik I M. Table of integrals, series, and products[M].

7th ed. New York, NY, USA: Academic, 2007.

[178] Yildirim I, Uyrus A, Basar E. Modeling and Analysis of Reconfigurable Intelligent Surfaces for Indoor and Outdoor Applications in Future Wireless Networks[J]. IEEE Transactions on Communications, 2021, 69(2):1290-1301.

[179] Abramowitz M, Stegun I A, Handbook of Mathematical Functions[M]. New York, USA: Dover, 1974.

[180] Proakis J G, Digital Communications, 5th ed[M]. New York, USA: McGraw-Hill, 2008.

[181] Ding Q, Jing Y. Receiver energy efficiency and resolution profile design for massive MIMO uplink with mixed ADC[J]. IEEE Transactions on Vehicular Technology, 2018, 67 (2): 1840-1844.

[182] Kong C, Mezghani A, Zhong C, et al. Multipair massive MIMO relaying systems with one-bit ADCs and DACs[J]. IEEE Transactions on Signal Processing, 2018, 66 (11): 2984-2997.

[183] Di B, Zhang H, Li L, et al. Practical hybrid beamforming with finite-resolution phase shifters for reconfigurable intelligent surface based multi-user communications[J]. IEEE Transactions on Vehicular Technology, 2020, 69 (4): 4565-4570.

[184] Pradhan C, Li A, Song L Y, et al. Hybrid Precoding Design for Reconfigurable Intelligent Surface Aided mmWave Communication Systems[J]. IEEE Wireless Communications Letters, 2020, 9(7): 1041-1045.